张明成
沙旭东   著
戴洪峰

数学建模
方法及应用

山东人民出版社·济南

国家一级出版社 全国百佳图书出版单位

图书在版编目（CIP）数据

数学建模方法及应用/张明成，沙旭东，戴洪峰著. --济南：山东人民出版社，2020.3（2024.2重印）

ISBN 978-7-209-12581-9

Ⅰ. ①数… Ⅱ. ①张… ②沙… ③戴… Ⅲ. ①数学模型 Ⅳ. ①O141.4

中国版本图书馆CIP数据核字(2019)第292611号

数学建模方法及应用

张明成 沙旭东 戴洪峰 著

主管单位 山东出版传媒股份有限公司
出版发行 山东人民出版社
出 版 人 胡长青
社　　址 济南市市中区舜耕路517号
邮　　编 250003
电　　话 总编室（0531）82098914
　　　　　 市场部（0531）82098027
网　　址 http://www.sd-book.com.cn
印　　装 山东华立印务有限公司
经　　销 新华书店

规　　格 16开（184mm×260mm）
印　　张 17.75
字　　数 300千字
版　　次 2020年3月第1版
印　　次 2024年2月第2次
ISBN 978-7-209-12581-9
定　　价 35.00元

如有印装质量问题，请与出版社总编室联系调换。

CONTENT INTRODUCTION 内容简介 ▼

本书立足初等数学基础，兼顾高等数学知识的过渡和有效拓展，深入地探讨高职院校学生职业能力发展所需要的数学教学，通过吸收相关领域的研究成果，深入分析岗位工作中所需要的知识、能力与技术，结合学生基础和专业需要，与各专业课程进行合理的融合。

本书共十章，每节以一个或几个案例为主，辅以项目模块设计和问题驱动的形式编排。模块一介绍数学建模的概念和方法，然后以初等模型、优化模型的典型案例介绍数学建模的基本流程和方法，读者通过这个模块，能够学会建立数学模型，并能够解决简单的实际问题。模块二主要结合高等数学的知识和方法，体现微积分、线性代数与解析几何、概率统计等数学理论在数学建模中的拓展应用，其中的案例涉及经济、管理、生产、设计、日常生活等各个领域，适合不同专业的高职学生学习。模块三是评价与数据处理，主要介绍综合评价、层次分析法等评价方法，数据处理的基本方法，以及拟合、回归分析等数学建模方法，使读者在信息时代提高数据处理的能力。

本书同时参考全国数学建模竞赛的优秀论文，结合高职层次学生的实际，比较完整地呈现问题的解决思路和过程。

本书在介绍软件在数学建模中的应用方面，选择常用的软件和简单操作方法，适度培养学生数学软件的使用和编程的能力，使得学生在建立模型时，尽量应用比较熟悉的算法，不去考虑繁琐的程序设计。

本书可供数学建模应用研究者阅读使用，亦可作为高职数学建模教材。

PREFACE 前言 ▼

一位数学家曾说过，一个国家科学的进步，可以用它消耗的数学来度量。一位企业家说，他的企业至少有700个数学家。有人曾解释，企业所拥有的数学家多是偏重于应用的数学工程师。数学家所研究的抽象数学理论，怎样变成企业的生产力和竞争力？作为数学与生产实际相联系的中介和桥梁，数学建模的价值就凸显出来。

数学建模既指数学的一个分支，是相对独立的数学课程内容，又被列为数学核心素养之一。作为应用数学的主要分支，数学建模既需要数学基础，又反映数学应用，既是应用数学解决实际问题的基本手段，也是推动数学发展的动力。数学建模是研究根据实际问题建立数学模型，求解数学模型，应用数学模型的全过程。实际问题经过抽象简化，运用数学方法建立变量和参数间的数学关系，并通过数学方法对模型分析求解，最后解释和验证所得的解，进而为解决实际问题提供数据支持和理论指导，这个过程称为数学建模，是核心素养培育的外在形式。

数学建模教学有助于培养高素质技术技能人才。首先，《全日制义务教育数学课程标准》中核心概念包括模型意识、模型观念，模型思想的建立是学生体会和理解数学与外部世界联系的基本途径。这要求掌握数学建模的相关知识和方法。其次，数学建模主张在数学教学中突出数学思想的来龙去脉，揭示数学概念和公式的实际来源和应用，恢复并畅通数学与外部世界的血肉联系，这也是现代数学教育的新理念的体现和数学课程改革的重要发展方向之一。开展数学建模

"培养大学生创新思维、拼搏进取和团结协作精神的有效途径"，改为"大力弘扬劳动精神、奋斗精神、奉献精神、创造精神、勤俭节约精神，引导青少年在知行合一中锤炼道德品质"。

数学建模与其他数学课教学紧密联系。"数学建模"打破了数学教学和学习过程中传统思维的禁锢，使原本在大学数学教学过程中各自为战、独自生存小空间的各个学科联系成为一个有机的整体，为学科的发展提供源源不断的动力。数学建模活动的导师与学生是一种以学生为主的新型的师生互动的教学关系。国内外都以数学建模活动带动大学生数学学习研究的开展，并通过数学建模活动实践探讨数学课堂教学关系的改革。数学建模的影响已不仅限于大学，新加坡、美国等国家已经尝试在中小学数学教育中就融入数学建模的思想方法，提高学生的创新素质和实践能力，也有学者在国内中小学进行相关的探索研究。

高职数学建模活动面临困难。由于高职高专院校的学生数学基础较为薄弱，数学建模教学的开展遇到一定的困难。一方面，学生对数学类课程的内容感到抽象难懂而又缺少应用；另一方面，学生在参加数学建模活动时体会到了数学的新思想和应用价值，但又缺乏相应的数学知识方法基础。

数学建模是一种数学的思想方法，是运用数学的语言和方法，通过抽象、简化建立能近似刻画并"解决"实际问题的一种强有力的数学手段。数学建模的教学改革，需要通过职业能力需求分析确定目标，再根据目标选择教学内容，通过建设优质、高效、应用性强的数学建模教学设计和资源开发，进行数学建模与职业教育整合，推动高职高专院校教学模式的改革创新。

本书的出版，得到了许多同事和朋友的支持和帮助，更要特别感谢山东人民出版社的常纪栋老师。

由于作者水平所限，书中可能存在不妥之处，敬请共同商榷和探讨。

CONTENTS 目 录 ▼

第一章 数学建模综述

本章导学

数学建模兴起于欧美国家的工业文明，并伴随着计算机等信息技术手段迅速发展起来，各国采用数学建模的方法解决了一个又一个实际问题。建筑工程师必须设计并绘制好生产施工的数学模型，应用模型图纸有效地开展实地建设。气象工作者要得到实时准确的预报信息，就需要借助气象卫星监测得到的风速、气压、雨雪等数据来建立数学模型。一个大型企业的规划者需要建立一个包括需求状况、生产成本、存储费用和开销支出等信息的数学模型，等等。

讲授、问答、讨论、演示、练习等经典的传统教学方法是数学教学方法改革创新的基础，结合数学建模教学内容和教学目标等特点，案例教学法、项目教学法、问题驱动教学法等教学方法得到广泛应用，并逐步形成突出数学建模核心素养培育的特色教学流程。案例是数学建模教学内容的主要呈现方式，是数学课程教学与实践融合的最佳切入点。案例教学方法精选生动有趣、富有价值，且与高等数学基础知识紧密联系的实例，它的应用增强了学生解决实际问题的能力，激发了学生的学习积极性，从而，提高了教学质量。实施案例教学法，一般包括四个步骤：设计案例、剖析案例、解决案例、推广及升华案例，这四步基本对应数学建模的关键步骤。项目教学法是指将传统的学科体系中的知识内容转化为若干个教学项目，围绕着项目组织和展开教学。对于项目教学法应用于数学建模教学，有与案例教学法类似的环节流程。

那么，什么是数学模型？什么是数学建模？它在中国的发展现状如何？它具体包含着哪些常用的方法？建模过程中又有哪些常用的算法？通过这一章的学习，将理解数学建模的概念，了解数学建模的基本方法，知道数学建模的一般步骤和流程，了解义务教育阶段和高职高专院校数学建模教学的特点。

第一节　数学建模

本节要点

　　本节详细阐述了数学建模的概念和意义,分析了数学建模的发展现状,介绍了数学建模的常用方法和基本步骤,有助于我们很好地理解现实世界和数学世界之间的联系。

学习目标

　　※ 了解数学建模的发展史
　　※ 了解数学建模的概念
　　※ 理解数学建模的意义

学习指导

　　数学建模是在理论和实践之间架起的一座桥梁,是数学知识和应用能力共同提高的最佳结合点,是启迪创新意识、锻炼创新能力的一条重要途径。数学建模活动以其对学生知识、能力、素质的综合培养,成为学会应用数学知识解决实际问题的有效方式。通过数学建模活动的开展,提高运用数学知识分析和解决实际问题的能力,增强创新意识,从而全面提高数学素养。本节主要认识数学建模的概念、意义。

　　数学建模是一门新兴的学科。20 世纪 70 年代初诞生于英美等现代化工业国家。由于新技术特别是计算机技术的迅速发展,大量的实际问题需要用计算机来解决,而计算机与实际问题之间需要数学模型来沟通,所以这门学科在短短几十年的时间迅速辐射至全球大部分国家。纵观数学的发展历史,数千年来人类对于数学的研究一直是沿着纵横两个方向进行的。在纵向上,探讨客观世界在量的方面的本质和规律,发现并积累数学知识,然后运用公理化等方法建构数学的理论体系,这是对数学科学自身的研究。在横向上,则运用数学的知识去解决各门科学和人类社会生产与生活中的实际问题,这里首先要运用数学模型方法构建实际问题的数学模型,然后运用数学的理论和方法导出其结果,再返回原问题实现实际问题的解决,这是对数学科学应用的研究。由此可见,数学建模既是各门科学研究的经常性活动,具有方法论的重要价值,又是数学与生产实际相联系的中介和桥梁,对于发挥数学的社会功能具有重要的作用。

一、什么是数学建模

在现实世界中,人们在生活或生产中会遇到大量的实际问题,这些问题往往不会直接地以现成的数学形式出现,这就需要把实际问题抽象出来,再将其尽可能地简化,通过设置变量和参数,运用一些数学方法建立变量和参数间的数学关系。这样抽象出来的数学问题就是通常所说的数学模型。通过数学方法对模型分析求解,最后再解释和验证所得的解,进而为解决实际问题提供数据支持和理论指导,通常把这样的过程称为数学建模。数学建模过程用于解决实际问题往往是多次循环、不断深化的过程,像太阳系的天体运动规律、万有引力定律的建立等经典物理问题,前后历经数百年才解决。"问题是时代的声音,回答并指导解决问题是理论的根本任务。"在实践中、在教育教学中更应该增强教师和学生的问题意识,数学建模更是基于问题出发,在问题的解决过程中提升能力和水平。

数学建模在自然科学与社会经济发展中的应用相当广泛,具有很重要的作用,已经成为数学的一个重要分支。随着科学技术的快速发展,数学在自然科学、社会科学、思维科学等方面获得越来越广泛而深入的应用,尤其是在生产建设、经济发展方面,数学建模也有很重要的作用。数学模型这个词汇越来越多地出现在现代人的生产、工作和社会活动中,人们越来越认识到建立数学模型的重要性。数学模型(Mathematical Model)就是用数学的语言、方法去近似地刻画实际,由数字、字母或其他数学符号组成的,描述现实对象内在规律的数学公式、图形或算法。也可以这样描述:对于一个现实对象,为了一个特定目的,根据其内在规律,做出必要的简化假设,运用适当的数学工具,得到的一个数学结构。

人们在生活或生产中,通常将实际问题抽象、简化,引入数学语言,明确变量和参数,然后根据某种"规律"建立变量和参数间的数学关系,再解析或近似地求解并加以解释和验证,通过这样一个多次迭代的过程,实现数学理论与实践的联系与沟通。简单地说,数学建模就是建立数学模型来解决各种实际问题。数学建模的问题涉及多个领域的知识与方法,数学建模的过程往往是一个跨学科的合作过程。

数学建模要求应用某种"规律"建立变量、参数间的明确数学关系,这里的"规律"可以是人们熟知的物理学或其他学科的定律,例如牛顿第二定律、能量守恒定律等,也可以是实验规律。数学关系可以是等式、不等式及其组合的形式,甚至可以是一个明确的算法。能用数学语言把实际问题的诸多方面的关系"翻译"成数学问题是极为重要的。即使同一个问题,由于看问题的角度不同,所建立的模型往往也不同。

人们在应用数学知识解决现实世界中的实际问题时,通常会把实际问题加以提炼,抽象为数学模型,求出模型的解,验证模型的合理性,并用该数学模型所提供的解答来解释现实问题,这一过程就是数学建模(Mathematical Modeling)。简而言之,数学建模是利用各种数学方法解决生产生活中实际问题的一种方法。

二、数学建模的意义

数学是研究现实世界中的数量关系和空间形式的科学,它的产生和许多重大发展都是和现实世界的生产活动和其他相关学科的需要紧密联系的。同时,数学作为认识和改造世界的强有力的工具,又促进了科学技术和生产力的发展。数学模型是在实际应用的需求中产生的,要解决实际问题通常需要建立数学模型,从这个意义上讲,数学模型和数学有着同样古老的历史。17世纪伟大的科学家牛顿在研究力学的过程中归纳总结了近代数学最重要的成果——微分学,并以微积分为工具推导了著名的力学定律——万有引力定律,这一成就是科学发展史上最辉煌的数学模型之一。

数学的特点不仅在于它的概念的抽象性、逻辑的严密性和结论的确定性,而且在于它的应用的广泛性。进入20世纪以来,数学的应用不仅在它的传统领域(物理领域的力学、电学等学科及机电、土木、冶金等工程技术)取得许多重要进展,而且迅速进入了一些非物理领域的新领域,如经济、交通、人口、生态、医学、社会等领域,产生了诸如数量经济学、数学生态学等边缘学科。

近年来,随着我国数学教育的蓬勃发展,人们的数学教育观已经发生了深刻的变化,像"人人学有价值的数学"等"大众数学"教育观念开始明确写入课程标准,包括"数学建模"在内的各种教学实验也在中学阶段就开始相继展开。

所谓数学模型,就是针对或参照某种事物系统的主要特征或数量相依关系,采用形式化的语言,概括或近似地表述出来的一种数学结构。

数学模型为人们解决现实问题提供了十分有效和足够精确的工具。在现实生活中,人们经常用模型的思想来认识和改造世界,模型是针对原型而言的,是人们为了一定的目的对原型进行的一个抽象(如航空模型就是对飞机的一个抽象)。

马克思认为,一门学科只有成功地运用数学时,才算达到了完善的地步。世界发展到今日,随着计算机技术的迅速普及与发展,数学已经被用于生产过程及社会生活的各个方面,它已成为关系经济建设、科学技术、国防等国家基础发展,关系国家实力的重要学科。今天的数学已经不仅仅是纯粹的理论,同时又是一种普遍可行的关键技术。一般来说,当实际问题需要我们对所研究的现实对象提供分析、预报、决策、控制等方面的定量结果时,往往都离不开数学的应用。而在数学向现代技术转化的链条上,数学建模在模型基础上进行的计算与模拟,处于中心环节。

数学模型通常具有三个特点。其一,由于数学模型是从实际原型中抽象概括出来的,是完全形式化和符号化了的结构,所以它既要加以适当而又合理的简化,又要保证能反映原型的特征;其二,数学模型具有高度的抽象性,所以对数学模型既要进行理论分析,又要进行计算和逻辑演绎推导;其三,数学模型必须返回原型之中,接受实践的检验,蕴含从实践中来,到实践中去的深刻哲学思维。

在对现实对象进行建模时,人们常常对预测未来某个时刻变量的值感兴趣。变量可能是常见的物理量、描述经济的数量或者与社会发展相关的文化教育的一些统计数据。数学模型常常能帮助人们更深刻、更全面地认识一种行为或规划未来。数学模型也可以看作一种特定的数学结构,是源于客观实际的数学结构、系统或人们感兴趣的行为。如图1-1所示,从模型中,人们能得到有关该行为的数学结论,而阐明这些结论有助于决策者规划未来。

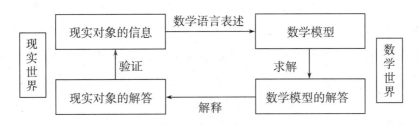

图 1-1 数学建模过程

怎样才能建立一个符合客观规律且又满足人们需要的数学模型呢?构建数学模型,发挥模型在解题中的作用,首先要对知识进行积累与重组,形成知识系统,这是建模的前提。其次是建模,即通过阅读理解,弄懂问题中的数学意义,用数学的观点审题,运用相应的定理、公式、法则寻求解题途径。第三,根据已建立的数学模型解决纯数学问题。第四,回到实际问题本身,做出解答。所以建模解题遵循"实践—理论—实践"的思维模式。

建立数学模型的过程通常应处理好几种不同的情况。其中一类问题是条件尚不完全明确,有待于在建模过程中通过假设来逐渐明确化,这一类问题较为典型,并且在数学建模过程中经常遇到。其二是通过对实际问题的分析可以得到完全确定的情况,并且有特定的答案。处理这一类问题主要在于对问题条件给出恰当的分析,从而得到所需的模型,利用数学的知识和方法就可以得出结论来,并且比较明确和确定。其三是所涉及的情况比较复杂,问题中需要考虑一些随机因素,有时需借助计算机进行处理。从数学建模的角度出发,以上三类模型并不是明显不同,截然分开的。建模的过程是类似的,分析的方法有时也是相通的,只是根据不同的实际情况彼此之间有所不同的侧重。

数学模型广泛运用于生产、生活、军事、管理等各个领域,显示出强大的应用价值和发展潜力。数学模型在解决具体的实际问题时,具有如下诸多优点。

第一,数学模型提供了简洁的数学语言表达。与相应的实际问题比较而言,用数学语言表示的数学模型简洁且严谨,它用数学符号、图像、公式揭示实际问题的性质、规律和结构等,便于人们把握原型系统。数学模型所提出的数学问题的解完全依赖于数学的概念、命题、演绎方法和逻辑推理,这为人们提供了抽象思维的工具。因此数学模型也是人们把握感情经验无法把握的客观现象的有效手段。

第二,数学模型为具体问题提供了数量分析和计算方法。从定性描述到定量分析是科学发展的趋势,像天体运动的开普勒三定律、物理学中的牛顿运动定律、热力学定律等都是利用数学进行定量分析的结果。

第三,数学模型具有科学预测的功能。这有助于人们比较全面、系统地把握问题的全部特征或结构,预测事物的发展规律。

第四,数学模型可以减少研究实验成本或风险。建立模型最重要的作用之一是可避免或减少对具体的现实问题昂贵或不可能的实验,如多级火箭各级之间燃料分配、核试验的模拟等,就属于这种情况。火箭发射的成本太高,不可能进行多次试验,建立数学模型模拟火箭发射过程,就可以寻找多级火箭各级之间燃料分配的最佳方式。由于用数学方法在计算机上可以模拟核试验的全部过程,核大国纷纷宣布停止核试验!核试验都可以借助数学模型模拟,就节省大笔的实验费用。

第五,数学模型促进数学学科发展。在提炼数学模型或解决模型所提出的数学问题时会出现原有数学概念或方法无能为力的情况,这就促进了新的数学分支的产生,如瑞士数学家欧拉解决哥尼斯堡的七桥问题,开创了图论这一数学分支。

通过对各种领域的问题导出的相同或相似模型的研究,人们还能发现新的科学原理。从截然不同的问题中导出的数学模型,体现出事物发展规律的相同或相似性,有助于人们建立世界统一性的观念。

练习题

1. 简述数学建模的概念。
2. 简述数学建模的典型特点。
3. 简述数学建模在解决具体问题时的突出优点。

第二节 数学建模教学现状

本节要点

本节重点阐述了数学建模在我国高校的现状，分析了数学建模在技术技能培养方面的作用，对比了国内外数学建模的发展情况，并以山东省的数学建模发展为例，列举了近期的主要研究内容和研究成果。

学习目标

※ 了解数学建模课程对培养学生的实际意义

※ 了解数学建模在国内外的教学现状

※ 理解数学建模在高素质人才技能技术培养方面的现实意义

学习指导

数学建模作为一种典型方法，应该被我们了解和学习。社会发展的复杂性在加大，专业性在增强，合作学习、合作研究的方式优势明显优于单兵作战。数学建模可以将不同专业、不同背景和不同特长的人员整合，发挥团队优势、解决现实问题。本节在此认识基础上，肯定了数学建模在高校发展中的作用和在课程体系中的地位。

随着时代的变迁，数学思想、数学研究的内容和方法都在悄然发生变化。作为数学教学改革的重点，国内高校相继开展"数学建模"教学实践。数学建模教学以及国内外大学生数学建模竞赛，对数学教育产生了巨大的影响。

在数学建模教学中，通过介绍若干有代表性的数学模型和成功应用数学方法的实例，培养学生用数学语言描述及解决实际问题的能力，但这仅仅是问题的一方面。在数学建模的过程中，应把握数学与现实世界的关系，认识到数学是人类观察与认识世界的一种独特方法，为创造性地研究自然和社会的各种问题提供了理论基础与方法论指导。

通过数学建模学习，学生学会一种有别于传统数学课程单纯逻辑推理的思维方式，理解外部启示对数学思维的重要作用。学生经历建模过程，学会从实际问题中归纳出所要采用的假设以及解题的线索，试验各种可能的途径，预测可能的结果，引用物理、化学、生物学以及社会科学的有关结论。建模课程还尽量引用实际资料检测数学结果，是主观和客观的结合，它不是先验的、唯一的，结论也是相对的。作为数学课程的教学内容，数学建模还利用一切可能的机会，加深学生对数学概念和定理本质的理解，体会数学与现实密切相关、极其生动的一面。

数学建模给予学生的是一种综合训练。为了成功地解决实际问题，参与者必须对问题本身有足够的知识，并有将其抽象成数学问题、以恰当形式表达的能力。用数学语言表达问题，在实践中学习，可以培养学生的数学素养，使他们学到更活的数学。

数学建模作为高职数学课程的重要组成，如何整合内容才能全面体现数学科学与现实世界的关系，均衡对待理论和应用，才能有利于学生开阔眼界，开阔思路，养成正确的思维方式，对数学本质有更全面完善的理解，提高综合素质，是目前教学改革项目研究的重点。

一、国内外研究现状分析

(一)数学建模教学有广泛的研究基础

数学建模是在 20 世纪 60 和 70 年代进入一些西方国家大学的。80 年代初，我国开始有大学也将数学建模引入课堂。我国的全国大学生数学建模竞赛创办于 1992 年，每年一届，目前是教育部组织的面向全国所有高校的规模最大的竞赛，以大学生数学建模竞赛、数学模型课、数学实验课为主要内容的数学建模活动正在全国各高等院校广泛开展。2022 年，全国 33 个省/市/自治区（包括香港和澳门特区）及境外部分国家和地区共计 1 606 所院校/校区、49 424 个本科队、4 833 个专科队参加了本次竞赛，参与的大学生超过 16 万人。

(二)数学建模教学有助于培养高素质技术技能人才

首先，新修订的《全日制义务教育数学课程标准》中十大核心概念包括模型思想，模型思想的建立是学生体会和理解数学与外部世界联系的基本途径，这要求教育类专业学生掌握数学建模的相关知识和方法。其次，数学建模主张在数学教学中突出数学思想的来龙去脉，揭示数学概念和公式的实际来源和应用，恢复并畅通数学与外部世界的血肉联系，这也是现代数学教育的新理念的体现和数学课程改革的重要发展方向之一。第三，开展数学建模教学是进行高校数学教学改革，促进学风建设，激发学生学习兴趣，培养大学生创新思维、拼搏进取和团结协作精神的有效途径，是提高大学生综合素质，培养高素质技术技能人才的重要举措。

(三)数学建模与其他数学课教学紧密联系

"数学建模"打破了数学教学和学习过程中传统思维的禁锢，使原本在大学数学教学过程中各自为战、独自生存小空间的各个学科联系成为一个有机的整体,为学科的发展提供源源不断的动力。数学建模活动中的导师与学生是一种以学生为主的新型的师生互动的教学关系。国内外都以数学建模活动带动大学生数学学习研究的开展,并通过数学建模活动实践探讨数学课堂教学关系的改革。数学建模的影响已不仅限于大学,新加坡、美国等国家已经尝试在中小学数学教育中就融入数学建模的思想方法,提高学生的创新素质和实践能力,也有学者在国内中小学进行相关的探索研究。

二、山东省的研究现状

(一)数学建模活动在省内高校广泛开展

2012 年,数学建模专业期刊《数学建模及其应用》在山东科技大学创刊,为系统研究数学建模提供新的平台。山东省 2022 年参加全国大学生数学建模竞赛的有 118 所学校(含 1 所中学)、3 923 队。

(二)数学建模教学研究取得一定成果

研究的热点包括数学建模与高等数学等课程融合以及通过数学建模活动提高学生的职业能力和综合素质。

表 1-1 关于数学建模教学的研究

时间	研究者	研究内容
2010	王有增等	阐述了开展数学建模教学的必要性以及推动高职数学教学改革的一些教学设想
2011	程惠东等	通过实例阐述在"概率统计"教学中融入数学建模思想的方法
2012	李丽等	探讨了如何将数学建模融入高等数学的日常教学中
2013	王小琴	从数学案例的角度对利用数学建模培养学生的数学应用能力进行阐述
2015	刘洪霞等	以高等数学课堂教学为例,通过科学试验的方法分析数学建模思想渗入大学数学课堂教学对学生学习的影响力
2015	袁彦莉等	从高等数学对高职院校专业发展和人才培养的意义及数学建模的特点出发,探索将数学建模的思想与当前高职数学教学改革相结合
2016	曲庆国等	探索 Matlab 在数学建模教学中的应用
2017	刘保东等	结合山东大学近二十年来的实践与探索,阐述了基于数学建模的交叉创新人才培养理念和实践方法,并提出了相应的改进策略

(三)数学建模活动与数学类课程教学在高职高专面临的困难

由于高职高专院校的学生数学基础较为薄弱,数学类课程与数学建模教学的开展均遇到一定的困难。一方面,学生对数学类课程的内容感到抽象难懂而又缺少应用,另一方面,学生在参加数学建模活动的开展时体会到了数学的新思想和应用价值,但又缺乏相应的数学知识方法基础。

高职高专院校一般开设高等数学或大学数学,有些专业会开设经济数学、统计学等与专业方向有关的数学类课程,也有部分院校文化教育类专业开设数学分析、高等代数、概率统计等数学课程。部分院校依托数学建模活动,单独开设数学建模选修课,但在课程资源的整合与共享、规模的形成与扩展、形式与内容的统一上,仍需探索。

综合上述资料,本科高校数学建模的研究较丰富,而高职高专院校的数学建模教学研究主要在数学类课程教学中渗透数学建模和利用数学建模提高学生能力。

练习题

1. 简述数学建模的现状。

2. 为什么说数学建模教学有助于培养高素质技术技能人才?

第三节　数学建模的方法与步骤

本节要点

本节详细阐述了数学建模的各类典型方法和常用的几种数学建模算法,重点介绍了数学建模的完整基本步骤,对我们学习这类方法有着重要的意义。

学习目标

※ 了解数学建模的基本要求

※ 理解数学建模面对不同问题时的常用方法

※ 掌握数学建模的基本操作步骤

学习指导

用数学的语言描述现实世界,用数学的模型构造现实世界,这是数学建模的本质所在。数学建模需要科学的数学建模方法和高效简洁的操作步骤,这也是本节重点阐述的内容。

建立实际问题的数学模型,尤其是建立抽象程度较高的模型是一种创造性的劳动。因此有人称数学模型是一种艺术,而不仅仅是一种技术。现实世界中的实际问题是多种多样的,而且大都比较复杂,所以数学建模的方法也是多种多样的,不能期望找到一种一成不变的方法来建立各种实际问题的数学模型。但是,数学建模也有共性——数学建模方法和过程。

一、数学模型的基本要求

对于数学模型的基本要求,简单地说就是准确、简练、正确。

（一）准确

一个数学模型要有足够的精确度,能较准确地反映实际问题本质的性质和关系。

（二）简练

数学模型要尽可能的简单,便于处理。模型必须作简化,不作简化,模型十分复杂难以求解甚至无法建立模型,即非实际问题本质的关系要省略,以免模型太复杂。

（三）正确

构造数学模型的理论要正确,依据要充分,推理要合理。要充分利用科学规律来建立有关的模型。

二、数学模型方法

数学模型是用数学方法解决实际问题的重要环节,从实际问题中提炼数学模型就要用到数学模型方法。

数学模型方法（mathematical modelling method）是把实际问题加以抽象概括,建立相应的数学模型,利用这些模型来研究实际问题的一般数学方法。它是将研究的某种事物系统,采用数学形式化语言把该系统的特征和数量关系抽象出一种数学结构的方法,这种数学结构就叫数学模型。一般地,一个实际问题系统的数学模型是抽象的数学表达式,如代数方程、微分方程、差分方程、积分方程、逻辑关系式,甚至是一个计算机的程序等等。由这种表达式算得某些变量的变化规律,与实际问题系统中相应特征的变化规律相符。一个实际系统的数学模型,就是对其中某些特征的变化规律做出最精炼的概括。

数学建模面临的实际问题是多种多样的,所要达成的目标与所用到的数学知识、数学方法也各不相同。由于数学建模的目的、运用的知识、分析的方法以及采用的数学工具不同,所建立的模型也不同。目前,并没有归纳出大家都一致认可,适用于一切实际问题的数学建模方法。下面关于数学建模的方法说法或分类,不针对具体问题,也不是放之四海而皆准的法则,而是从不同的视角对方法的归纳整理。

（一）总体方法

数学建模的方法按大类来分,大体分为三类：

1. 机理分析法

机理分析根据问题的要求、限制条件、规则假设建立规划模型,寻找合适的最寻优算法进行求解或利用比例分析、代数方法、微分方程等分析方法从基本物理规律以及给出的资料数据来推导出变量之间的函数关系。

由于机理分析是根据人们对现实对象的了解和已有的知识、经验分析研究对象中各变量之间的因果关系,找出反映其内部机理的规律。因此,了解研究对象的机理是使用这种方法的前提。

2. 测试分析法

当我们对研究对象的机理不清楚的时候,可以把研究对象视为一个"黑箱"系统。

对系统的输入输出进行观测,并以这些实测数据为基础进行统计分析来建立模型。

3. 综合分析法

对于某些实际问题,需要将上述两种建模方法结合起来使用。例如机理分析法确定模型结构,再用测试分析法确定其中的参数。

(二)按数学模型所涉及的主要数学课程知识,可以分为优化模型、微分方程模型、统计模型、概率模型、图论模型、决策模型等。

(三)数学建模的数学方法比较多,主要有类比法、二分法、量纲分析法、差分法、变分法、图论法、层次分析法、数据拟合法、回归分析法、数学规划(线性规划、非线性规划、整数规划、动态规划、目标规划)、排队方法、对策方法、决策方法、模糊评判方法、时间序列方法、灰色理论方法、现代优化算法(模拟退火算法、遗传算法、神经网络)等。

(四)常用的几种数学建模算法

1. 蒙特卡罗算法

该算法又称随机性模拟算法,是通过计算机仿真来解决问题的算法,同时可以通过模拟来检验自己模型的正确性,是比赛时必用的方法,通常使用 Python、MATLAB 软件实现。

2. 数据拟合、参数估计、插值等数据处理算法

比赛中通常会遇到大量的数据需要处理,而处理数据的关键就在于这些算法,通常使用 MATLAB 作为工具。

3. 线性规划、整数规划、多元规划、二次规划等规划类问题

建模竞赛大多数问题属于最优化问题,很多时候这些问题可以用数学规划算法来描述,通常使用 Python、Lingo 或 WPS、Excel 等软件实现。

4. 图论算法

这类算法可以分为很多种,包括最短路、网络流、二分图等算法,涉及图论的问题可以用这些方法解决,需要认真准备,通常使用 Python、Maple 作为工具。

5. 动态规划、回溯搜索、分治算法、分支定界等计算机算法

这些算法是算法设计中比较常用的方法,很多场合可以用到,可使用 Python、Lingo 等软件编程实现。

6. 图像处理算法

赛题中有一类问题与图形有关,即使与图形无关,论文中也应该需要用图形进行说明,这些图形如何展示以及如何处理就是需要解决的问题,通常使用 MATLAB 进行处理。

7. 最优化理论的三大非经典算法:模拟退火法、神经网络、遗传算法

这些算法是用来解决一些较困难的最优化问题的算法,对于解决一些复杂的工程

问题时非常有帮助,这些算法模拟大自然的智慧,可以使用 Python、MATLAB、SPSS 软件实现。

三、数学建模的步骤

数学建模要经过哪些步骤,通常与问题的性质、建模的目的以及所用的知识与方法等因素有关,并没有固定的流程或格式。按照利用数学模型解决问题的一般思路,数学建模一般要经历从实际问题到数学问题,然后再回到实际问题的过程。

（一）数学建模的思维过程

数学建模的全过程可分为表述、求解、解释、验证几个阶段,并且通过这些阶段完成从现实对象到数学模型,再从数学模型回到现实对象的循环。一方面,数学模型是对实际问题进行整理归纳、抽象的产物,它来源于现实,又高于现实。另一方面,只有当数学建模的结果经受住实践的检验时,才可以用来指导生活中的实际,完成从实践中来,到实践中去这一往复过程,如图 1-2 所示。

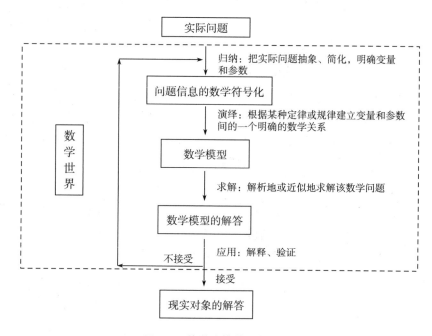

图 1-2 数学建模的一般流程

（二）数学建模的基本步骤

数学建模从实际问题出发,经历建模准备、模型假设、模型分析、模型建立、模型求解、模型检验、模型应用等基本步骤,简要介绍如下:

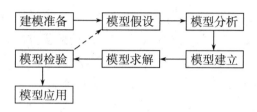

图 1-3　数学建模的基本步骤

1. 建模准备

数学建模是一项创新活动,它所面临的课题是人们在生产和科研中为了使认识和实践进一步发展必须解决的问题。"什么是问题? 问题就是事物的矛盾,哪里有没解决的矛盾,哪里就有问题。"因此,发现课题的过程就是分析矛盾的过程。贯穿生产和科研中的根本矛盾是认识和实践的矛盾,分析这些矛盾,从中发现尚未解决的矛盾,就是找到需要解决的实际问题。

要建立现实问题的数学模型,第一步是对要解决的问题有一个十分清晰的提法。遇到某个实际问题,在开始阶段问题是比较模糊的,又往往与一些相关的问题交织在一起,所以需要查阅有关文献,与熟悉具体情况的人讨论,并深入现场调查研究。只有掌握有关的数据资料,明确问题的背景,确切地了解建立数学模型究竟主要应达到什么目的,才能形成一个比较清晰的"问题"。如果这些实际问题需要给出定量的分析和解答,那么就可以把这些实际问题确立为数学建模的课题。

2. 模型假设

模型假设就是根据建模的目的对原型进行抽象、简化。现实世界的问题往往比较复杂,在从实际问题中抽象出数学问题的过程中,必须抓住主要因素,忽略次要因素,作出必要的简化,使抽象的数学问题变得越来越清晰。

了解实际现象中哪些因素是主要的,哪些因素是次要的,认识也就越来越清楚了。由于问题的复杂性,抓住问题的本质因素,忽略次要因素,即对现实问题做一些必要的简化或者理想化,应该说是一个十分困难的问题,也是建模过程中十分关键的一步,往往不可能一次完成,需要经过多次反复才能完成。

3. 模型分析

构造模型要根据所作的假设,主要分析研究对象的因果关系,用数学语言加以刻画,就可得到所研究问题的数学描述,即构建所研究问题的数学模型。构造模型的方法非常多,在构造模型时要发挥相应方法的优点,可以同时采用,以取长补短,达到建模的目的。基本的建模分析方法有机理分析方法和数据分析方法。

4. 模型建立

经过机理分析或数据分析,通常是用解析方式表达所建立的数学模型,像方程、函数、公式等方式。但很多情况下,难以获得这种解析表达方式。这就需要应用各种数值方法,包括各种数值优化方法,线性与非线性方程组的数值方法,微分方程的数值解法,各种预测、决策和概率统计方法等,寻找或建立合理有效的算法,应用相应的 MAT-LAB、SPSS、Python 等软件系统求解。当现有的数学方法还不能很好地解决所归纳的数学问题时,就需要针对数学模型的特点,对现有的方法进行改进或者提出新的方法以适应需要。

模型必须反映现实,但又不等于现实。模型必须简化。如果不简化,模型十分复杂甚至难以建立模型,而过分的简化又会使模型远离现实,无法用来解决现实问题。在研究摆的运动时,物理学家用"单摆"来理想化摆的运动,假设摆一直做规则的往复运动。这个模型是否符合实际呢? 实际的摆经过相当长一段时间最终会停下来。从这一点来看模型似乎是不符合实际的。但如果考查摆在不太长时间内的运动情况,那么单摆简化的模型完全可以满足要求,考虑阻力等次要因素而把模型复杂化是大可不必的。

5. 模型求解

构造数学模型之后,根据已知条件和数据,分析模型的特征和模型的结构特点,设计或选择求解模型的数学方法和算法,然后编写计算机程序或运用与算法相适应的软件包,并借助计算机完成对模型求解。

模型若能得到封闭形式的解的表达式固然很好,但多数场合模型必须依靠计算机数值求解。在电子计算机相当普及的今天,数值求解是一种行之有效的方法。因此有时对同一问题有两个模型可供选择,一个是比较简单的模型,但找不到解的解析表达式,只能数值求解;另一个模型比较复杂,通过困难细致的数学处理有可能得到解的精确表达式。在这两个模型中,有时宁可选择前者,或者即便有了精确表达式,也常常需要数值或图示结果来说明问题。

通过分析建立的数学模型,如果不符合要求,就修改或增减建模假设条款,重新建模,直到符合要求。如果通过分析符合要求,还可以对模型进行评价、预测、优化等方面的分析和探讨。模型是否容易求解也是评价模型优劣的一个重要标准。

6. 模型检验

一方面,对求解结果进行数学上的检验,如参数的误差检验、统计检验、模型对数据的灵敏性检验等。另一方面,建立的数学模型通过分析符合要求之后,还必须回到客观实际中去对模型进行检验。

建立数学模型的主要目的在于解决现实问题,因此必须通过各种途径检验所建立的模型。实际上,在整个数学建模乃至这个解决问题的过程中,模型都在不断地受到检验,还要检验数学模型是否自相容并符合通常的数学逻辑规律,是否适合求解,是否有多解或者无解等等。最重要和困难的问题是检验模型是否反映了原来的现实问题。

把求解和分析结果翻译回到实际问题,与实际的现象、数据比较,检验模型的合理性和适用性。如果结果与实际不符,问题常常出在模型假设上,应该修改、补充假设,重新建模,如图 1.3 中的虚线所示。这一步对于模型是否真的有用非常关键,要以严肃认真的态度对待。有些模型要经过几次反复,不断完善,直到检验结果获得某种程度上的满意。

模型在检验中不断修正逐步趋于完善,除了十分简单的情形外,模型的修改几乎是不可避免的。一旦在检验中发现问题,必须去考虑在建模时所作的假设和简化是否合理,这需要检查是否正确地描述了关于数学对象之间的相互关系和服从的客观规律,针对发现的问题相应地修改模型,然后再次重复检验、修改,直到满意为止。

7. 模型应用

模型应用既是体现数学建模的价值,也是对建立的数学模型最客观、最公正的检验。应用的方式与问题性质、建模目的及最终的结果有关。

四、数学建模的趋势

纵观数学发展史可以知道,数学模型与数学有千丝万缕的联系。数学模型的建立固然离不开数学知识,而我们对数学的认识同样离不开数学模型,例如微积分中的两个主要概念——导数与积分就产生于运动中对变速运动速度与路程的数学模型研究。

数学模型需要丰富的知识、经验和各方面的能力。绝大多数数学课程知识都可以用来建立和求解数学模型,要强调的是大学生要学会用数学语言表达问题,善于在实践中学习,学到更活的数学,积累更多的知识、经验和方法,提高数学素养,在今后的工作中能把数学建模的价值完全体现出来。模型假设、模型构造等,除了要有广博的知识和足够的经验之外,还特别需要丰富的想象力和敏锐的洞察力。

数学建模过程是一种创造思维过程,直觉和灵感往往也起着不可忽视的作用。当然,直觉和灵感不是凭空产生的,它需要具有丰富的背景知识,对问题进行反复思考和艰苦探索,对各种思维方法运用娴熟,相互讨论和思想交锋,特别是不同专业的成员之间的探讨,此时团队精神发挥很大作用。

数学建模可以看成一门艺术,如果将数学建模与国画经典艺术一比,数学就好比工笔画,数学建模就好比水墨写意,工笔画之细腻工整固然令人叹为观止,大写意几笔传神的那种磅礴大气也的确给人们以无限的遐思,这也是一种美,睿智里带几分禅味的灵感之美。艺术在某种意义下是无法归纳出几条准则或方法的,一名出色的艺术家需要大量的观摩和前辈的指教,更需要亲身的实践。同样,要掌握数学建模这门“艺术”,就要培养想象力和洞察力,这就必须注意两点:一要大量阅读,二要亲自动手。后者更为重要,虽然建模不能按照严格的逻辑结构去讨论问题,不能划定这些方法的适用范围,其得到的结果也并非无可置疑,但它却是我们学习数学并用数学去解决实际问题的一种生动、有效的方法。

练 习 题

1. 数学建模的方法按大类,可分为_____、_____、_____。
2. 按数学模型所涉及的主要数学课程知识,可以将数学模型分为哪些类型呢?
3. 简要叙述数学建模的常用算法。
4. 简要叙述数学建模的基本步骤。

本章小结

1. 知识结构

本章首先认识了什么是数学模型,通过对比了解了我国数学建模发展的现状,然后给出了数学建模的基本步骤,包括使用的具体建模方法、模型建立和解决的算法等。

数学建模的过程,包含建模准备、模型假设、模型分析、模型建立、模型求解、模型检验和模型应用,是使用数学语言分析和解决现实问题的过程。涉及的方法有机理分析法、测试分析法和综合分析法。数学模型涉及的主要数学知识有最优化理论、微分方程和差分方程、概率统计、图论、决策论等,涉及的主要数学方法有类比法、二分法、量纲分析法、差分法、变分法、图论法、层次分析法、数据拟合法、回归分析法、数学规划法等,涉及的常用算法有蒙特卡罗算法、数据拟合和参数估计等数据处理算法、规划类问题算法、图论算法、计算机算法、图像处理算法和最优化理论的非经典算法等。

本章呈现的主要知识点以了解和理解数学建模的相关概念、发展历史、发展现状和发展趋势为目的,为后面各章节的学习起到抛砖引玉的作用。

2. 课题作业

商人带着猫、鸡、米过河,除需要人划船之外,船至多还能载猫、鸡、米三者之一,而当人不在场时猫要吃鸡、鸡要吃米。请试着设计一个安全过河方案,并使渡河次数尽量少。然后从数学建模的角度,分析评价设计的解决方案。

参考文献

［1］李梅.构建数学模型 解决实际问题［J］.甘肃教育,2005(06):46.

［2］游晓媚.浅谈构建数学模型解决实际问题［J］.宁德师专学报(自然科学版),2004(03):275－277.

［3］林耿.浅谈数学建模、数学实验融入高等数学的方法［J］.教育教学论坛,2017(21):234－

［4］付柳林,莫达隆.数学模型方法与数学教学［J］.喀什师范学院学报,2003(06):93－96.

［5］王大星,翟明清.数据处理和建模方法在数学建模教学中的应用［J］.北京教育学院学报(自然科学版),2014,9(01):5－10.

［6］许海深.谈数学模型及数学建模的逻辑变量方法［J］.哈尔滨师范大学自然科学学报,2005(02):18－19＋25.

［7］吕玉明,龚福麒.试论数学模型方法［J］.哈尔滨船舶工程学院学报,1994(02):93－99.

［8］郑燕玲.浅谈数学建模的方法［J］.云南财贸学院学报(社会科学版),2004(06):119－120.

第二章 初等数学模型

本章导学

中国古代数学就是算法的数学。我国数学家吴文俊曾说过,中国古代数学就是一部算法大全。翻开《算经十书》等中国古代数学典籍,其中记载的像大家熟悉的"田忌赛马""韩信点兵""锯木求径""引葭及岸"等数学问题,我国古代数学家均给出算法,这些算法就是古人建立的数学模型。

《义务教育数学课程标准(2022年版)》指出,数学源于对现实世界的抽象,基于抽象结构,通过对研究对象的符号运算、形式推理、模型构建等,形成数学的结论和方法,帮助人们认识、理解和表达现实世界的本质、关系和规律。模型意识和模型观念是核心素养的主要表现。知道数学模型可以用来解决一类问题,是数学应用的基本途径;能够认识到现实生活中大量的问题都与数学有关,有意识地用数学的概念与方法予以解释是模型意识的主要表现。模型观念主要是指对运用数学模型解决实际问题有清晰的认识。知道数学建模是数学与现实联系的基本途径;初步感知数学建模的基本过程,从现实生活或具体情境中抽象出数学问题,用数学符号建立方程、不等式、函数等表示数学问题中的数量关系和变化规律,求出结果并讨论结果的意义。

数学建模有着悠久历史,人们已经积累了丰富的初等数学建模方法和案例。很多问题的建模解决,只用初等数学知识就能完成。用初等数学知识与方法建模解决的问题,称为初等数学模型,如函数、方程、不等式、简单逻辑、向量、排列组合、概率统计、几何等知识建立起来的模型,并且能够用初等数学的方法进行求解和讨论。

只要能达到建模的目的和要求,用初等数学知识与方法要好过复杂的数学理论,因为同样是解决问题,当然越简单越好。本章主要以函数、方程等形式的数学模型为例,学习初等建模方法,体验完整的建模过程,学会用数学建模方法分析解决生活中的实际问题。

第一节　消费与投资的选项

本节要点

函数模型是解决问题最常用的初等建模方法,本节以生活中的消费和投资问题为例,探究建立数学模型解决实际问题的基本方法和过程。

学习目标

※ 了解初等模型解决实际问题的过程和方法

※ 掌握描述实际问题的数量关系的函数方法

※ 会用数列递推方法描述投资等经济问题

※ 会建立数学模型分析解决实际问题

※ 能用软件绘制初等函数图形

学习指导

在商业和金融投资中,任何理性的投资者总是希望收益能够取得最大化,但是他也面临着不确定性和不确定性所引致的风险。而且,大的收益总是伴随着高的风险。依据决策者对收益和风险的理解和偏好将其转化为一个最优化问题求解,就需要分析数量关系,然后用函数描述出来,最后解这个函数的最优(消费/投资策略)解。

先从简单的生活问题出发,了解数学建模应用的基本形式。下面,通过一个简单的车费问题,初步了解用函数表示的初等数学模型。

小明每天乘公交车或地铁去上学。1~4 日乘公交车,每天花费 2.5 元;5~6 日休息,没有乘车;7~10 日改乘地铁,每日需要 5 元。他这 10 天在交通上的花费每日累计,可以用图 2-1 表示。

小明上学的交通费与时间的关系,可以直观

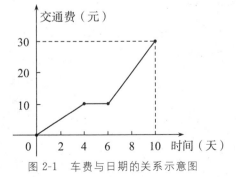

图 2-1　车费与日期的关系示意图

地从图 2-1 中看出来。这两个变量之间的函数关系也可以用解析式 $y=f(x)$ 表示,这是数学模型最简洁,也是最常用的表示方法。

根据图形可得函数图像分为三段,观察坐标上的数据,当 $0 \leqslant x \leqslant 4$ 时,$f(x)=2.5x$;当 $4<x \leqslant 6$ 时,$f(x)=10$;当 $6<x \leqslant 10$ 时,$f(x)=5x-20$。故小明上学交通费问题的数学模型可用函数表示为

$$f(x)=\begin{cases} 2.5x, 0 \leqslant x \leqslant 4, \\ 10, 4<x \leqslant 6, \\ 5x-20, 6<x \leqslant 10 \end{cases}$$

若他的乘车卡开始时有 50 元,则第 x 天乘车卡的余额也可以用函数表示:

$$g(x)=\begin{cases} 50-2.5x, 0 \leqslant x \leqslant 4, \\ 40, 4<x \leqslant 6, \\ 70-5x, 6<x \leqslant 10 \end{cases}$$

上面两个函数的定义域均为 $D=[0,10]$,但是在定义域的不同范围内是用不同的解析式来表示的,这样的函数称为分段函数。分段函数是定义域上的一个函数,不要理解为多个函数,分段函数需要分段表示、分段计算或作图等。

一、话费套餐的选择

2018 年以来,我国移动通信网络提速降费全面加速推进,以促进信息化消费快速增长。2019 年全国将继续加快提速降费力度,并加速推进 5G 试验和应用,以满足用户的需求和期待。目前,通信运营商为了满足消费选择的多样性,提供了丰富的选择。

例 1 我国的电信资费第一次大范围的结构性调整是在 2001 年 1 月 1 日,其中市话通话资费的调整方案为:固定电话的市话计费由原来的每 3 分钟(不足 3 分钟以 3 分钟计)0.18 元调整为前 3 分钟 0.22 元,以后每 1 分钟(不足 1 分钟以 1 分钟计)0.11 元。那么,与这次调整前相比,电话用户的市话费是降了还是升了? 升、降的幅度是多少?

分别用 y,t 表示市话费、通话时间,根据两者之间的关系,以 $y(t),Y(t)$ 表示调整前后市话费与通话时间的函数关系式,则有

$$y(t)=\begin{cases} 0.18, 0<t \leqslant 3, \\ 0.18 \times \dfrac{t}{3}, t>3 \text{ 且 } \dfrac{t}{3} \text{ 是整数}, \\ 0.18\left(\left[\dfrac{t}{3}\right]+1\right), t>3 \text{ 且 } \dfrac{t}{3} \text{ 不是整数} \end{cases} \tag{2.1.1}$$

$$Y(t)=\begin{cases}0.22,0<t\leqslant3,\\0.22+0.11(t-3),t>3\text{ 且 }t\text{ 是整数},\\0.22+0.11([t-3]+1),t>3\text{ 且 }t\text{ 不是整数}\end{cases}\quad(2.1.2)$$

为便于两者进行比较,我们可以按具体的时段计算上述两个函数对应的函数值及相应的调价幅度,并列成如下的对照表:

表 2-1　　　　　　　　　　话费及升降幅度一览表

t	$(0,3]$	$(3,4]$	$(4,5]$	$(5,6]$	$(6,7]$	$(7,8]$	$(8,9]$	…	$(59,60]$
$y(t)$	0.18	0.36	0.36	0.36	0.54	0.54	0.54	…	3.60
$Y(t)$	0.22	0.33	0.44	0.55	0.66	0.77	0.88	…	6.49
升降幅	22%	−8%	22%	53%	22%	43%	63%	…	80%

不难看出,只有当通话时间 $t\in(3,4]$ 时,调整后的市话费才稍微有所降低,其余通话时长的话费均比调整前有两成以上的提高。

（一）分段函数

函数解析式(2.1.1)与(2.1.2),就是例1的数学模型。像这样的分段函数,是数学建模中常用的函数解析式。

1. 已知函数定义域被分成有限个区间,若在各个区间上表示对应法则的数学表达式一样,但单独定义各个区间公共端点处的函数值,或者在各个区间上表示对应法则的数学表达式不完全一样,则称这样的函数为分段函数。其中定义域所分成的有限个区间称为分段区间,分段区间的公共端点称为分界点。

2. 类型

（1）分界点左右的数学表达式一样,但单独定义分界点处的函数值。（2）分界点左右的数学表达式不一样。

（二）生活实例

例 2　某水果店促销西瓜,促销方式是:

购买 50 斤以下(不包括 50 斤),每斤 1.00 元;

购买 50 斤以上 100 斤以下(不包括 100 斤),每斤 0.80 元;

购买 100 斤以上(包括 100 斤),每斤 0.70 元。

某人在水果店挑了 6 个西瓜,称重后店主说:"48 斤,共 48 元。"可这位顾客马上说:"我再选一个西瓜。"结果 7 个西瓜 56 斤,共 44.8 元。这位顾客多买一个西瓜,反而便宜了 3.2 元钱。这个例子中西瓜的质量 x 与总价 y 的关系可以用分段函数表示:

$$y=\begin{cases} 1.00x, 0\leqslant x<50, \\ 0.80x, 50\leqslant x<100, \\ 0.70x, x\geqslant 100 \end{cases}$$

例3 某商场举办有奖购物活动,每购 100 元商品得到一张奖券,每 10 000 张奖券为一组,编号为 1 号至 10 000 号,其中只有一张为特等奖,特等奖金额 5 000 元,开奖时,中特等奖号码为 2 806 号,那么,一张奖券所得特等奖金 y 元与号码 x 号的函数关系表示为:

$$y=\begin{cases} 0, x\neq 2\ 806, x=1,2,3,\cdots,10\ 000, \\ 5\ 000, x=2\ 806 \end{cases}$$

（三）应用与推广

许多以时间、质量、距离等为计量单位的收费系统,如场地租赁费、邮政信函及包裹的邮寄费、各类交通工具的行李运输费等,通常都规定了最小的计量单位,且不足一个计量单位的部分以一个单位计费。此类问题均可以参照以上例子提供的方法借助取整函数建立函数关系。

数学模型是针对事物系统的特征或数量关系,采用数学语言概括或近似地表述出的一种数学结构,公式、方程和函数就是常见的用来描述数学结构的数学模型。

二、复利、连续复利与贴现

对于人来说,时间是无价的,但是对于货币投资来说,时间是有价值的。

对于货币的时间价值,就是在没有风险和没有通货膨胀下,社会资金在一定时间内产生的利润,利率与利息就是货币时间价值的典型存在。在计量货币时间价值时,风险报酬和通货膨胀因素不包括在内。

利息是债权人贷出货币或货币资本而从债务人手中获取的报酬。因此,利息是货币资本使用权的"价格"。单利计息是仅按本金计算利息,利息不再生息,其利息总额与借贷时间成正比。连续存款时,每经过一个计息期,将所生利息加入本金再计利息,逐期滚算,就是复利,俗称"利滚利"。

（一）复利的计算模型

复利与连续复利不是同一个概念。下面以银行存款的增长情况为例说明这个问题。

设某顾客在银行存入本金 A_0 元,若存款的年利率为 r,试计算 t 年后该顾客的本利之和 A_t。

若每年结算一次,则第一年末的本利之和是

$$A_1=A_0+A_0r=A_0(1+r)$$

第二年末的本利之和是

$$A_2 = A_1 + A_1 r = A_0 (1+r)^2$$

......

第 t 年末的本利之和是

$$A_t = A_{t-1} + A_{(t-1)} r = A_0 (1+r)^t$$

对于复利的计算,如果初始的存款(投资)是 A_0 元,每期的利率都是 r,每期存款连同利息之和为 $A_0(1+r)$,经过 m 期连续存款(投资),最终的本金加利息 A_m 就是 A_0 $(1+r)^m$,即

$$A_m = A_0 (1+r)^m \qquad (2.1.3)$$

式(2.1.3)就是计算复利的数学模型,其中 $(1+r)^m$ 被称为复利终值系数或 1 元的复利终值。

一年期的投资也可以再分成若干次结算。若每年结算 12 次(即每月结算一次),则月利率可以 $\dfrac{r}{12}$ 计,于是由(2.1.3)式可得第 1 年末的本利之和是

$$A_1 = A_0 \left(1 + \frac{r}{12}\right)^{12}$$

若每天结算一次(即每年结算 365 次),则日利率可以 $\dfrac{r}{365}$ 计,于是由(2.1.3)式可得第 1 年末的本利之和是

$$A_1 = A_0 \left(1 + \frac{r}{365}\right)^{365}$$

第 t 年末的本利之和是

$$A_t = A_0 \left(1 + \frac{r}{365}\right)^{365t}$$

综上可知,若每年(期)结算 m 次,则第 t 年(期)末的本利之和应为

$$A_t = A_0 \left(1 + \frac{r}{m}\right)^{mt} \qquad (2.1.4)$$

(二)连续复利的计算

这里不论 m 是多少次,只要是按上式计算本利之和的都称之为"复利"。

利用二项式定理可以证明,对任意的正整数 m,有

$$A_0 \left(1 + \frac{r}{m}\right)^{mt} < A_0 \left(1 + \frac{r}{m+1}\right)^{(m+1)t}$$

这意味着每年(期)结算的次数越多,则第 t 年(期)末的本利之和就越大。但这绝不意味着随着结算次数的增加可以使第 t 年(期)末的本利之和无限制地增大。事实

上，只要计算一下 $m \rightarrow +\infty$ 时，第 t 年（期）末的本利之和的极限，就不难得出正确的答案：

$$\lim_{m \rightarrow +\infty} A_0 \left(1+\frac{r}{m}\right)^{mt} = A_0 \lim_{m \rightarrow +\infty} \left(1+\frac{r}{m}\right)^{\frac{m}{r}rt} = A_0 e^{rt}$$

在这个计算过程中，当 $m \rightarrow +\infty$ 时，结算周期 $\frac{1}{m} \rightarrow 0$，表明结算周期趋向于无穷小，这就意味着银行要连续不断地向顾客付利息，这种计利方式就称为"连续复利"。记连续复利为 A_t，有

$$A_t = A_0 e^{rt} \tag{2.1.5}$$

（三）贴现的计算

搞清了复利与连续复利的概念，有助于我们理解资本市场上"资金的时间价值"与"贴现"等问题。

一般地，将 A_0 称为资金的现值，而将按年利率 r 以连续的复利形式计算出来的 A_t 称为资金 A_0 的"t 年未来值"。这就是资金的时间价值。了解了这一点，就可以在我们准备进行某项投资时判断该项投资是否有价值。显然，如果投资的预期收益小于按年利率 r 连续复利形式计算出来的"t 年未来值"，那还不如把资金存在银行里。

由公式（2.1.5），可得

$$A_0 = A_t e^{-rt} \tag{2.1.6}$$

利用（2.1.6）式，可以在已知资金的"t 年未来值"A_t 的情况下求资金的现值 A_0，这个过程称为"贴现"。例如我国财政部曾经发行过一种"贴现国债"，只要花九十几元，就可以买到面值一百元的国债（到期后可到银行兑付现金 100 元），它就是用贴现的方法计算出来的。

三、房贷还款问题

（一）问题提出

存款是客户把钱借给银行，贷款是银行把钱借给客户。某人按揭买房，想贷款 60 万，期限 20 年。如果按当时的年利率 0.063 9，20 年后一次还清的话，银行将按月利率 0.005 325 的复利计算，共 240 期，要还 $600\,000(1+0.005\,325)^{240} \approx 2\,146\,382.21$，大约 210 万，比本金的 3 倍半还要多，这太多了！借贷买房方怕到时还不起，出借的银行方也怕风险太大。所以决定每个月还一点钱。问每个月还款多少？在选择贷款方案时，有等额本金和等额本息两种方案。

（二）问题分析

借助"贷款计算器"，选择"月等额还款，20 年还清"后，显示下列内容：

贷款金额:600 000,

贷款年数:20(240 期),

年利率:0.063 9(月利率$=\dfrac{0.063\ 9}{12}=0.005\ 325$,按月还贷款,计算用月利率)。

如果是按上述数据输入,会出现如下"计算结果":

月还款数:4 434.67,

还款总额:1 064 320.24,

利息总计:464 320.24。

对于上述结果,用数学建模的方法来回答,等额本息月还款数是怎么算出来的?问题解决的关键是确定变量以及变量之间的关系,即数学模型的建立。

(三) 符号说明

用符号表示,设

贷款金额记为 $A=600\ 000$,

贷款期数记为 $N=240$ 月,

年利率记为 $R=0.063\ 9$,

月利率记为 $r=\dfrac{R}{12}=0.005\ 325$,

月还款数为 $x=4\ 434.67$。

(四) 数学模型的建立

首先,第 n 个月尚欠银行的款数记为 A_n,上个月(记为第 $n-1$ 个月)结余欠款记为 A_{n-1},加上利息记为 $A_{n-1}(1+r)$,减去这个月的还款 x,还欠款 $A_{n-1}(1+r)-x$。

所以数学模型为:这个月的欠款等于上个月欠款加上利息,再减去这个月的(等额)还款。一开始的借(欠)款已知,20 年必须还清,用数学符号语言表示,即数学模型为:

$$\begin{cases} A_n=A_{n-1}(1+r)-x, n=1,2,\cdots,N, \\ A_N=0, N=240 \end{cases} \qquad (2.1.7)$$

(五) 模型求解

求这个数学模型的解,要用到等比数列前 n 项和的求和公式:

$$S_n=1+q+q^2+\cdots+q^{n-1}=\dfrac{1-q^n}{1-q}$$

当 $n=1,2,\cdots,N$ 时,由模型式(2.1.7)得

$A_1=A(1+r)-x$,

$A_2=A_1(1+r)-x$

$\quad=[A(1+r)-x](1+r)-x$

$$= A(1+r)^2 - x[1+(1+r)],$$

$$A_3 = A(1+r)^3 - x[1+(1+r)+(1+r)^2],$$

......

容易观察出规律,并用归纳法得到,对于 $n(n=1,2,\cdots,N)$,有

$$A_n = A(1+r)^n - x[1+(1+r)+(1+r)^2+\cdots+(1+r)^{n-1}]$$

由等比数列求和公式得

$$A_n = A(1+r)^n - x\frac{(1+r)^n-1}{(1+r)-1} = A(1+r)^n - x\frac{(1+r)^n-1}{r}$$

由于还款总期数为 N,也即第 N 月末刚好还完银行所有贷款,因此有

$$A_N = A(1+r)^N - x\frac{(1+r)^N-1}{r} = 0$$

解出 x,得

$$x = \frac{Ar(1+r)^N}{(1+r)^N-1} \tag{2.1.8}$$

上式代入 $A=600\,000$,$N=240$,$r=0.005\,325$,

解得月还款额 $x=4\,434.67$,本息合计 $1\,064\,320.24$,比 20 年后一次还清少多了。

四、拓展应用

(一)"学而时习之"的数学模型

子曰:"学而时习之,不亦说乎?"朱熹在《四书集注》中的见解是:学而又时时习之,则所学者熟,而中心喜悦,其进自不能已矣。俗语说,一天不练手脚慢。说的都是学了本领或知识,还要经常用。从心理学的角度来看,任何一种新技能的获得和提高都要通过一定时间的学习。常常会碰到这样的学习现象,不同学生的学习速度和掌握程度都不一样,以学习某项数学计算技能为例,假设每学习一次,就能掌握一定的技能,其程度为常数 $a(0<a<1)$,试用数学知识来描述经过多少次学习,就能基本掌握该项数学技能。

1. 分析

不妨作以下假设:

(1) b_0 为开始学习时所掌握的程度,b_n 为经过 n 次学习后所掌握的程度,显然 $0<b_n<1$。

(2) a 表示经过一次学习之后所掌握的程度,即每次学习所掌握的内容占上次学习内容的百分比。

2. 求解

根据上面的假设,$1-b_0$ 就是第一次学习前尚未掌握的新内容,而经过一次学习后所掌握的新内容为 $a(1-b_0)$,于是

$$b_1 - b_0 = a(1 - b_0)$$

类似地,经过二次学习后,有

$$b_2 - b_1 = a(1 - b_1)$$

以此类推,经过第 n 次学习后,所掌握的程度有

$$b_n - b_{n-1} = a(1 - b_{n-1}), n = 1, 2, 3, \cdots$$

于是

$$b_n = 1 - (1 - b_0)(1 - a)^n, n = 1, 2, 3, \cdots$$

可以看出,随着学习次数 n 的增加,有

$$\lim_{n \to +\infty} (1 - a)^n = 0$$

而 $\lim_{n \to +\infty} b_n = 1$,也就是随着学习次数的增加,掌握的技能越来越接近于 $1(100\%)$。这说明了学习中的一个道理:熟能生巧,学无止境。

不妨设在某学习过程中,要掌握 90% 以上的内容,根据上述模型来计算至少需要学习多少次。

一般情况下,$b_0 = 0$,开始学习时,该项技能为 0,如果每次学习掌握度为 30%,代入数据计算,可得下表:

表 2-2 　　　　　　　　　　　**学习次数与掌握程度关系表**

n	1	2	3	4	5	6	7	8	$\cdots$
b_n	0.3	0.51	0.66	0.76	0.83	0.88	0.92	0.94	$\cdots$

从表中可以看出,经过 7 次学习,掌握程度将达到 90% 以上。当然,如果提高每次学习的掌握度,可以减少学习次数。例如,假设每次掌握度为 50%,请计算需要几次学习能达到 90% 以上。

（二）游览问题

某游客计划用两天的时间游览泰山。第一天上午 7 时开始登山,边走边看,共用了 5 个小时到达山顶。第二天早晨看完日出之后,于上午 7 时开始按原路下山,回到起点时也用了 5 个小时。试建立数学模型,说明在上下山的过程中至少有一次是在同样的时刻经过同样的地点。

五、找次品的数学建模

小学数学有这么一个问题:8 只乒乓球里有 1 只是次品(次品质量略微轻一些)。假如用天平称,至少称几次能保证找出次品?这个问题可称为天平称重问题,下面来看这个问题的解决思路。

（一）问题提出

已知有 8 件物品,其中只有一件次品,次品与合格品各种外观特征均相同,只有质量轻于合格品,现有一架没有砝码的天平,请借助天平把次品找到,问至少称几次可以保证找出次品？请给出解决这个问题的方案。

（二）问题分析

因为天平只能判断两个托盘中物体的轻重关系,所以为了解决这个问题,可以遵循"由易到难、由简到繁"的原则,先分析数量少的情况,再逐步将数量多的情况转化为已知情况,进而建立模型。

使用天平进行判断的流程图如下：

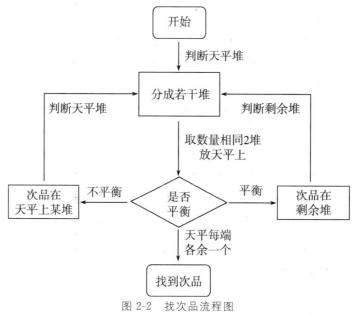

图 2-2 找次品流程图

（三）模型假设

1. 合格品质量都相同。

2. 次品与合格品质量不同,即次品轻于合格品。

3. 称量都不超过天平的可称量上限。

（四）建立模型

同一批物品的外观相同,次品与合格品的差别只有轻重关系。已知次品轻于合格品,先从简单情况考虑找次品的称量方案。

1. 假设物品数量不超过 3 件,即数量 $m \leqslant 3$。如果物品有 2 件,只需将 2 件物品分别放到天平两边称一次,轻的为次品。如果物品有 3 件,任取 2 件分别放到天平两边,如果平衡,则未放在天平的第三件是次品；如果不平衡,轻的那端为次品。所以,物品 3

件以内,只需要一次称量就可以找到次品。

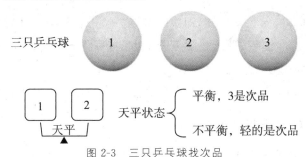

图 2-3　三只乒乓球找次品

2. 假设 $3 < m \leqslant 9 = 3^2$,将它们分成 3 堆,其中两堆各 3 只,剩余为第三堆。先将数量为 3 只的 2 堆(数量相同)放在天平两边,此时情况和情况 1 类似,以经过一次测量将次品范围缩小到其中一堆。

对存在次品的一堆再重复 1 中的操作,就可以找到次品,所以最多需要 2 次就可以保证找到次品。

因此,从 8 只乒乓球里找到 1 只次品,最多需要用天平称量 2 次。

下面验证分堆的合理性。把 8 只乒乓球分别分成 2、3、4 堆,称量次数列举如下。

分 2 堆情形　　4,4

称量次数　　　3

分 3 堆情形　3,3,2　　2,2,4　　1,1,6

称量次数　　2　　　　3　　　　3

分 4 堆情形　2,2,2,2　　3,3,1,1

称量次数　　　3　　　　2

由此可见,以三进制进行分堆所用次数最少。

从这个问题出发,还可以把物品数量 8 改为 80、800 甚至更多。

将上述情况推广,若 $3^{n-1} < m \leqslant 3^n$,可将乒乓球分为 3 堆,其中 2 堆为 3^{n-1} 只,剩余为一堆,则仿照前述方法依次进行称量,最多称量 n 次,可在 3^n 只乒乓球(有且仅有 1 件是次品)中找出哪只是次品。

同样地,还有从 81 个玻璃球里找次品的问题:有 81 个玻璃球,其中有一个球比其他的球稍重。(1)如果只能用天平来测量,至少要称多少次才能保证找出来呢?(2)如果不知道次品玻璃球与标准球的轻重,同样只用天平来测量,至少要称多少次才能保证找出来次品玻璃球?这样的问题它属于组合优化的范畴,能够培养学生的创新思维和逻辑思维能力。

（五）模型推广

若次品与合格品轻重关系已知，即次品轻（或重）于合格品。此时当 m 接近且小于等于 3^n 时最多称重 n 次。按照上述建模分析方法，可将此类问题推广到次品与合格品轻重关系未知时，利用分支定界法建立模型。

次品与合格品轻重关系未知，但有一定数量的合格品作为参考。此时当 m 最接近且小于等于 $\dfrac{3^n+1}{2}$ 时，最多称重 n 次。

次品与合格品轻重关系未知，且没有合格品作为参考。此时当 m 最接近且小于等于 $\dfrac{1+7 \cdot 3^{n-1}}{2}$ 时，最多称重 $n+1$ 次。

（六）建模意义

天平称重这类问题可以激发数学学习兴趣，培养发散思维能力和推理能力，有助于模型意识和模型观念的形成与数学核心素养的发展，对数学学习有着重要的作用。作为数学教师，不但要会分析解决这些问题，还要从更高的角度去关注和研究这类问题，从理论和推理上深刻把握这类问题的研究方法和内容，从而可以更好地解释这些内容，同时掌握数学建模思想和方法。

练习题

1. 某城市出租车收费标准如下，3 千米以内（含 3 千米）收 10 元，超过 3 千米的部分每千米收费 1.8 元。

（1）求出应收车费 y（元）与出租车行驶路程 x（千米）之间的函数关系式。

（2）某位乘客从 A 地直达 B 地，出租车行驶了 20 千米，应付车费多少元？

2. 某市执行阶梯水费，居民生活用水超定额累进加价。每一户居民家庭，每年的总用水量分三个阶梯：第一阶梯 0 至 180 立方米，水价是 4 元/立方米；第二阶梯 181 至 260 立方米，水价是 6 元/立方米；第三阶梯 261 立方米以上，水价 8 元/立方米。

（1）请用函数表示出应交水费 y（元）与居民年用水量 x（立方米）的解析式。

（2）假设该市一户居民 2022 年用水 232 立方米，则共需缴纳水费多少元？

3. 某品牌运营商手机推出流量 A 套餐，收费标准为月租 39 元，含 10G 全国流量，超出套餐的流量按 0.29 元/MB 收费，求月流量费 y（元）与月使用流量 x（MB）之间的函数关系式，并计算月使用流量为 12 000MB 时，应交费多少元。

4. 某游客计划用两天的时间游览泰山。第一天早晨 7 时开始登山，边走边看，共用了 5 个小时到达山顶。第二天早晨看完日出之后，于早晨 7 时开始按原路下山，回到起点时也用了 5 个小时。试建立数学模型，说明在上下山的过程中至少有一次是在同样的时刻经过同样的地点。

第二节　冰雪路面行车问题

本节要点

本节以日常驾驶中的刹车安全距离问题为例,详细分析建立函数模型并用来解决问题的全过程,为数学建模学习提供全景式案例。

学习目标

※ 了解安全驾驶的基本知识

※ 掌握初等函数解决行程问题的方法

※ 会求解函数模型的参数

※ 会分析求解函数模型的最优解

※ 养成用数学语言描述实际问题的意识

学习指导

首先用机理分析法,得到描述汽车刹车距离与速度关系的函数关系式和需要确定的参数。然后分析路面摩擦系数、反应时间等因素对刹车距离的影响,借助软件,用最小二乘法计算参数值。最后根据建立的函数模型,计算不同条件下的汽车刹车距离,给出合理的安全行车判别方法。

一、问题情境

"北京第三区交通委提醒您:道路千万条,安全第一条。行车不规范,亲人两行泪。"这是科幻电影《流浪地球》的一句台词。影片中刘启第一次驾驶汽车在冰雪道路上行驶,忽左忽右,滑行漂移,汽车很难控制,跌跌撞撞地几度在车毁人亡的边缘。电影中的雪地行车片段给我们带来哪些启示呢?

冬季来临,在中国除南方的少数地区外,冬季都会有冰雪降临,而公路上也常会出现堆积冰雪的情况。雪天路滑,特别是路面结起一层薄冰,将使汽车轮胎与路面的摩擦系数减小,附着力大大降低,给汽车行驶带来许多困难和危险。冬天在高速路上开车时,如果遇到了刹车、转弯或变道,车辆忽左忽右的滑行,突然变得很难控制,此时在车内的人一定会是惊恐万分的!实际上,在冰雪中开车并不简单,车辆本身就会很难控制,甚至平时常规的并线,都会存在着巨大的危险。

二、问题提出

冰雪路面行车安全问题。

影响汽车安全行车距离的主要因素有车辆的行驶速度、驾驶员的反应能力、路面的状况、天气的变化、载重量以及车辆制动系统的结构等,而车辆的行驶速度是其中最为关键的因素。《中华人民共和国道路交通安全法实施条例》(以下简称条例)第八十条规定,机动车在高速公路上行驶,车速超过每小时 100 千米时,应当与同车道车保持 100 米以上的距离;车速低于每小时 100 千米时,与同车道前车距离可适当缩短,但最小距离不得少于 50 米。如遇雨雾或路面湿滑,应延长行车间距。

问题 1 以行驶速度这个关键因素建立汽车行驶速度与刹车距离的数学模型,分析条例中规定的车距的合理性,探讨高速路行驶的安全车距。

问题 2 条例第四十六条规定,机动车在冰雪、泥泞的道路上行驶时,最高行驶速度不得超过每小时 30 千米。有研究显示,车辆在冰雪路面上行驶,因汽车轮胎与路面的摩擦系数减小,附着力大大降低,遇情况紧急制动时,制动距离会大大延长,高于一般干燥路面的四倍以上。建立数学模型探讨在高速公路冰雪路面行驶的安全车速。

三、数学建模过程

(一)建模准备

在建立数学模型之前,首先要查找相关的资料,搜集必需的各种信息,尽量弄清对象的特征。要在了解问题的实际背景、明确建模目标的基础上开始建模。

这一问题的背景是随着人们生活水平的不断提高,马路上行驶的车辆也越来越多,交通事故的发生也在不断增加。针对严重的道路交通情况,为了保障人们的生命安全,汽车驾驶员应了解安全行车距离,包括注意前后车距及横向安全距离,以及汽车爬坡能力、转弯半径等知识,在遇到紧急情况时能够迅速停下车辆,避免交通事故发生。

条例规定,高速公路应当标明车道的行驶速度,最高车速不得超过每小时 120 千米,最低车速不得低于每小时 60 千米。同方向有 2 条车道的,左侧车道的最低车速为每小时 100 千米;同方向有 3 条以上车道的,最左侧车道的最低车速为每小时 110 千米,中间车道的最低车速为每小时 90 千米,最右侧车道的最低车速为每小时 60 千米。

对于冰雪路面的驾驶安全,要了解车辆在冰雪路面上的行驶特点,掌握驾驶技巧的不同。首先,需要了解和掌握车辆在冰雪路面行驶的基本特点。遇有冰雪路面,车辆在行驶中最重要的是车辆制动问题。按照国家规定的正常标准,四个车轮的制动力要相等,如果制动力不等,车辆就很容易侧滑跑偏。如果后轮制动力大于前轮制动力,车辆就要"摆尾";如果前轮制动力大于后轮制动力,就会导致车辆刚性系统偏转,严重了就是翻车。造成车辆侧滑跑偏的致命原因就是刹车系统问题。因此,在行车前要检查刹车系统,保养调整车轮的制动装置。目前,许多国家已经强制安装 ABS、ASR、ESP 等行车辅助系统,来帮助车辆维持动态平衡。其次,汽车轮胎与路面的附着力降低时,切记控制车速。当路面已经有积雪或者开始结冰,这时候开车就要时刻注意路况,双手紧握方向盘,尽量沿着车辙行驶,并且控制好车速,不要尝试变道超车,变道和超车都是很不明智的,安全才是第一位。

所谓的安全行车距离,是指在同一条车道上同向行驶前后两车间的距离(即后车车头与前车车尾间的距离),保持既不发生追尾事故,又不降低道路的通行能力。安全行车距离主要取决于刹车距离。刹车距离又包括反应距离和制动停车距离。对于反应距离,也就是当车辆行驶状态发生变化时,驾驶员从看到变化到用脚踩刹车,直到刹车系统产生制动力并开始制动时,汽车在该时段内行驶的距离。刹车距离指车辆在刹车系统产生的制动力下开始制动,到运动状态停止时所行驶的距离。除了刹车距离外,安全行车距离还应加上安全停车间距,即两车停止运动时的距离。理想状态下该距离为 0,出于安全考虑,取值为 2 米。

为了建立刹车距离与车速之间的函数关系,需要提出几条合理的简化假设。反应距离由反应时间和车速决定,反应时间取决于司机个人状况和制动系统的灵敏性,对于一般规则可设反应时间为常数,且在这段时间内车速尚未改变。制动距离与制动器作用力、车重、车速以及道路、气候等因素有关,至于气候、道路等因素,对于一般规则可以看作是固定的,制动力一般规则也可以看作是固定的,建立刹车距离与速度的模型,给出速度是 60 千米/时～120 千米/时的安全行车距离。

(二)模型假设

1. 行驶途中前后两车的安全车距 S 等于刹车距离加上停车间距,而刹车距离 d 等于反应距离 d_1 与制动距离 d_2 之和。

2. 假设反应时间为常数 T,反应距离 d_1 与车速 v 成正比例关系。

3. 假设刹车时的制动力为 F,F 与车的质量 m 成正比,且 F 做的功等于汽车动能的改变。

4. 假设行驶、刹车过程,路面条件、天气状况无变化,刹车系统良好。

5. 假设汽车在刹车过程中是直线行驶,做匀减速直线运动。

6. 制动或起步时,各轮受到的阻力、制动力、附着系数相等。

7. 汽车重心位于中心位置,行驶(包括起步及刹车等)过程中重心不变。

(三) 符号说明

表 2-3

符号	单位		名称	说明
v_i	km/h	千米/时	车速	刹车过程的速度变化值
d_i	m	米	刹车距离	从司机决定刹车到车完全停住汽车的行驶距离
d_1	m	米	反应距离	从司机决定刹车到踩下踏板汽车的行驶距离
d_2	m	米	制动距离	从司机踩下刹车踏板到车完全停住汽车的行驶距离
T	s	秒	反应时间	从司机决定刹车到踩下刹车踏板的时间
a	m/s^2	米/秒^2	加速度	汽车制动过程的加速度
F	N	牛	制动力	汽车制动过程的制动力
m	kg	千克	汽车质量	汽车的总质量
K	s^2/m	秒^2/米	比例系数	制动距离与汽车速度平方的比值

(四) 模型建立

模型建立的基本原理就是牛顿运动定律,包括惯性定律、加速度定律等。

根据假设 2 可知,反应距离为

$$d_1 = Tv \qquad (2.2.1)$$

由牛顿第二定律又可把刹车后的运动过程看成匀减速运动,即

$$F = ma \qquad (2.2.2)$$

由假设 3,在 F 作用下行驶距离 d_2 做的功 Fd_2 使车速从 v 变成 0,由动能定理可知

$$Fd_2 = \frac{mv^2}{2} \qquad (2.2.3)$$

即

$$d_2 = \frac{m}{2F}v^2 \qquad (2.2.4)$$

由式(2.2.2)和(2.2.4),知

$$K = \frac{m}{2F} = \frac{1}{2a} \qquad (2.2.5)$$

其中 $a = \dfrac{F}{m}$,就是刹车时的加速度。

根据假设 1 可知刹车距离的数学模型为

$$d = Tv + Kv^2 \tag{2.2.6}$$

因此,汽车安全距离就是

$$S = Tv + Kv^2 + 2 \tag{2.2.7}$$

(五)模型求解

讨论汽车行驶的安全距离,根据汽车刹车距离的数学模型,即式(2.2.6),首先是参数 T 与 K 的确定。

1. 反应距离参数 T 的确定

根据假设 2,汽车在反应时间内车速没有改变,也就是说在此时间内汽车做匀速直线运动,反应时间取决于驾驶员状况和汽车制动系统的灵敏性,与汽车的型号没有关系,而在不同年龄段的汽车驾驶员状况(包括反应、警觉性、视力等)有一定差别,因此可以考虑不同年龄段的反应距离。在汽车制动系统良好的状态下,可以忽略汽车制动系统的反应时间。

参数 T 指的是反应时间,张展宏将测试者分为老、中、青三组,每组 20 名。青年组年龄为 20~30 岁,中年组年龄为 35~45 岁,老年组年龄为 51~60 岁。测试者均在正常情况下驾驶。对于驾驶员应急状态下刹车反应时间,下表列出应用模拟器测试的结果:[①]

表 2-4 　　　　　　　　不同年龄段的反应距离

反应时间(s)		青年组 20~30 岁	中年组 35~45 岁	老年组 51~60 岁
		1.278	1.218	1.371
100	不同车速 (km/h) 的 反应距离	35.50	33.83	38.08
90		31.95	30.45	34.28
80		28.40	27.07	30.47
70		24.85	23.68	26.66
60		21.30	20.30	22.85

2. 制动距离参数 K 的确定

在制动过程中,汽车的轮胎产生滚动摩擦,车速从 v 迅速减慢,直到车速变为 0,汽车完全停止。也就是汽车制动力使汽车做减速运动,汽车制动力做功导致汽车动能损失。

---

① 张展宏.基于模拟器的驾驶员应急状态下刹车反应时间的研究[J].华北科技学院学报,2009,6(03):27-30.

在制动过程中,按照汽车的刹车系统及结构设计,不同车型在相同条件下的紧急刹车的加速度是有一定区别的,也就是说,最大制动力受到道路、汽车车重、刹车系统性能的影响,一般来说不同道路、车型的刹车情况是不同的。

由于刹车距离受到汽车型号、道路和汽车车速的影响,在分析 K 的值时,假设其他条件相同,然后利用测试数据拟合出模型中函数解析式 $d_2 = Kv^2$ 的系数 K 值。

A 级车是紧凑型乘用车,B 级车是中型乘用车,根据近三年的销售数据,这两类车型在国内销量列前,高速公路以干燥沥青路面为主,主要依据这两类车型的路面的测试数据,分析确定 K 的值。

下面是某 A 级车和 B 级车的生产厂家公开的汽车的制动距离测试数据。

表 2-5　　　　　　　　　　　　某 A 级车路面制动距离测试数据

车速(km/h)	100	90	80	70	60	50	40	30
制动距离(m)	42.2	36.8	29.2	26.95	17.8	13.3	9.2	6.5

表 2-6　　　　　　　　　　　　某 B 级车路面制动距离测试数据

车速(km/h)	100	90	80	70	60	50	40	30
制动距离(m)	40.55	33.05	26.05	20.15	14.8	9.85	6.35	3.95

利用最小二乘法进行拟合的计算公式为

$$K = \frac{\sum_{i=1}^{n} 2v_i^2 d_i}{\sum_{i=1}^{n} 2(v_i^2)^2} \tag{2.2.8}$$

因此先根据上面表格的数据,利用 Excel 计算 $2d_i v^2$,$2(v_i^2)^2$,得到下表

表 2-7　　　　　　　　　　　　某 A 级车计算数据

制动距离 d'(m)	车速(km/h)	车速 v(m/s)	v^2	$2d_i v^2$	$2(v_i^2)^2$
42.2	100	27.778	771.605	65 123.457	1 190 748.362
36.8	90	25.000	625.000	46 000.000	781 250.000
29.2	80	22.222	493.827	28 839.506	487 730.529
26.95	70	19.444	378.086	20 378.858	285 898.682
17.8	60	16.667	277.778	9 888.889	154 320.988
13.3	50	13.889	192.901	5 131.173	74 421.773
9.2	40	11.111	123.457	2 271.605	30 483.158
6.5	30	8.333	69.444	902.778	9 645.062
			Σ	176 040.876	3 014 498.552

表 2-8　　　　　　　　　　　　　　**某 B 级车计算数据**

制动距离 d''(m)	车速(km/h)	车速 v(m/s)	v^2	$2d_iv^2$	$2(v_i^2)^2$
40.55	100	27.778	771.605	62 577.160	1 190 748.362
33.05	90	25.000	625.000	41 312.500	781 250.000
26.05	80	22.222	493.827	25 728.395	487 730.529
20.15	70	19.444	378.086	15 236.883	285 898.682
14.8	60	16.667	277.778	8 222.222	154 320.988
9.85	50	13.889	192.901	3 800.154	74 421.773
6.35	40	11.111	123.457	1 567.901	30 483.158
3.95	30	8.333	69.444	548.611	9 645.062
			Σ	158 993.827	3 014 498.552

将上面两组 Σ 数据代入公式(2.2.8),可分别得到两型号乘用车的 K 值,分别记作 K_A、K_B:

$$K_A = \frac{176\,040.876}{3\,014\,498.552} \approx 0.058$$

$$K_B = \frac{158\,993.827}{3\,014\,498.552} \approx 0.053$$

由于静摩擦力 F 大于动摩擦力,因此路面附着系数受到汽车速度的影响。通常,汽车高速行驶时的附着系数要低于低速行驶时的附着系数。

3. 高速公路行车的安全距离

利用数学模型式(2.2.7)分别计算青年与老年驾驶 A 级车或 B 级车的安全距离。

表 2-9　　　　　　**青年组驾驶 A 级紧凑型乘用车安全距离**

车速(km/h)	车速 v(m/s)	反应距离 Tv(m)	制动距离 Kv^2(m)	安全距离(m) $S = Tv + Kv^2 + 2$
100	27.778	35.50	44.8	82.3
90	25.000	31.95	36.3	70.2
80	22.222	28.40	28.6	59.0
70	19.444	24.85	21.9	48.8
60	16.667	21.30	16.1	39.4

表2-10 　　　　　老年组驾驶 A 级紧凑型乘用车安全距离

车速(km/h)	车速 v(m/s)	反应距离 Tv(m)	制动距离 Kv^2(m)	安全距离(m) $S = Tv + Kv^2 + 2$
100	27.778	38.08	44.8	84.8
90	25.000	34.28	36.3	72.5
80	22.222	30.47	28.6	61.1
70	19.444	26.66	21.9	50.6
60	16.667	22.85	16.1	41.0

表2-11 　　　　　青年组驾驶 B 级紧凑型乘用车安全距离

车速(km/h)	车速 v(m/s)	反应距离 Tv(m)	制动距离 Kv^2(m)	安全距离(m) $S = Tv + Kv^2 + 2$
100	27.778	35.50	40.12	77.6
90	25.000	31.95	32.50	66.5
80	22.222	28.40	25.68	56.1
70	19.444	24.85	19.66	46.5
60	16.667	21.30	14.45	37.7

表2-12 　　　　　老年组驾驶 B 级紧凑型乘用车安全距离

车速(km/h)	车速 v(m/s)	反应距离 Tv(m)	制动距离 Kv^2(m)	安全距离(m) $S = Tv + Kv^2 + 2$
100	27.778	38.08	40.12	80.2
90	25.000	34.28	32.50	68.8
80	22.222	30.47	25.68	58.1
70	19.444	26.66	19.66	48.3
60	16.667	22.85	14.45	39.3

从而得到各车速的安全距离。

表2-13

车速(km/h)	青年组		老年组		安全距离(m)
	A 级	B 级	A 级	B 级	
100	82.3	77.6	84.8	80.2	84.8
90	70.2	66.5	72.5	68.8	72.5

续表

车速(km/h)	青年组		老年组		安全距离(m)
	A 级	B 级	A 级	B 级	
80	59.0	56.1	61.1	58.1	61.1
70	48.8	46.5	50.6	48.3	50.6
60	39.4	37.7	41.0	39.3	41.0

通过计算求解发现,无论是青年还是老年驾驶 A、B 两个车型,只要车速超过 80 km/h,安全距离均超过 50 米,车速在 90~100 km/h 时,安全距离介于 66.5~84.8 米之间,远超过 50 米,但均不超过 100 米。

表 2-14　**高速公路干燥沥青路面乘用车安全距离(车速 120 km/h)**

驾驶员类别	车型	参数 T	参数 K	反应距离(m)	制动距离(m)	安全距离(m) $S = Tv + Kv^2 + 2$
青年	A	1.278	0.058	42.6	64.3	108.9
	B		0.052	42.6	57.7	102.2
老年	A	1.371	0.058	45.7	64.3	112.0
	B		0.052	45.7	57.7	105.3

车速在 120 km/h 时,安全距离介于 102.2~113.1 米之间,均超过 100 米。

通过模型求解发现,条例规定比较合理。机动车在路况良好的高速公路上行驶,车速超过 100 km/h 时,应当与同车道车保持 100 米以上的距离;车速低于 100 km/h 时,只要车速超过 80 km/h,安全距离均超过 50 米。为了更合理控制车距,驾驶员应该对车速与车距的关系有更详细的了解。车速在低于 100 km/h 时,可分车速为 80~100 km/h 时,应当与同车道前车保持大约 100 米的距离;车速为 60~80 km/h 时,应当与同车道前车保持约 70 米的距离,但最小距离不得少于 50 米。

4. 冰雪道路行车的安全距离

对于问题 2,可以考虑当 K 作为变量时,汽车制动距离的变化。

如果忽略空气阻力影响,在汽车刹车系统处于理想状态下,当汽车速度运动时,参数 K 的值主要受到附着系数的影响。附着系数是附着力与车轮法向(与路面垂直的方向)压力的比值,可以看成是轮胎和路面之间的静摩擦系数 μ。一般来说,静摩擦系数大于动摩擦系数,路况与车况是附着系数的主要影响因素。

汽车的静摩擦系数 μ = 静摩擦力 F/法向压力 mg,即 $\mu = \dfrac{F}{mg}$,$F = \mu mg$,其中 g 是

重力加速度。

因此,由式(2.2.5)可得

$$K = \frac{m}{2F} = \frac{1}{2g\mu} \tag{2.2.9}$$

式(2.2.9)表明,参数 K 的值与附着系数 μ 成反比,汽车在高速公路上行驶时常常遇到雨雪,对于雨雪天气的沥青路面或水泥路面,附着系数低于干燥路面,此时的制动距离将大大增加。可以计算附着系数 μ 与参数 K 的值。下表给出不同类型的路面状况下,附着系数与参数 K 的值。

表 2-15   **公路路面与参数 K 的值**

公路路面	结冰路	浮雪路	压实雪路	有水沥青路	潮湿水泥路		干燥水泥路			
					潮湿沥青路		干燥沥青路		干燥粗糙沥青路	
附着系数 μ	0.1	0.2	0.3	0.4	0.5	0.6	0.7	0.8	0.9	1
参数 K	0.510	0.255	0.170	0.128	0.102	0.085	0.073	0.064	0.057	0.051

根据式(2.2.4)、(2.2.5),可得

$$d_2 = Kv^2 \tag{2.2.10}$$

或

$$d_2 = \frac{v^2}{2g\mu} \tag{2.2.11}$$

利用式(2.2.10)或式(2.2.11),分别计算速度为 60 km/h、80 km/h、100 km/h 时,制动距离和安全距离。

表 2-16   **参数 K 对安全距离的影响**

附着系数 $\mu \in (0,1)$	K	制动距离(m)				安全距离
		30 km/h	60 km/h	80 km/h	100 km/h	
0.1	0.510	35.39	141.72	251.80	393.58	414.89
0.3	0.170	11.80	47.24	83.93	131.19	152.50
0.5	0.102	7.08	28.34	50.36	78.72	100.02
0.7	0.073	5.07	20.29	36.04	56.34	77.64
0.9	0.057	3.96	16.67	28.14	43.99	65.29

结果显示,车辆在冰雪、泥泞的道路上行驶时,因汽车轮胎与路面的摩擦系数减小,附着力大大降低,遇情况紧急制动时,制动距离会大大延长,高于一般干燥路面的 6 倍以上。结冰路面的制动距离更接近干燥路面的十倍,时速 30 km/h 时,刹车距离为

43.7 米,接近 50 米,因此,即使是低速行驶,冰雪路面的安全距离也应不少于 50 米。汽车在高速 100 km/h 行驶时,即使未发生侧滑等意外,刹车距离超过四百米,通常已经超过驾驶员对前方路况的了解,是非常危险的。

条例第四十六条规定,机动车在冰雪、泥泞的道路上行驶时,最高行驶速度不得超过每小时 30 千米,这一规定是非常必要的。

（六）模型检验

主要是参数估计的检验。首先将制动过程的速度数值代入制动距离公式 $d_2 = Kv^2$,进而对比其与实际制动距离的差值,确立模型的合理性。

表 2-17　　　　　　　　　　　A 级紧凑型乘用车

车速(km/h)	车速 v(m/s)	K 值	计算制动距离 Kv^2(m)	实际制动距离(m)
100	27.778	0.058	44.8	42.2
90	25.000	0.058	36.3	36.8
80	22.222	0.058	28.6	29.2
70	19.444	0.058	21.9	26.95
60	16.667	0.058	16.1	17.8
50	13.889	0.058	11.2	13.3
40	11.111	0.058	7.2	9.2
30	8.333	0.058	4.0	6.5

表 2-18　　　　　　　　　　　B 级中型乘用车

车速(km/h)	车速 v(m/s)	K 值	计算制动距离 Kv^2(m)	实际制动距离(m)
100	27.8	0.052	40.1	39.8
90	25.0	0.052	32.6	32.2
80	22.2	0.052	25.8	25.5
70	19.4	0.052	20.1	19.5
60	16.7	0.052	15.0	14.3
50	13.9	0.052	11.0	9.9
40	11.1	0.052	7.3	6.4
30	8.3	0.052	4.7	3.6

其次对参数估计值进行检验,误差在允许范围内。

表 2-19　　　　　　　　　　参数 K_A 估计值

参数	估算	R 方	标准误差	95％置信区间	
				下限值	上限值
K	0.058	0.977	0.002	0.055	0.062

表 2-20　　　　　　　　　　参数 K_B 估计值

参数	估算	R 方	标准误差	95％置信区间	
				下限值	上限值
K	0.053	1.000	0.002	0.055	0.062

（七）模型应用

正常情况下,驾驶员的反应时间、行车速度和路面情况是影响刹车距离的三个关键要素。驾驶员的反应时间 T 可被视为常数,因此由反应距离公式 $d_1 = Tv$ 可知,反应距离 d_1 随速度 v 的增大而增大,并以固定倍数增长,呈线性正相关。制动模型的公式说明,假设路况与车况不变,制动距离与速度的平方成正比,汽车的速度越快,那么要使汽车完全停下来的制动距离就越远。因此,速度是影响反应距离和制动距离的首要因素。由安全距离公式 $d = Tv + Kv^2 + 2$ 知,当速度 v 增大时,汽车的刹车距离 d 是速度 v 的二次函数。根据二次函数的性质,v 越大,d 增长越快。

模型求解的结果表明,由于高速公路路面、汽车的性能等不同,因此拟合的 K 值也不同,导致其刹车距离也不同。

高速公路上行车,要注意力集中,缩短反应时间;根据道路情况和行驶速度,充分利用车距确认等道路标志,控制好车距。如果遇到恶劣天气和路面异常,控制好车速是保证行驶安全的前提。

四、模型分析

因为司机反应时间被视为常数 T,反应距离是匀速直线运动,而制动距离则是被视为匀减速的过程,可利用匀减速的速度公式 $v = at$ 及比例常数 $k = \dfrac{1}{2a}$,知 $v = \dfrac{1}{2k}t$,即随着汽车速度 v 的增长,其刹车所需的时间就越长,且以 $\dfrac{1}{2k}$ 倍增长。

五、模型评价

安全距离的确定主要依据物理学的运动定律,运用机理分析法建立模型,利用最小二乘法拟合参数,求解模型,计算出安全距离数值。

首先,汽车驾驶员可以参考模型结果,解决大部分汽车的安全距离的预测问题,可有效减少因汽车追尾事件造成的交通事故,因此模型有较高的推广运用价值。

其次,由于各种天气及道路情况的复杂程度,对于安全距离的计算比较复杂,同时在汽车高速行驶时遗漏了某些不容忽视的因素,且拟合过程存在误差,导致模型的解与实际刹车距离存在不同,驾驶员在判断时可能存在偏差。

对于良好天气与路况时的安全车距,一方面可以简化为车速每提高 10 km/h,汽车的间隔就要提高 10 米;另一方面,如果用时间来衡量汽车的间隔距离,车速每增加 30 km/h,就要保持汽车间距增加 1 秒的距离。

六、拓展应用

相对于平地,坡道行车需要更多的注意力与技巧,由于惯性的作用,下坡道路比上坡道路更难驾驶。同样可以建模解决机动车坡道行车问题。机动车在冰雪道路上行驶时,汽车驱动轮很容易打滑或空转,尤其是上坡、起步、停车时还会出现后溜车的现象。车辆在行驶中如果突然加速或减速,很容易造成侧滑及方向跑偏现象。请读者建立数学模型探讨汽车在冰雪路面的爬坡能力及安全驻车的坡度。

练习题

1. 汽车在高速公路上行驶时制动距离最大的为( )。

A. 结冰路　　　　B. 浮雪路　　　　C. 有水沥青路　　　　D. 干燥水泥路

2. 一辆汽车在高速公路上以 115 千米/时的速度行驶,驾驶员突然发现前方有障碍物采取紧急制动,假设刹车距离的数学模型为 $d = Tv + Kv^2$,参数 $T = 1.3$,$K = 0.85$,则其刹车距离( )。

A. 不超过 100 米　　　　　　　　B. 在 100 至 120 米之间

C. 在 120 米至 150 米之间　　　　D. 超过 150 米

3. 某电动汽车 A 经性能测试,紧急制动的反应时间仅为 0.23 秒,制动测试时轮胎与路面的附着系数为 0.95,则该车的速度为 100 千米/时的制动距离为_____米。

4. 由于空气阻力等因素的影响,上题中电动汽车 A 的实际制动距离测试值为 39.2 米,试建立数学模型,计算含空气阻力等因素的制动距离。

本章小结

1. 知识结构

本章认识了初等模型建模方法,通过实际问题进一步了解了数学建模过程,包括用初等函数、分段函数、数列等形式建立数学模型,描述并解决实际问题。

数学建模的过程,包含问题分析、模型假设、符号说明、模型分析、模型建立、模型求解、模型检验、模型应用等基本步骤。首先用数学的语言来描述问题,把生活生产中的一些说法抽象为数学的概念,然后用方程、函数等表示数量关系,最后用建立的模型求解实际问题。数学模型是现实问题的抽象表示,模型的解就是用数学方法来解释结果。

本章主要知识点为数学建模的初等方法和基本过程,要学会从现实生活或具体情境中抽象出数学问题,用方程、数列、函数等形式建立数学模型,尽可能真实准确地描述现实事物的数量关系和变化规律,用数学模型求出最优的合理结果,讨论并比较结果的现实意义。与传统的数学问题求解不同,数学建模是"仁者见仁,智者见智",依据不同的视角和基础,会有各异的建模方法,最终的结论也不尽相同。

2. 课题作业

我国古代数学家特别注意算法的归纳。《九章算术·均输》:今有人持金出五关,前关二而税一,次关三而税一,次关四而税一,次关五而税一,次关六而税一。并五关所税,适重一斤。问本持金几何?

设这个人原本持金为 x,第一关需收所持金的 $\frac{1}{2}$ 为税金,第二关收剩余金的 $\frac{1}{3}$ 为税金,以此类推,第五关所收税金为过前一关后剩余金的 $\frac{1}{6}$,通各关收税金后剩余金分别是

$$\frac{1}{2}x, \frac{1}{3}x, \frac{1}{4}x, \frac{1}{5}x, \frac{1}{6}x$$

古人有术:令二、三、四、五、六相乘,为分母,七百二十也;令一、二、三、四、五相乘,为分子,一百二十也。约而言之,是为余金于本所持六分之一也。

"韩信点兵"是《孙子算经》中记载的数学问题,我国古代数学家给出算法,秦九韶在其著作《数书九章》中把"物不知其数"问题推广,得到了更一般的解法,称之为"大衍求一术",又称为"中国剩余定理"或"孙子定理"。

　　请选择本章问题归纳算法，或者对我国古代的某个时期或某一系列算法进行分析解读，从你感兴趣的角度写一篇小论文。

参考文献

［1］蒋正波.在初等数学教学中加强数学建模的思考［J］.长春教育学院学报,2008(02):75—77.

［2］陈杏莉.分段函数的初等性探讨［J］.洛阳师范学院学报,2013,32(11):35—37.

［3］郑晓珍.分段函数在高职高专高等数学课中的应用［J］.襄阳职业技术学院学报,2015,14(01):24—25.

［4］吴宏亮,莫俊文.连续复利连续现金流模型的建立及应用［J］.兰州交通大学学报,2015,34(03):44—48.

［5］辛春元.无穷级数在经济学中的应用［J］.邢台学院学报,2015,30(04):157—159.

［6］郑慎媛.《刹车距离与二次函数》教学设计［J］.贵州教育,2014(06):37—39.

［7］陈思翰.紧急情况下的汽车刹车问题［J］.科技资讯,2017,15(36):81—83.

［8］魏王懂.汽车防追尾预警系统安全距离模型设计探讨［J］.电子技术与软件工程,2016(13):97.

<table>
<tr><td>第
三
章</td><td></td></tr>
</table>

线性规划建模方法

本章导学

在人们的生产实践中,经常会遇到如何利用现有资源来安排生产,以取得最大经济效益的问题。此类问题构成了运筹学的一个重要分支——数学规划,而线性规划(Linear Programming 简记 LP)则是数学规划的一个研究较早、发展较快、方法较成熟、应用广泛的重要分支。它是辅助人们进行科学管理的一种数学方法。线性规划是研究线性约束条件下线性目标函数极值问题的数学理论和方法,广泛应用于经济分析、经营管理、军事作战和工程技术等方面,为合理地利用有限的人力、物力、财力等资源做出最优决策提供科学的依据。

例如,某机床厂生产甲、乙两种机床,每台销售后的利润分别为 4 千元与 3 千元。生产甲机床需用 A、B 两种机器加工,加工时间分别为每台 2 小时和 1 小时;生产乙机床需用 A、B、C 三种机器加工,加工时间为每台各一小时。若每天可用于加工的机器时数分别为 A 机器 10 小时、B 机器 8 小时和 C 机器 7 小时,问该厂应生产甲、乙机床各几台,才能使总利润最大?

上述问题中,若该厂生产 x_1 台甲机床和 x_2 台乙机床,利润 z 可表示为 $z=4x_1+3x_2$,此时 x_1,x_2 应满足 A、B、C 三种机器加工时间分别不超过 10 小时、8 小时、7 小时,即 $2x_1+x_2\leqslant10,x_1+x_2\leqslant8,x_2\leqslant7$,其中 x_1,x_2 为非负整数。等式 $z=4x_1+3x_2$ 称为目标函数,x_1,x_2 应满足的条件(不等式)称为约束条件。

在上例中,可以发现目标函数及约束条件均为线性函数,故被称为线性规划问题。线性规划问题是在一组线性约束条件的限制下,求一线性目标函数最大或最小值的问题。

本章主要学习线性规划问题模型的建立,以及应用 Excel、Python 和 MATLAB 等软件求解模型。

第一节　最优生产计划的确定

本节要点

本节主要介绍一般线性规划问题的模型构建和 Excel、Python 软件计算,旨在让学生通过实例掌握线性规划问题的一般解决方法和 Excel 参数设定。

学习目标

※ 学会线性规划模型的构建

※ 掌握用 Excel 求解线性规划的方法

学习指导

在生产管理、货物运输中常需要合理安排生产、销售、运输计划或方案,这时就需要利用线性规划来求解最优方案。这其中的重点是建立线性规划模型,并利用 Excel、Python 等软件求解最优值。

在生产管理中,常常面对这样的问题:某项任务的人力、物力和财力资源等数量已经确定了,如何安排使用,使得效益最大或完成的任务最多。

一、问题提出

某酿酒厂只生产香槟酒 A 和葡萄酒 B 两种产品。当前,生产上每个周期受到三个方面的限制:一是最大的发酵设备能力为 60 000 单位;二是装瓶能力为 50 000 单位;三是香槟酒的净化能力为 15 000 单位。根据产品的特点,每生产 1 瓶香槟酒 A 需要 3 个单位的发酵能力,2 个单位的装瓶能力和 1 个单位的净化能力,盈利 2.5 元;每生产 1 瓶葡萄酒 B 需要 1 个单位的发酵能力和 1 个单位的装瓶能力,盈利 1 元。在现有资源的条件下,如何安排生产可使该厂的盈利最大?

二、建模方法分析

首先,根据已知条件列出所需设备能力和利润表,然后建立数学模型。

表 3-1　　　　　　　　　所需设备能力和利润表

所需设备能力　项目	香槟酒 A	葡萄酒 B	可用设备能力
发酵	3	1	60 000
装瓶	2	1	50 000
净化	1	0	15 000
每瓶利润	2.5	1.0	

设该酿酒厂计划生产 A 品种 x_1 瓶，B 品种 x_2 瓶，则该生产计划为：

在满足条件

$$\begin{cases} 3x_1 + x_2 \leqslant 60\ 000, \\ 2x_1 + x_2 \leqslant 50\ 000, \\ x_1 \leqslant 15\ 000, \\ x_1, x_2 \geqslant 0 \end{cases} \quad (3.1.1)$$

的同时，使总利润 $S = 2.5x_1 + x_2$ 达到最大。

这个问题属于最优化问题，可以用线性规划方法建模并求解。其中的 x_1, x_2 称为决策变量，不等式组(3.1.1)称为约束条件，利润函数 $S = 2.5x_1 + x_2$ 称为目标函数。之所以称该问题为线性规划问题，是因为约束条件是决策变量的线性等式或不等式，并且目标函数也是决策变量的线性函数。

三、模型解的存在性

引进非负变量 x_3, x_4, x_5，将约束条件化为线性方程组

$$\begin{cases} 3x_1 + x_2 + x_3 = 60\ 000, \\ 2x_1 + x_2 + x_4 = 50\ 000, \\ x_1 + x_5 = 15\ 000, \\ x_1, x_2, x_3, x_4, x_5 \geqslant 0 \end{cases} \quad (3.1.2)$$

其中 x_3, x_4, x_5 分别表示闲置的发酵能力、瓶装能力和净化能力。

该线性规划问题实际上是求线性方程组(3.1.2)的非负解，且使目标函数 $S = 2.5x_1 + x_2$ 取到最大值。易知线性方程组(3.1.2)有无穷多解，显然

$$\begin{cases} x_3 = 60\ 000 - 3x_1 - x_2, \\ x_4 = 50\ 000 - 2x_1 - x_2, \\ x_5 = 15\ 000 - x_1 \end{cases}$$

是线性方程组(3.1.2)的一般解。由于要求 x_1 只能取非负值,且 x_3,x_4,x_5 的取值也必须是非负的,控制起来有一定的难度,为此,在线性方程组(3.1.2)的一般解的表达式中,控制右端常数项非负,只要令对应的自由未知量等于0,而非自由未知量(系数矩阵中的单位矩阵所对应的变量)就等于右端常数项的值,所以满足非负性。因此,在线性方程组(3.1.2)中令 $x_1=x_2=0$,则 $x_3=60\,000,x_4=50\,000,x_5=15\,000,S=0$。即:什么酒都不生产,所有设备完全闲置,当然利润等于0。从目标函数 $S=2.5x_1+x_2$ 可以看出,若 $x_1 \neq 0$,则 $x_1>0$,所以总利润 $S>0$。考虑增加香槟酒的产量,按发酵、装瓶和净化设备能力可以分别生产香槟酒 $60\,000 \div 3 = 20\,000$ 瓶,$50\,000 \div 2 = 25\,000$ 瓶和 $15\,000 \div 1 = 15\,000$ 瓶,因此只能生产香槟酒 15 000 瓶。通过初等变换将线性方程组(3.1.2)化为

$$\begin{cases} x_2+x_3-3x_5=15\,000, \\ x_2+x_4-2x_5=20\,000, \\ x_1+x_5=15\,000 \end{cases} \tag{3.1.3}$$

$$S=37\,500+x_2-2.5x_5$$

在线性方程组(3.1.3)中,x_1,x_3,x_4 对应的系数列向量组成单位矩阵。线性方程组(3.1.3)可解出 x_1,x_3,x_4,令 $x_2=x_5=0$,则 $x_1=15\,000,x_3=15\,000,x_4=20\,000$。即:生产香槟酒 15 000 瓶,不生产葡萄酒,发酵设备闲置 15 000 单位,装瓶设备闲置 20 000 单位,净化设备充分利用,可得利润 37 500 元。这就是模型(3.1.3)的一组解,但不一定是最优解。

四、求解方法

模型的最优解,通常要用软件工具来求解。

(一)用软件 Python 进行求解

下面介绍利用 Python 中 linprog 库对线性规划问题的模型进行求解。

其中 Scipy. optimize. linprog 模块的完整输入参数列表如下:

```
def linprog(c, A_ub=None, b_ub=None, A_eq=None, b_eq=None,
            bounds=None, method='interior-point', callback=None,
            options=None, x0=None)
```

参数	意义
c	目标函数的决策变量对应的系数向量(行列向量都可以,下同)
A_ub	不等式约束组成的决策变量系数矩阵
b_ub	由 A_ub 对应不等式顺序的阈值向量

续表

参数	意义
A_eq	等式约束组成的决策变量系数矩阵
b_eq	由 A_ub 对应等式顺序的阈值向量
bounds	表示决策变量 x 连续的定义域的 n×2 维矩阵,None 表示无穷
method	调用的求解方法
callback	选择的回调函数
options	求解器选择的字典
x0	初始假设的决策变量向量

注意:linprog 库默认求目标函数最小值。由于 linprog 库默认求解目标函数最小值,本问题为求利润最大值,因此需将目标函数转化为最小值,即

$$\min S' = -(2.5 * x_1 + x_2)$$

在 Python 中输入:

```
import numpy as np
from scipy. optimize import linprog
c=np. array([-2.5, -1])
A_up=np. array([[3,1],[2,1]])
b_up=np. array([60000,50000])
x=linprog(c, A_ub=A_up, b_ub=b_up, bounds=((0, 15000), (0, None)))
print(x)
```

输出结果:

con:array([], dtype=float64)

crossover_nit:0

eqlin:marginals:array([], dtype=float64)

residual:array([], dtype=float64)

fun:-55000.0

ineqlin:marginals:array([-0.5, -0.5])

residual:array([0., 0.])

lower:marginals:array([0., 0.])

residual:array([10000., 30000.])

message:'Optimization terminated successfully. (HiGHS Status 7:Optimal)' nit：2

slack：array([0.，0.])

status：0

success：True

upper：marginals：array([0.，0.])

residual：array([5000.，inf])

x：array([10000.，30000.])

目标函数的最大值为 55 000，此时 $x_1=10\ 000$，$x_2=30\ 000$，即生产 A 产品 10 000 瓶，B 产品 30 000 瓶。

（二）用办公软件 Excel 或 WPS 进行求解

办公软件 WPS 或 Excel 均可进行求解，操作过程相似，下面仅以 Excel 为例，给出求解过程。

1. 加载功能项

办公软件 WPS 或 Excel 中通过规划求解的方法解决线性规划问题。Excel 默认情况下，在"数据"选项下，没有"规划求解"项，首先需要在左上角的"文件"选项下，"Excel 选项"中点开"加载项"。

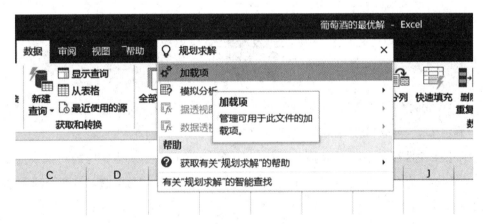

然后将 Excel 加载项下的"规划求解加载项"选中，通过下方的"转到"，添加到"分析"工具栏里。

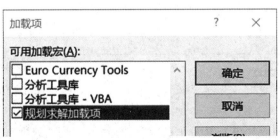

完成以上操作后,"数据"选项下的"分析"中,就出现了"规划求解"项。

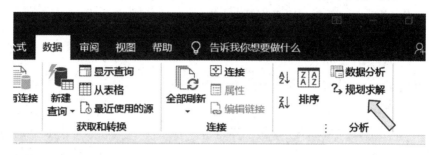

2. 表格设置

表格中设置原始数据、可变变量、目标函数、约束条件、值域等信息。

	A	B	C	D
1		葡萄酒的最优解		
2	目标函数	0		
3	最优解	0	0	
4		x1	x2	
5	每瓶利润	2.5	1	
6	发酵	3	1	
7	装瓶	2	1	
8	净化	1	0	
9				
10	约束条件			
11		0	≤	60000
12		0	≤	50000
13		0	≤	15000

其中,最优解行的 B3、C3 为可变单元格,对应变量 x_1,x_2。目标函数行输入"＝2.5 * B3＋C3",对应相应的表达式 $S=2.5x_1+x_2$。

约束条件区域的 B11 单元格输入"＝B6 * B3＋C6 * C3",对应相应的约束条件 $3x_1+x_2\leqslant 60\ 000$ 的左端表达式"$3x_1+x_2$"。同样在 B12、B13 单元格输入另两个约束条件的表达式。

3. 规划求解

点击"规划求解",设置目标单元格为 B2,选择最大值;设置可变单元格为 B3:C3;添加可变单元格约束条件,如图。

接下来,选择"使无约束变量为非负数",选择"单纯线性规则",按"求解"。

经过上述操作，Excel 计算并返回"规划求解结果"，可以选择"保留规划求解的解"，按"确定"，保留解。

解得目标函数的最大值为 55 000，此时 $x_1 = 10\,000$，$x_2 = 30\,000$，即生产 A 产品 10 000 瓶，B 产品 30 000 瓶。约束条件的信息反映资源占用情况：发酵与净化设备满负荷，装瓶占用 10 000 单位，尚余 5 000 单位。上述结果与软件 Python 求解的结果一致。

办公软件 WPS 或 Excel 软件求解的优点是大部分线性规划问题的数据可以直接导入，并且操作界面是可视化。

五、拓展应用

在生产管理中,不但可以求效益最大,也可以求解耗费最低。

(一)饲料配比问题

例 某公司长期饲养实验用的动物,已知这些动物的生长对饲料中的蛋白质、矿物质、维生素这三种营养成分特别敏感,每个动物每天至少需要蛋白质 70 g,矿物质 3 g,维生素 10 mg。该公司能买到五种不同的饲料,每千克饲料所含的营养成分如表 3-2 所示,每千克饲料的成本如表 3-3 所示,试为该公司制定相应的饲料配方,以满足动物生长的营养需要,并使投入的总成本最低。

表 3-2 　　　　　　　　　　每千克饲料所含的营养成分

饲料	蛋白质	矿物质	维生素	饲料	蛋白质	矿物质	维生素
1	0.3	0.1	0.05	4	0.6	0.2	0.2
2	2	0.05	0.1	5	1.8	0.05	0.08
3	1	0.02	0.02				

表 3-3 　　　　　　　　　　每千克饲料的成本

饲料	1	2	3	4	5
成本(元)	0.2	0.7	0.4	0.3	0.5

(二)建立模型

设 $x_j(j=1,2,3,4,5)$ 表示混合饲料中所含的第 j 种饲料的数量(即决策变量),因为每个动物每天至少需要蛋白质 70 g,矿物质 3 g,维生素 10 mg,所以 $x_j(j=1,2,3,4,5)$ 应满足约束条件

$$\begin{cases} 0.3x_1+2.0x_2+1.0x_3+0.6x_4+1.8x_5 \geqslant 70, \\ 0.1x_1+0.05x_2+0.02x_3+0.2x_4+0.05x_5 \geqslant 3, \\ 0.05x_1+0.1x_2+0.02x_3+0.2x_4+0.08x_5 \geqslant 10, \\ x_i \geqslant 0 (i=1,2,3,4,5) \end{cases}$$

因要求配制出来的饲料其总成本最低,故其目标函数为

$$\min Z=0.2x_1+0.7x_2+0.4x_3+0.3x_4+0.5x_5$$

由于约束条件及目标函数均为线性函数,故饲料配比问题的线性规划模型为
目标函数

$$\min Z=0.2x_1+0.7x_2+0.4x_3+0.3x_4+0.5x_5$$

约束条件

$$\begin{cases} 0.3x_1+2.0x_2+1.0x_3+0.6x_4+1.8x_5\geqslant70, \\ 0.1x_1+0.05x_2+0.02x_3+0.2x_4+0.05x_5\geqslant3, \\ 0.05x_1+0.1x_2+0.02x_3+0.2x_4+0.08x_5\geqslant10, \\ x_i\geqslant0(i=1,2,3,4,5) \end{cases}$$

（三）模型求解

该问题同样可用 Python 进行求解。输入代码：

```
import numpy as np
from scipy.optimize import linprog
c=np.array([0.2, 0.7, 0.4, 0.3, 0.5])
A_up=np.array([[-0.3, -2.0, -1.0, -0.6, -1.8], [-0.1, -0.05, -0.02, -0.2, -0.05], [-0.05, -0.1, -0.02, -0.2, -0.08]])
b_up=np.array([-70, -3, -10])
x=linprog(c, A_ub=A_up, b_ub=b_up, bounds=((0, None), (0, None), (0, None),(0, None),(0, None)))
print(x)
```

输出结果：

```
        con：array([], dtype=float64)
 crossover_nit：0
     eqlin：marginals：array([], dtype=float64)
   residual：array([], dtype=float64)
     fun：24.743589743589745
  ineqlin：marg inals：array([-0.24358974, -0., -0.76923077])
 residual：array([0., 6.23076923, 0])
    lower：marginals：array([0.08846154, 0.13589744, 0.14102564, 0., 0.])
 residual：array([0., 0., 0., 39.74358974, 25.64102564])
  message：'Optimization terminated successfully. (HiGHS Status 7：Optimal)'
      nit：2
    slack：array([0., 6.23076923, 0.])
   status：0
  success：True
```

upper：marginals：array([0., 0., 0., 0., 0.])

residual：array([inf, inf, inf, inf, inf])

x：array([0., 0., 0., 39.74358974, 25.64102564])

该问题同样可以用 Excel 和 Lingo 求解。

(四) 思考

在上述问题基础上,学习者可以进一步思考以下两个问题:

1. 如果每个动物每天至少所需的蛋白质增加到 80 g,则公司的饲料配方要如何调整?

2. 如果饲料 2 每千克的成本降低到 0.5 元,则公司的饲料配方要如何调整?

练习题

1. 线性规划模型一般包括_____、_____、_____三个因素。

2. 一家油运公司每天具有 5 000 吨的运力,由于油轮货舱容积的限制,公司每天只能运输 50 000 m³ 的货物,每天可供运输的货物情况如下:

货物	质量(吨)	体积(m³/吨)	每吨收费(元)
1	3 000	10	220
2	1 500	20	250
3	2 500	15	150
4	1 000	18	200

请建立线性规划模型求解,若要公司每天可获得最大收益,公司应该如何安排运输货物?

3. 某蔬菜公司要从 A_1 产地调出蔬菜 2 000 吨,从 A_2 产地调出蔬菜 1 100 吨,分别供应给 B_1 城 1 700 吨、B_2 城 1 100 吨、B_3 城 200 吨、B_4 城 100 吨。已知从产地到各城间运费(元/吨)如下表:

运费＼城市＼产地	B_1	B_2	B_3	B_4
A_1	21	25	7	15
A_2	51	51	37	15

问如何调运,才能使运费最省?

第二节　整数线性规划

本节要点

本节主要研究整数线性规划模型的构建和用 Excel、Python 软件计算，旨在让学生通过实例掌握整数线性规划问题的解决方法和 Excel 参数设定。

学习目标

※ 学会整数线性规划的建模方法

※ 掌握用 Excel 求解整数线性规划的方法

学习指导

生活中的线性规划问题有时要求结果必须是整数，例如物品的个数、车辆数、人数等，这就是整数线性规划问题，建立模型和解决问题的过程与一般线性规划问题相仿，但是需要注意变量必须是整数的要求，在设定参数变量时必须保证这一点。

如果一个线性规划问题的某些决策变量或全部决策变量要求必须取整数，则这样的问题为整数线性规划问题，其模型成为整数线性规划模型。一般模型为：

目标函数

$$\max(\min)Z = c_1 x_1 + c_2 x_2 + \cdots + c_n x_n$$

约束条件

$$\begin{cases} a_{11} x_1 + a_{12} x_2 + \cdots + a_{1n} x_n \leqslant (\geqslant) b_1, \\ a_{21} x_1 + a_{22} x_2 + \cdots + a_{2n} x_n \leqslant (\geqslant) b_2, \\ \qquad\qquad\qquad \cdots \\ a_{m1} x_1 + a_{m2} x_2 + \cdots + a_{mn} x_n \leqslant (\geqslant) b_m, \\ x_j \geqslant 0 \text{ 且 } x_j \text{ 为整数}(j = 1, 2, \cdots, n) \end{cases}$$

一、新能源汽车生产计划问题

目前全球能源和环境系统面临巨大的挑战，汽车作为石油消耗和二氧化碳排放的大户，需要进展革命性的变革。为了"积极稳妥推进碳达峰碳中和"、"深入推进能源革命"等战略要求,加快发展和普及使用新能源汽车,某新能源汽车生产厂决定制定新的生产计划。目前该汽车生产厂可以生产小、中、大三种类型的新能源汽车,已知各类汽车每辆车对钢材、劳动时间需求、利润以及每月工厂钢材、劳动时间的现有量如表 3-4 所示。试制订每月生产计划,使工厂的利润最大。

表 3-4 汽车厂的生产数据

	小型	中型	大型	现有量
钢材(吨)	1.5	3	5	600
劳动时间(小时)	280	250	400	60 000
利润(万元)	2	3	4	

二、模型建立

设每月生产小、中、大型汽车的数量分别为 x_1, x_2, x_3,工厂的月利润为 Z,在题目所给参数均不随生产数量变化的假设下,立即可得线性规划模型:

目标函数:

$$\max Z = 2x_1 + 3x_2 + 4x_3$$

约束条件:

$$\begin{cases} 1.5x_1 + 3x_2 + 5x_3 \leqslant 600, \\ 280x_1 + 250x_2 + 400x_3 \leqslant 60\ 000, \\ x_1, x_2, x_3 \geqslant 0 \text{ 且 } x_1, x_2, x_3 \text{ 为整数} \end{cases}$$

三、模型求解

该问题可利用 Python 软件中 pulp 库求解整数线性规划问题。在 Python 软件中打开一个新文件,直接输入:

```
import pulp as pl
import pulp
IntegerLP = pl.LpProblem(name="整数线性规划问题", sense=pl.LpMaximize) #定义问题,求最大值
x = {i: pl.LpVariable(name=f"x{i}", lowBound=0, cat=pl.LpInteger) for i in range(1, 4)} #定义三个决策变量,取值正整数
IntegerLP += 2 * x[1] + 3 * x[2] + 4 * x[3] #设置目标函数 f(x)
IntegerLP += (1.5 * x[1] + 3 * x[2] + 5 * x[3] <= 600) #不等式约束
IntegerLP += (280 * x[1] + 250 * x[2] + 400 * x[3] <= 60000)
```

IntegerLP . solve() ♯求解

print(IntegerLP. name) ♯ 输出求解状态

print("求解状态:", pulp. LpStatus[IntegerLP. status]) ♯ 输出求解状态

for v in IntegerLP. variables():

print(v. name, "=", v. varValue) ♯ 输出每个变量的最优值

print("目标函数值 =", pulp. value(IntegerLP. objective)) ♯ 输出最优解的目标

函数值

输出结果:

Objective value: 632.00000000

Enumerated nodes: 0

Total iterations: 1

Time (CPU seconds): 0.00

Time (Wallclock seconds): 0.01

Option for printingOptions changed from normal to all

Total time (CPU seconds): 0.01　　　(Wallclock seconds): 0.01

整数线性规划问题

求解状态:Optimal

x1 = 64.0

x2 = 168.0

x3 = 0.0

目标函数值 = 632.0

根据上述输出结果可知最优解为 $x_1 = 64, x_2 = 168, x_3 = 0$ 最优值 $Z = 632$,即满足问题要求的月生产计划为生产小型车 64 辆,中型车 168 辆,不生产大型车。

该问题同样可以用办公软件 WPS 或 Excel 进行求解。

	A	B	C	D
1				
2		汽车生产计划问题		
3	目标函数	0		
4	最优解	0	0	0
5				
6		小型	中型	大型
7	钢材	1.5	3	5
8	劳动时间	280	250	400
9	利润	2	3.0	4.0
10				
11				
12				
13	约束条件	0	<=	600
14		0	<=	60000
15				

设置目标(T)	$A$13	
到: ⦿ 最大值(M) ○ 最小值(N) ○ 目标值(V)	0	
通过更改可变单元格(B)		
$B$4:$D$4		
遵守约束(U)		
$B$13 <= $D$13		添加(A)
$B$14 <= $D$14		
$B$4:$D$4 = 整数		更改(C)

与一般线性规划的求解不同,整数规划的约束条件需要增加限定部分或全部变量为整数。

对于该问题,在上述求解的基础上,还可以进一步思考:由于各种条件限制,如果某一类型的汽车至少要生产80辆,那么最优的生产计划应作何变化?

四、拓展应用案例

问题1 某厂生产三种产品Ⅰ、Ⅱ、Ⅲ。每种产品要经过A、B两道工序加工。设该厂有两种规格的设备能完成A工序,它们以A_1、A_2表示,有三种规格的设备能完成B工序,它们以B_1、B_2、B_3表示。产品Ⅰ可在A、B任何一种规格设备上加工;产品Ⅱ可在任何规格的A设备上加工,但完成B工序时,只能在B_1设备上加工;产品Ⅲ只能在A_2与B_2设备上加工。已知在各种机床设备上加工时,原材料费、产品销售价格、各种设备有效台时以及满负荷操作时机床设备的费用如表3-5所示,要求安排最优的生产计划,使该厂利润最大。

表3-5　　　　　　　　　生产设备数据

设备	产品			设备有效台时	满负荷时的设备费用(元)
	Ⅰ	Ⅱ	Ⅲ		
A_1	5	10		6 000	300
A_2	7	9	12	10 000	321
B_1	6	8		4 000	250
B_2	4		11	7 000	783
B_3	7			4 000	200
原料费(元/件)	0.25	0.35	0.50		
单价(元/件)	1.25	2.00	2.80		

问题2 某轰炸机群奉命摧毁敌人军事目标。已知该目标有四个要害部位,只要摧毁其中之一即可达到目的。为完成此项任务的汽油消耗量限制为48 000升,重型炸

弹 48 枚,轻型炸弹 32 枚。飞机携带重型炸弹时每升汽油可飞行 2 千米,带轻型炸弹时每升汽油可飞行 3 千米,空载时每升汽油可飞行 4 千米。又知每架飞机每次只能装载一枚炸弹,每出发轰炸一次除来回路程汽油消耗外,起飞和降落每次各消耗 100 升。有关数据如表 3-6 所示。

表 3-6 　　　　　　　　　　**任务有关数据**

要害部位	离机场距离（千米）	摧毁可能性	
		每枚重型炸弹	每枚轻型炸弹
1	450	0.10	0.08
2	480	0.20	0.16
3	540	0.15	0.12
4	600	0.25	0.20

为了使摧毁敌方军事目标的可能性最大,应如何确定飞机轰炸的方案,要求建立这个问题的线性规划模型。

练习题

1. 整数线性规划与一般线性规划的区别为_____。

2. 某木器厂用 B_1,B_2 两种木料生产 A_1,A_2 两种产品。生产一个 A_1 种产品和一个 A_2 种产品所需木料如图表。现有 B_1 种木料 78 m^3,B_2 种木料 60 m^3。每生产一个 A_1 种产品可获利 25 元,生产一个 A_2 种产品可获利 50 元。

产品	B_1 (m^3)	B_2 (m^3)
A_1	0.17	0.11
A_2	0.25	0.30

问如何安排生产,才能使利润最大?

3. 糖果店现有 75 kg 奶糖和 120 kg 硬糖,准备混合在一起装成每袋 1 kg 出售。有两种混合的办法:低档的每袋装 250 g 奶糖和 750 g 硬糖,每袋可盈利 0.5 元;高档的每袋装 500 g 奶糖和 500 g 硬糖,每袋可盈利 0.9 元。问这两种应分别装多少袋,才能获利最大?

4. 某公司经营的一种产品拥有四个客户,由公司所辖三个工厂生产,每月产量分别为 3 000,5 000 和 4 000 件。公司已承诺下月出售 4 000 件给客户 1,出售 3 000 件给客户 2 以及至少 1 000 件给客户 3,另外客户 3 和客户 4 都想尽可能多地购剩下的产品。已知各厂运销一件产品给客户可得到的净利润如下表所示,问该公司应如何拟订运销方案,才能在履行诺言的前提下获利最多?

产品利润表   单位:元/件

利润 工厂　　客户	1	2	3	4
1	65	63	62	64
2	68	67	65	62
3	63	60	59	60

第三节　整数 0-1 规划

本节要点

本节主要介绍整数 0-1 规划问题的模型构建和求解,其中构建整数 0-1 规划模型是本节的重点和难点,旨在培养学生思考问题、解决问题的能力。

学习目标

※ 学会构建整数 0-1 规划模型

※ 掌握使用 Excel 和 Python 求解整数 0-1 线性规划的方法

学习指导

整数 0-1 规划问题主要涉及从多种方案中选择最优方案的问题,这里如何列举出所有的可行性方案需要细致分析问题,同时注意最后的变量形式为 0 或 1,特别是比较复杂的问题尤其考察学生的分析问题能力。

实际生活中经常遇到这样的优化问题:某项任务在分给若干人来完成时,如何分配任务使获得总效益最大,或付出的总资源最小? 如果在选择时任务对象变量只有"是"或者"否"两个数值可供选择,像这样的优化问题的变量称为决策变量,这样的问题就是 0-1 规划问题。

一、知识准备

0-1 规划问题会有若干种决策供选择,不同的策略得到的收益或付出的成本不同,各个策略之间可以有相互制约的关系,而问题求解的目标就是如何在满足给定条件下,所做的决策能使收益最大或成本最小?

如果整数线性规划问题的所有决策变量 x_i 仅限于取 0 或 1 这两个数值,则此问题为 0-1 线性整数规划,简称为 0-1 规划,变量 x_i 称为 0-1 变量。一般模型为:

目标函数

$$\max(\min)Z = c_1x_1 + c_2x_2 + \cdots + c_nx_n$$

约束条件

$$\begin{cases} a_{11}x_1 + a_{12}x_2 + \cdots + a_{1n}x_n \leqslant (\geqslant) b_1, \\ a_{21}x_1 + a_{22}x_2 + \cdots + a_{2n}x_n \leqslant (\geqslant) b_2, \\ \qquad\qquad\qquad \cdots \\ a_{m1}x_1 + a_{m2}x_2 + \cdots + a_{mn}x_n \leqslant (\geqslant) b_m, \\ x_j = 0 \ \text{或} \ 1 (j = 1, 2, \cdots, n) \end{cases}$$

二、典型问题

(一)问题提出

选址问题 某销售公司计划在济南或青岛增设分公司以增加销售量,同时也考虑新建一个配送中心,但配送中心地点仅在新设分公司的城市,总的预算费用不得超过100万元。

经过计算,每种选择的年营业收入和所需费用如表 3-7 所示。

表 3-7 　　　　　　　　　　　某销售公司分公司与配送中心建设计划

	年收入(万元)	所需资金(万元)
在济南设立分公司	160	60
在青岛设立分公司	100	30
在济南建配送中心	120	50
在青岛建配送中心	80	20

注:可以在两城市都设分公司或不建配送中心。

在满足以上条件的情况下,怎样选址设立分公司和配送中心,使总的年营业收入最大?

(二)建模方法分析

问题的结果只有两种选择,是或者否,每一选择,就是一个决策。因此变量只能取两个值 0 或 1,是 0-1 决策变量,1 表示对于这个决策选择"是",0 表示对于这个决策选择"否"。对于这样的问题往往可以选择使用 0-1 规划的方法来解决。

设 x_i 为决策变量,上述问题的决策列表如下。

表 3-8 　　　　　　　　　　　分公司与配送中心决策表

	年收入(万元)	所需资金(万元)
在济南设立分公司	x_1	0 或 1
在青岛设立分公司	x_2	0 或 1
在济南建配送中心	x_3	0 或 1
在青岛建配送中心	x_4	0 或 1

目标：年营业收入最大。

其中 x_i 应满足的条件为约束条件：

① 总预算支出≤100；

② 最多新建一个配送中心（互斥）；

③ 只在新设分公司的城市建配送中心（相依）；

④ x_i 是 0-1 变量。

（三）模型建立

根据上述分析，建立 0-1 规划数学模型。

目标函数：$\max Z = 160x_1 + 100x_2 + 120x_3 + 80x_4$

约束条件：

$$\begin{cases} 60x_1 + 30x_2 + 50x_3 + 20x_4 \leqslant 100, \\ x_3 + x_4 \leqslant 1, \\ x_3 \leqslant x_1, \\ x_4 \leqslant x_2, \\ x_1, x_2, x_3, x_4 = 0, 1 \end{cases}$$

（四）模型求解

应用办公软件 WPS 或 Excel 求解。

1. 表格设置

表格中设置原始数据、可变变量、目标函数、约束条件、值域等信息。

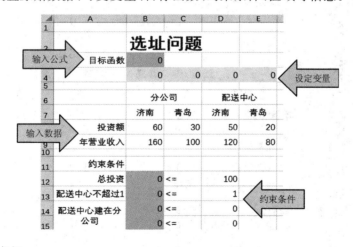

2. 规划求解

应用办公软件 WPS 或 Excel 的规划求解功能，设置目标函数、变量单元格及约束条件等求解参数。

求解得到结果 $\max Z = 260$，其中 $x_1 = x_2 = 1, x_3 = x_4 = 0$，即济南与青岛都设分公司，均不建配送中心，按此决策，投资 90 万，不超过 100 万的投资限额。

		分公司		配送中心	
3	目标函数	260			
4		1	1	0	0
5					
6		分公司		配送中心	
7		济南	青岛	济南	青岛
8	投资额	60	30	50	20
9	年营业收入	160	100	120	80
10					
11	约束条件				
12	总投资	90	<=	100	
13	配送中心不超过1	0	<=	1	
14	配送中心建在分公司	0	<=	1	
15		0	<=	1	

该问题可利用 Python 软件中 pulp 库求解整数线性规划问题。在 Python 软件中打开一个新文件，直接输入：

```
import pulp as pl
import pulp
InvestLP = pulp. LpProblem("0－1 线性规划问题", sense＝pulp. LpMaximize)
＃定义问题,求最大值
x = {i: pl. LpVariable(name＝f"x{i}", lowBound＝0, cat＝'Binary') for i in
range(1, 5)} ＃定义三个决策变量,取值 0,1
InvestLP ＋＝ (160 ∗ x[1]＋100 ∗ x[2]＋120 ∗ x[3]＋80 ∗ x[4] ) ＃设置目标函
数 f(x)
InvestLP ＋＝ (60 ∗ x[1]＋30 ∗ x[2]＋50 ∗ x[3]＋20 ∗ x[4]＜＝100) ＃不等式
约束
InvestLP ＋＝ (x[3]＋x[4]＜＝1)
InvestLP ＋＝ (x[3]－x[1]＜＝0)
InvestLP ＋＝ (x[4]－x[2]＜＝0)
InvestLP. solve() ＃求解
print(InvestLP. name) ＃ 输出求解状态
print("求解状态:", pulp. LpStatus[InvestLP. status]) ＃ 输出求解状态
for v in InvestLP. variables():
print(v. name, "＝", v. varValue) ＃ 输出每个变量的最优值
print("目标函数值 ＝", pulp. value(InvestLP. objective)) ＃ 输出最优解的目标
函数值
```

输出结果:

Objective value:　　　　　　260. 00000000

Enumerated nodes:　　　　　0

Total iterations:　　　　　　1

Time (CPU seconds):　　　0. 00

Time (Wallclock seconds):　0. 00

Option for printingOptions changed from normal to all

Total time (CPU seconds):　0. 01　　(Wallclock seconds):　　0. 01

0－1 线性规划问题

求解状态:Optimal

x1 = 1.0

x2 = 1.0

x3 = 0.0

x4 = 0.0

目标函数值 = 260.0

根据上述输出结果可知最优解为 $x_1 = 1, x_2 = 1, x_3 = 0, x_4 = 0$ 最优值 $Z = 260$。

3. 敏感性分析

敏感性分析是对于投资项目的经济评价中,常用的一种研究不确定性的方法。它在确定性分析的基础上,进一步分析不确定性因素对投资项目的最终经济效果指标的影响及影响程度。对于定量描述模型,敏感性分析是研究输入变量对输出变量的重要程度的方法。根据敏感性分析的作用范围,可以将其分为局部敏感性分析和全局敏感性分析。局部敏感性分析只检验单个因素对模型的影响程度,而全局敏感性分析检验多个因素对模型结果产生的总影响,并分析属性之间的相互作用对模型输出的影响。下面用列表的方式来说明,当逐一改变相关变量 x_i 数值时,收入指标受到这些因素影响的变动规律。

表 3-9　　　　　　　　　投资额与投资方案对收入的敏感性分析

实际投资	分公司		配送中心		收入
(万元)	济南	青岛	济南	青岛	(万元)
90	1	1	0	0	260
至少建一处配送中心					
50	0	1	0	1	180
110	1	0	1	0	280
110	0	1	1	1	340
140	1	0	1	1	380
160	1	1	1	1	460

三、拓展应用

(一)运输问题

某速递公司提供次日达服务,所有快件两天内都能送到。快件在晚上到达各收集中心,并于第二天早上之前装上送往该地区派送点的快递运输车。因为快递行业的竞争加剧,为了减少平均的送货时间,必须将各包裹根据目的地的地理位置加以分类,并分装到不同的快递运输车上。假设每天有三辆车提供快递运输服务,快递运输车可行的路线有 10 条,如表 3-10 所示。假设当天有 9 包快件需要送到 9 个地点,请根据各种可能的路线以及所需时间的估计值,建立相应的 0-1 整数规划模型,为每辆车选出一条路线,以最短的总时间完成各地的送货工作。

表 3-10 快递运输车的可行路线

快递地点	可行路线									
	一	二	三	四	五	六	七	八	九	十
A	1				1				1	
B		2		1		2			2	2
C			3	3			3		3	
D	2					1		1		
E			2	2			3			
F		1			2					
G	3						1	2		3
H			1		3					1
I		3		4			2			
时间(小时)	6	4	7	5	4	6	5	3	7	6

（二）模型分析

快递运输路线的选择,只有"是"或"否"两种,因此变量只能取两个值 0 或 1,是 0-1 决策变量,1 表示选择"是",0 表示选择"否"。

设 x_i 为决策变量,表示是否选择路线 i,可行的路线有 10 条,$i=1,2,\cdots,10$。其中 $x_i=0$ 或 1,$x_i=0$ 表示不选择路线 i,$x_j=1$ 表示选择路线 j。从表中可以看出,经过快递地点 D 的路线有一、六、八,由于至少一辆快递运输车经过地点 D,即有 $x_1+x_6+x_8 \geqslant 1$。

（三）模型建立

设 x_i 为决策变量,目标是选择可行路线,使所需要的总时间最短。选择受到的约束有:

a. 经过每个快递地点至少有一辆快递运输车;

b. 只有三辆快递运输车。

目标函数

$$\min Z = 6x_1 + 4x_2 + 7x_3 + 5x_4 + 4x_5 + 6x_6 + 5x_7 + 3x_8 + 7x_9 + 6x_{10}$$

约束条件

$$
\begin{cases}
x_1 + x_5 + x_9 \geqslant 1, \\
x_2 + x_4 + x_6 + x_9 + x_{10} \geqslant 1, \\
x_3 + x_4 + x_7 + x_9 \geqslant 1, \\
x_1 + x_6 + x_8 \geqslant 1, \\
x_3 + x_4 + x_6 \geqslant 1, \\
x_2 + x_5 \geqslant 1, \\
x_1 + x_7 + x_8 + x_{10} \geqslant 1, \\
x_3 + x_5 + x_{10} \geqslant 1, \\
x_2 + x_4 + x_7 \geqslant 1, \\
x_1 + x_2 + x_3 + x_4 + x_5 + x_6 + x_7 + x_8 + x_9 + x_{10} \leqslant 3, \\
x_i = 0,1 (i = 1,2,\cdots,10)
\end{cases}
$$

（四）模型求解

应用办公软件 WPS 或 Excel 求解。

1. 表格设置

表格中设置原始数据、可变变量、目标函数、约束条件、值域等信息。

	A	B	C	D	E	F	G	H	I		L	M		N
1														
2														
3	目标函数	0									车辆数			
4	选择变量	0	0	0	0	0	0	0	0	0	0	0	<=	3
5														
6	地点\路线	一	二	三	四	五	六	七	八	九	十	实际到达		至少一次
7	A	1				1				1		0	>=	1
8	B		1		1		1		1	1		0	>=	1
9	C			1	1			1		1		0	>=	1
10	D	1				1		1				0	>=	1
11	E			1	1		1					0	>=	1
12	F		1			1						0	>=	1
13	G	1					1	1		1		0	>=	1
14	H			1		1				1		0	>=	1
15	I		1	1		1						0	>=	1
16	用时	6	4	7	5	4	6	5	3	7	6			

2. 规划求解

应用办公软件 WPS 或 Excel 的规划求解功能，设置目标函数、变量单元格及约束条件等求解参数，其中变量有 10 个，约束条件由 11 个等式或不等式组成。

求解得到结果 $minZ=12$,其中 $x_4=x_5=x_8=1$,$x_1=x_2=x_3=x_6=x_7=x_9=x_{10}=0$,即选择路线四、五、八,每个快递点均到达一次,三辆车总计用时 12。

该问题也可以应用 Python 软件,请自己尝试完成。

四、建模方法分析

0-1 规划是变量取值仅为 0 或 1 的一类特殊的整数规划,常用来求解对策仅有两种或变量取值范围有界的决策问题。

五、拓展案例:工序的流程安排问题

一条装配线由一系列工作站组成,被装配或制造的产品在装配线上流动的过程中,每站都要完成一道或几道工序,假定一共有六道工序,这些工序按先后次序在各工作站上完成,关于这些工序有如下的数据:

表 3-11

工序	所需时间（分）	前驱工序
1	3	无
2	5	无
3	2	2
4	6	1,3
5	8	2
6	3	4

另外工艺流程特别要求，在任一给定的工作站上，不管完成哪些工序，可用的总时间不能超过 10 分钟，如何将这些工序分配给各工作站，以使所需的工作站数为最少？

练习题

1. 整数 0-1 规划中变量的取值范围是＿＿＿＿。

2. 某公司新购置了某种设备 6 台，欲分配给下属的 4 个企业，已知各企业获得这种设备后年创利润如表所示，单位为千万元。问应如何分配这些设备才能使年创总利润最大，最大利润是多少？

设备 ＼ 企业	甲	乙	丙	丁
1	4	2	3	4
2	6	4	5	5
3	7	6	7	6
4	7	8	8	6
5	7	9	8	6
6	7	10	8	6

第四节 典型问题：会议筹备问题解析

本节要点

通过典型案例分析，旨在让学生掌握线性规划数学建模的过程和方法，培养学生分析问题、解决问题的能力。

学习目标

※ 理解案例分析的各个环节的原理

※ 能通过案例解决类似数学建模问题

学习指导

会议筹备问题是 2009 年全国大学生数学建模竞赛 D 题，通过对这个问题的分析，学生就可以对线性规划问题的一般形式有一个大致的了解，这为学生解决类似优化问题提供了思路。

实际生活中经常遇到这样的问题：若干项任务分给若干人来完成，因为每个人的专长不同，他们完成每项任务或需要的资源就不一样，如何分派这些任务使获得的总效益最大，或付出的总资源最小？

或者会遇到这样的选择问题：有若干种决策供选择，不同的策略得到的收益或付出的成本不同，各个策略之间可以有相互制约的关系，如何在满足一定条件下作出抉择，使收益最大或成本最小？

对于这些问题往往可以选择使用 0-1 规划的方法来解决。

如果整数线性规划问题的所有决策变量 x_i 仅限于取 0 或 1 两个数值，则此问题为 0-1 线性整数规划，简称为 0-1 规划，变量 x_i 称为 0-1 变量。一般模型为：

目标函数

$$\max(\min)Z = c_1 x_1 + c_2 x_2 + \cdots + c_n x_n$$

约束条件

$$\begin{cases} a_{11}x_1 + a_{12}x_2 + \cdots + a_{1n}x_n \leqslant (\geqslant, =)b_1, \\ a_{21}x_1 + a_{22}x_2 + \cdots + a_{2n}x_n \leqslant (\geqslant, =)b_2, \\ \qquad\qquad\qquad \cdots \\ a_{m1}x_1 + a_{m2}x_2 + \cdots + a_{mn}x_n \leqslant (\geqslant, =)b_m, \\ x_j = 0 \text{ 或 } 1(j = 1, 2, \cdots, n) \end{cases}$$

一、问题提出

某市的一家会议服务公司负责承办某专业领域的一届全国性会议,会议筹备组要为与会代表预订宾馆客房,租借会议室,并租用客车接送代表。由于预计会议规模庞大,而适于接待这次会议的几家宾馆的客房和会议室数量均有限,所以只能让与会代表分散到若干家宾馆住宿。为了便于管理,除了尽量满足代表在价位等方面的需求之外,所选择的宾馆数量应该尽可能少,并且距离上比较靠近。

筹备组经过实地考察,筛选出 10 家宾馆作为备选,它们的名称用代号①至⑩表示,相对位置如图 3-1 所示,从以往几届会议情况看,有一些发来回执的代表不来开会,同时也有一些与会的代表事先不提交回执。客房房费由与会代表自付,但是如果预订客房的数量大于实际用房数量,筹备组需要支付一天的空房费,而若预订客房数量不足,则将造成非常被动的局面,引起代表的不满。

会议期间有一天的上下午各安排 6 个分组会议,筹备组需要在代表下榻的某几个宾馆租借会议室。由于事先无法知道哪些代表准备参加哪个分组会,筹备组还要向汽车租赁公司租用客车接送代表。

请通过数学建模方法,从经济、方便、代表满意等方面,为会议筹备组制定一个预订宾馆客房的合理方案。

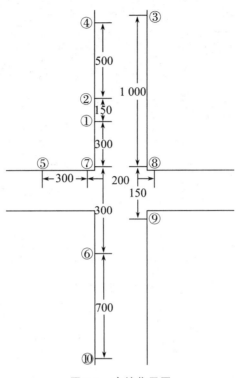

图 3-1 宾馆位置图

二、建模方法分析

该问题是 2009 年高教社杯全国大学生数学建模竞赛 D 题的其中一个问题。通过发来回执且与会代表人数与发来回执的代表的比值,预测本次参会总人数为 662 人,由此进行各宾馆各类房间数的统计,可得到下列表格。

表 3-12 　　　　　　　**本届要求不同住房的男女代表数**

	合住 1	合住 2	合住 3	独住 1	独住 2	独住 3	总计
男代表	135	91	28	94	60	36	
女代表	68	42	15	52	25	17	
合计	203	133	43	146	85	53	662

表 3-13 　　　　　　　**各个宾馆内各种房间的数量**

房间种类 宾 馆	合住 1	合住 2	合住 3	独住 1	独住 2	独住 3
1	0	50	30	0	30	20
2	85	65	0	0	0	0

续表

房间种类\宾馆	合住 1	合住 2	合住 3	独住 1	独住 2	独住 3
3	50	24	0	27	0	0
4	50	45	0	0	0	0
5	70	40	0	0	0	0
6	0	40	30	40	30	0
7	50	0	0	40	0	30
8	40	40	0	0	45	0
9	0	0	60	0	0	60
10	0	0	100	0	0	0

表 3-14　　　　　　　　　各种房间的需求量

	合住 1	合住 2	合住 3	独住 1	独住 2	独住 3
男代表房间	68	46	14	94	60	36
女代表房间	34	21	7	52	25	17
合计	102	67	21	146	84	53

三、模型建立与求解

（一）模型建立

若以预订宾馆数量最少为目标函数,满足代表的入住要求,建立 0-1 规划模型,设宾馆的选择变量分别为 $x_i (i=1,2,3,\cdots,10)$,分别列出目标函数和约束条件,其中 x_i 表示是否在第 i 号宾馆预订房间, $x_i=0$ 表示不预订, $x_i=1$ 表示预订。

目标函数为最少宾馆:

$$\min Z = \sum_{i=1}^{10} x_i$$

x_i 应满足约束条件为

$$宾馆供给 \geqslant 代表需求$$

$$\begin{cases} AX \geqslant B, \\ x_i = 0,1 \end{cases}$$

其中

$$A = \begin{bmatrix} 0 & 85 & 50 & 50 & 70 & 0 & 50 & 40 & 0 & 0 \\ 50 & 65 & 24 & 45 & 40 & 40 & 0 & 40 & 0 & 0 \\ 30 & 0 & 0 & 0 & 0 & 30 & 0 & 0 & 60 & 100 \\ 0 & 0 & 27 & 0 & 0 & 40 & 40 & 0 & 0 & 0 \\ 30 & 0 & 0 & 0 & 0 & 30 & 0 & 45 & 0 & 0 \\ 20 & 0 & 0 & 0 & 0 & 0 & 30 & 0 & 60 & 0 \end{bmatrix} \quad X = \begin{bmatrix} x_1 \\ x_2 \\ x_3 \\ x_4 \\ x_5 \\ x_6 \\ x_7 \\ x_8 \\ x_9 \\ x_{10} \end{bmatrix}$$

$$B = (102, 67, 21, 146, 84, 53)$$

(二)模型求解

模型可以应用办公软件 WPS 或 Excel 软件求解,也可以用 Python 求解。

1. 数据设置

在办公软件 WPS 或 Excel 表格中设置原始数据、可变变量、目标函数、约束条件、值域等信息。

	A	B	C	D	E	F	G	H	I	J	K	L	M	N
1					**会议筹备问题**									
2	目标函数	0											设定变量	
3		宾馆1	宾馆2	宾馆3	宾馆4	宾馆5	宾馆6	宾馆7	宾馆8	宾馆9	宾馆10			
4	选择变量	0	0	0	0	0	0	0	0	0	0			
5													约束条件	
6	约束条件				供给							供给汇总		需求
7	合一120-160	0	85	50	50	70	0	50	40	0	0	0	>=	102
8	合二161-200	50	65	24	45	40	40	0	40	0	0	0	>=	67
9	合三201-300	30	0	0	0	0	30	0	0	60	100	0	>=	21
10	独一120-160	0	0	27	0	0	40	40	0	0	0	0	>=	146
11	独二161-200	30	0	0	0	0	30	0	45	0	0	0	>=	84
12	独三201-300	20	0	0	0	0	0	30	0	60	0	0	>=	53

2. 规划求解

应用办公软件 WPS 或 Excel 的规划求解功能,设置目标函数、变量单元格及约束条件等求解参数,其中变量有 10 个,约束条件由 8 个等式或不等式组成。

求解得到结果 $\min Z = 3$，其中 $x_1 = x_2 = x_7 = 1, x_3 = x_4 = x_5 = x_6 = x_8 = x_9 = x_{10} = 0$，即满足入住条件且数量尽可能少的宾馆选择是①②⑦，共三处。

会议筹备问题

目标函数	3									
	宾馆1	宾馆2	宾馆3	宾馆4	宾馆5	宾馆6	宾馆7	宾馆8	宾馆9	宾馆10
选择变量	1	1	0	0	0	0	1	0	0	0

若允许安排选择独住的与会代表能入住同等价位的双人间，则约束条件变为

约束条件				供给						供给汇总		需求
合一120-160	0	85	50	50	70	0	50	40	0	0	0 >=	102
合二161-200	50	65	24	45	40	40	0	40	0	0	0 >=	67
合三201-300	30	0	0	0	0	30	0	0	60	100	0 >=	21
独一120-160		85	77	50	70	40	90	40	0	0	0 >=	248
独二161-200	80	65	24	45	40	70	0	85	0	0	0 >=	151
独三201-300	50	0	0	0	0	30	30	0	120	100	0 >=	74

此时最优解为①②⑥⑦。

对于宾馆组合 {①②③⑦} 或 {①②⑥⑦}，可以进一步分析其距离之和，均是相对较好的组合。

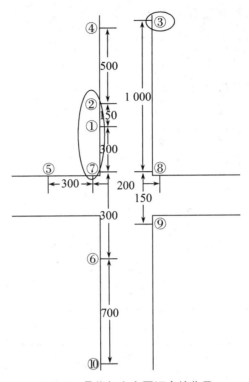

图 3-2　最优解方案预订宾馆位置

同样,可以用线性规划求解租会议室和租车问题。

四、模型优化

(一) 约束条件的变化

上述解答主要考虑筹备组管理及代表的方便,在满足代表在价位等方面的需求的同时,以宾馆总数最少为优化目标,而约束条件中未考虑宾馆间的距离、客房价格等因素。

如果从宾馆间的距离出发,以距离上尽量靠近为目标,有下面类似的求解过程。

约束条件一:对于合住房,要满足各个宾馆中第 i 种房间数相加要大于与会代表所需要的拼房房间总数。

约束条件二:对于单住房,由于一个人可单独住,还可住双人间,所以单人间与双人间剩余数的和大于需要单独房的男女代表人数总和。

(二) 以距离为目标的优化

设每一届发来回执但未与会代表人数占回执代表人数的比值为 η_i,未发回执但与会的代表人数占发来回执代表人数的比值为 η'_i。为了避免无房间让代表入住的情况发生,同时要减少空房所带来的损失,本届的 η_0 应该取以往几届中的最小值,为提高代

表满意度，η'_0 应该取以往几届中的最大值，即

$$\eta_0 = \min(\eta_i)$$

$$\eta'_0 = \max(\eta'_i)$$

根据题目给出的附表数据，可以计算

$$\eta_0 = 28.25\%$$

$$\eta'_0 = 19.38\%$$

则由本届回执的代表数 755，求得本届与会代表数的预测值 688。

结合具体数据，可建立模型如下：

表 3-15   本届要求不同住房的男女代表数

房间种类 类 别	合住1	合住2	合住3	独住1	独住2	独住3
男代表	140	94	30	98	62	37
女代表	70	44	16	54	26	17

表 3-16   各种房间的需求量

房间种类	合住1	合住2	合住3	独住1	独住2	独住3
需求量	105	69	23	152	88	54

表 3-17   各宾馆间的距离

宾馆号	1	2	3	4	5	6	7	8	9
1	0								
2	150	0							
3	850	700	0						
4	650	500	200	0					
5	600	750	1 500	1 250	0				
6	600	750	1 500	1 250	600	0			
7	300	450	1 200	950	300	300	0		
8	500	650	1 000	1 150	500	500	200	0	
9	650	800	1 150	1 300	650	350	350	150	0
10	1 300	1 450	2 200	1 950	1 300	700	1 000	1 200	1 050

以预订宾馆总间距最小为目标函数，满足代表的入住要求（允许独住选择同等价位的双人间），建立 0-1 规划模型，其中 d_{ij} 表示第 i 号宾馆与第 j 号宾馆的距离，x_i 表示是否在第 i 号宾馆预订房间，$x_i = 0$ 表示不预订，$x_i = 1$ 表示预订。

目标函数

$$\min Z = \sum_{i,j=1}^{9} d_{ij} x_i x_j \ (i < j; i = 1,2,3,\cdots,10; j = 2,3,4,\cdots,10)$$

约束条件

$$\begin{cases} 85x_2 + 50x_3 + 50x_4 + 70x_5 + 50x_7 + 40x_8 \geqslant 105, \\ 50x_1 + 65x_2 + 24x_3 + 45x_4 + 40x_5 + 40x_6 + 40x_8 \geqslant 69, \\ 30x_1 + 30x_6 + 60x_9 + 100x_{10} \geqslant 23, \\ 85x_2 + 77x_3 + 50x_4 + 70x_5 + 40x_6 + 90x_7 + 40x_8 \geqslant 257, \\ 80x_1 + 65x_2 + 24x_3 + 45x_4 + 40x_5 + 70x_6 + 85x_8 \geqslant 157, \\ 50x_1 + 30x_6 + 30x_7 + 120x_9 + 100x_{10} \geqslant 77, \\ x_i = 0 \ \text{或} \ 1 (i = 1,2,\cdots,10) \end{cases}$$

（三）求解

由于 $x_i (i=1,2,\cdots,10)$ 为 0-1 变量，使用 Python 或者 Excel 最后求得最优解为：$x_1 = x_2 = x_5 = x_7 = x_8 = 1, x_3 = x_4 = x_6 = x_9 = x_{10} = 0$，

五、模型评价

（一）问题分析

本题主要需要解决三个问题：

1. 预测与会代表的数量，并且确定需要预订的各类客房的总量；
2. 确定在哪些宾馆预订客房及预订各类客房的数量；
3. 确定在哪些宾馆预订哪些类型的会议室以及租车的规格和数量。

（二）模型选择

问题 1 是求解问题 2 与 3 的前提。对于根据附表的数据进行与会代表数量预测，可选的预测方法有比例法、拟合法、概率统计法等，预测结果会有不同，但要说明其合理性。

在确定需要预订客房的总量问题时，对于目标的选择，是会议筹备组在订房上的损失尽量小。主要考虑的损失包括预订客房数超过实际用量时造成的空房费，预订客房数不足引起代表不满的"费用"等。

问题 3 主要考虑租用会议室和客车的总费用最小，会议室所在的宾馆数量多、距离近等。问题 2 与 3 是有联系的，在考虑部分代表留在其下榻宾馆所在的会议室开会，不需要乘车的前提下，如预订客房的宾馆和租用会议室的宾馆一致，不仅管理方便，而且可减少租用客车的费用。

练习题

1. 某发展公司是商务房地产开发项目的投资商。公司有机会在三个建设项目中投资:高层办公室、宾馆及购物中心,各项目不同年份所需资金和净现值见下表。三个项目的投资方案是:投资公司现在预付项目所需资金的百分比,那么今后 3 年每年必须按此比例追加项目所需资金,也获得同样比例的净现值。例如,公司按 10% 投资项目 1,现在必须支付 400 万,今后 3 年分别投入 600 万、900 万和 100 万,获得净现值 450 万。

公司目前和预计今后 3 年可用于三个项目的投资金额是:现有 2 500 万,1 年后 2 000 万,2 年后 2 000 万,3 年后 1 500 万。当年没有用完的资金可以转入下一年继续使用。

年份	项目 1	项目 2	项目 3
0	400	800	900
1	600	800	500
2	900	800	200
3	100	700	600
净现值	450	700	500

公司管理层希望设计一个组合投资方案,在每个项目中投资多少(百分比),使其投资获得的净现值最大。

2. 某公司将四种含硫量的液体原料(分别记为甲、乙、丙、丁)混合生产两种产品(分别记为 A、B),按照生产工艺要求,原料甲、乙、丁先倒入混合池中混合,混合后的液体分别与液体丙混合生产 A、B,已知甲、乙、丙、丁的含硫量分别为 3%、1%、2%、1%,进货价格分别为 6,16,10,15(千元/吨);产品 A、B 的含硫量分别不能超过 2.5%、1.5%,售价分别为 9,15(千元/吨)。根据市场信息,甲、乙、丙的供应没有限制,原料丁的供应量为 50 吨;产品 A、B 的市场需求分别为 100 吨、200 吨。问应如何安排生产?

第五节　线性规划原理与建模方法

本节要点

本节主要介绍线性规划的一般理论和方法,旨在让学生了解线性规划的基本思想。

学习目标

※ 了解线性规划的基本思想和方法
※ 学会用数学建模的思想研究问题

学习指导

本节的重点是线性规划问题的特点和数学求解方法,学生了解这些理论和方法,可以开阔思路,全面掌握线性规划问题的本质特征。

一、线性规划问题

线性规划是运筹学中理论最完备、方法最简单、应用最普及的一个分支,它可以应用在解决诸如:在一定资源的条件下使利润达到最大或者在达到一定技术要求的条件下使得成本最小的问题。

在生产管理中,常常面对这样的问题:某项任务确定后,如何统筹安排,以最少的人力、物力和财力去完成该项任务;面对一定数量的人力、物力和财力资源,如何安排使用,使得完成的任务最多。像这样的问题都属于最优规划的范畴,也是线性规划方法主要解决的两类问题

（一）线性规划模型基本形式

线性规划是数学规划的重要组成部分之一,是研究资源的最优利用,辅助人们进行科学管理的重要数学方法。一般它所研究的目标主要有两类:一是给定人力、物力、财力等条件,使获得的效益最大;二是通过统筹安排,只需耗费最小量的资源,就能达成给定的目标。目前,线性规划有着非常完备的理论基础和有效的求解方法,它在实际中的应用十分广泛。

从实际问题中建立线性规划数学模型,一般有以下三个步骤:

1. 根据影响所要达到目标的因素找到决策变量;

2. 由决策变量和所要达到目标之间的函数关系确定目标函数;

3. 由决策变量所受的限制条件确定决策变量所要满足的约束条件。

当得到的数学模型的目标函数为线性函数,约束条件为线性等式或不等式时,称此数学模型为线性规划模型。

一般的,用数学语言描述线性规划问题的数学模型如下:

目标函数

$$\max(\min)Z = c_1x_1 + c_2x_2 + \cdots + c_nx_n$$

约束条件

$$\begin{cases} a_{11}x_1 + a_{12}x_2 + \cdots + a_{1n}x_n \leqslant(\geqslant)b_1, \\ a_{21}x_1 + a_{22}x_2 + \cdots + a_{2n}x_n \leqslant(\geqslant)b_2, \\ \qquad\qquad\qquad \cdots \\ a_{m1}x_1 + a_{m2}x_2 + \cdots + a_{mn}x_n \leqslant(\geqslant)b_m, \\ x_1, x_2, \cdots, x_n \geqslant 0 \end{cases}$$

(二)线性规划模型的特点

一般来说,所建立的线性规划模型具有以下特点:

1. 每个模型都有若干个决策变量$(x_1, x_2, \cdots, x_n)$,其中 n 为决策变量个数。决策变量的一组值表示一种方案,根据实际问题的要求,决策变量一般是非负的。

2. 目标函数一般可表示为决策变量 $x_1, x_2, \cdots, x_n$ 的线性函数,由实际问题来决定目标函数应追求最大(max)还是最小(min),二者统称为最优化(opt)。

3. 对决策变量 $x_1, x_2, \cdots, x_n$,大都存在一定的限制条件(称为约束条件),且这些限制条件一般可用决策变量 $x_1, x_2, \cdots, x_n$ 的一组线性不等式或等式来表示。

(三)典型的线性规划问题

1. 运输问题

假设某种物资(譬如煤炭、钢铁、石油等)有 m 个产地,n 个销地。第 i 产地的产量为 $a_i(i=1,2,\cdots,m)$,第 j 销地的需求量为 $b_j(j=1,2,\cdots,n)$,它们满足产销平衡条件。如果产地 i 到销地 j 的单位物资的运费为 c_{ij},要使总运费达到最小,可怎样安排物资的调运计划?

2. 资源利用问题

假设某地区拥有 m 种资源,其中,第 i 种资源在规划期内的限额为 $b_i(i=1,2,\cdots,m)$。这 m 种资源可用来生产 n 种产品,其中生产单位数量的第 j 种产品需要消耗的

第 i 种资源的数量为 $a_{ij}(i=1,2,\cdots,m;j=1,2,\cdots,n)$，第 j 种产品的单价为 $c_j(j=1,2,\cdots,n)$。在规划期内资源限额条件下，试问如何安排这几种产品的生产计划，才能使总产值达到最大？

3．合理下料问题

用某种原材料切割零件 $A_1,A_2,\cdots,A_m$ 的毛坯，现已设计出在一块原材料上有 $B_1,B_2,\cdots,B_n$ 种不同的下料方式，如用 B_j 下料方式可得 A_i 种零件 a_{ij} 个，设 A_i 种零件的需要量为 b_i 个。试问应该怎样组织下料活动，才能使得既满足需要，又节约原材料？

二、线性规划问题求解方法

（一）线性规划模型的求解原理

定义 称满足约束条件的向量 $x_1,x_2,\cdots,x_n$ 为可行解，称可行解的集合为可行域，称使目标函数达最值的可行解为最优解。

求解线性规划问题有成熟的方法，简单线性规划问题大都可用图解法或单纯形法求解，而复杂的线性规划问题可以用相应的数学软件（Python 或 MATLAB）求解。

可行解集由线性不等式组的解构成，因此两个变量的线性规划问题的可行解集是平面上的凸多边形，即线性规划问题的可行解集是凸集。

线性规划问题的最优解一定在可行解集的某个极点上达到。

1．图解法

解两个变量的线性规划问题，可用图解法。在平面上画出可行域，计算目标函数在各极点处的值，经比较后，取最值点为最优解。

当两个变量的线性规划问题的目标函数取不同的目标值时，构成一族平行直线，目标值的大小描述了直线离原点的远近，于是穿过可行域的目标直线组中最远离（或接近）原点的直线所穿过的凸多边形的顶点即为取的极值的极点——最优解。

2．单纯形法

单纯形法是通过确定约束方程组的基本解，并计算相应目标函数值，在可行解集的极点中搜寻最优解。

假设有正则模型如下：

决策变量：$x_1,x_2,\cdots,x_n$。

目标函数：$Z=c_1x_1+c_2x_2+\cdots+c_nx_n$

约束条件：

$$\begin{cases} a_{11}x_1+a_{12}x_2+\cdots+a_{1n}x_n \leqslant b_1, \\ a_{21}x_1+a_{22}x_2+\cdots+a_{2n}x_n \leqslant b_2, \\ \qquad\qquad \cdots \\ a_{m1}x_1+a_{m2}x_2+\cdots+a_{mn}x_n \leqslant b_m, \\ x_1,x_2,\cdots,x_n \geqslant 0 \end{cases}$$

对上述模型进行如下变化：

（1）引入松弛变量将不等式约束变为等式约束。

若有 $a_{i1}x_1+a_{i2}x_2+\cdots+a_{in}x_n \leqslant b_i$，则引入 $x_{n+i} \geqslant 0$，使得

$$a_{i1}x_1+a_{i2}x_2+\cdots+a_{in}x_n+x_{n+i}=b_i$$

若有 $a_{i1}x_1+a_{i2}x_2+\cdots+a_{in}x_n \geqslant b_i$，则引入 $x_{n+i} \geqslant 0$，使得

$$a_{i1}x_1+a_{i2}x_2+\cdots+a_{in}x_n-x_{n+i}=b_i$$

且有

$$Z=c_1x_1+c_2x_2+\cdots+c_nx_n+0\times x_{n+1}+\cdots+0\times x_{n+m}$$

其中 $x_{n+1},\cdots,x_{n+m}$ 为松弛变量。

（2）将目标函数的优化变为目标函数的极大化。

若求 $\min Z$，令 $Z'=-Z$，则问题变为 $\max Z'$。

（3）引入人工变量，使得所有变量均为非负。

若 x_i 没有非负的条件，则引入 $x'_i \geqslant 0$ 和 $x''_i \geqslant 0$，令 $x_i=x'_i-x''_i$，则可使得问题的全部变量均非负。

经过上面三步变化，正则模型变成标准化模型：

决策变量：$x_1,x_2,\cdots,x_n$。

目标函数：

$$\max Z=c_1x_1+c_2x_2+\cdots+c_nx_n$$

约束条件：

$$\begin{cases} a_{11}x_1+a_{12}x_2+\cdots+a_{1n}x_n=b_1, \\ a_{21}x_1+a_{22}x_2+\cdots+a_{2n}x_n=b_2, \\ \qquad\qquad \cdots \\ a_{m1}x_1+a_{m2}x_2+\cdots+a_{mn}x_n=b_m, \\ x_1,x_2,\cdots,x_n \geqslant 0 \end{cases}$$

若记 $A=(a_{ij})_{m\times n}$，$X=(x_1,x_2,\cdots,x_n)$，$B=(b_1,b_2,\cdots,b_m)$，则约束条件可以表示为

$$AX=B,X \geqslant 0$$

　　若代数方程 $AX=B$ 的解向量有 $n-m$ 个分量为零,其余 m 个分量对应 A 的 m 个线性无关列,则称该解向量为方程组的一个基本解。在一个线性规划问题中,如果一个可行解也是约束方程组的基本解,则称之为基本可行解。

　　一个向量 X 是线性规划问题可行解集的一个极点,当且仅当它是约束方程的一个基本可行解。

　　于是寻找取得极值的凸集极点的几何问题变成了求代数方程基本解的问题,形成了解优化问题的单纯形方法、改进单纯形方法等。

（二）常用软件求解方法

　　按求解优化问题的单纯形法或改进单纯形法等算法编制程序,软件 Python、MATLAB、Excel 等有专门的功能项(栏)。前面例子已经给出 Python、Excel 软件的求解方法,下面再给出用 MATLAB 求解的基本命令:

标准的线性规划的模型:

$$\min f=C^T X$$

$$s.t. \ AX \leqslant B$$

$$A1X=B1$$

$$LB \leqslant X \leqslant UB$$

MATLAB 求解程序

$$[x,f]=\text{linprog}(c,A,b,A1,b1,LB,UB)$$

三、知识拓展—2022 年 E 题非线性规划方法应用解析

　　2022 年全国大学生数学建模竞赛 E 题:小批量物料的生产安排,内容详见全国大学生数学建模竞赛官网,网址:http://www.mcm.edu.cn/html_cn/node/5267fe3e6a512bec793d71f2b2061497.html

（一）问题分析

　　本问题为非线性规划问题,根据问题一建立的周预测模型,预测出物料的周需求量,其中编码为 6004010256 的物料第 101－110 周的实际需求量(件)、预测需求量(件)见表 3-18。

表 3-18　　6004010256 **物料第 101－110 周实际需求量、预测需求量**

周	实际需求量(件)	预测需求量(件)
101	8	9
102	25	26

续表

周	实际需求量/件	预测需求量/件
103	33	34
104	10	11
105	15	16
106	12	13
107	6	7
108	35	36
109	10	11
110	3	3

如果生产计划的量大于实际需求的量,则有库存,库存为生产计划的量减去实际需求的量;如果生产计划的量小于实际需求的量,那么就有缺货量,缺货量为实际需求的量减去生产计划的量,服务水平＝1－缺货量/实际需求量,设 x_i 表示第 $10i$ 周的生产计划,a_i 表示实际需求量,y_i 表示第 $10i$ 周的预测需求量,m_i 表示第 $10i$ 周的库存量,n_i 表示第 $10i$ 周的缺货量,则库存量和缺货量为:

$$m_i = \begin{cases} x_i - y_{i+1}, x_i - y_{i+1} > 0, \\ 0, x_i - y_{i+1} < 0 \end{cases}$$

$$n_i = \begin{cases} y_{i+1} - x_i, y_{i+1} - x_i > 0, \\ 0, y_{i+1} - x_i < 0 \end{cases}$$

第 i 周生产计划大于等于第 $i+1$ 周预测需求量减第 i 周库存量加第 i 周缺货量。

$$\begin{cases} x_1 \geqslant y_2, \\ x_2 \geqslant y_3 - m_2 + n_2, \\ \cdots\cdots \\ x_{10} \geqslant y_{11} - m_{10} + n_{10} \end{cases}$$

因此得到 $x_i \geqslant y_{i+1} - m_i + n_i \cdots$,$m_i$ 表示第 i 周库存量,n_i 表示第 i 周缺货量。当第 i 周生产计划减第 $i+1$ 周预测需求量大于 0 时,第 i 周库存量为 $x_i - y_{i+1}$,缺货量为 0;当第 $i+1$ 周预测需求量减第 i 周生产计划大于 0 时,第 i 周缺货量为 $y_{i+1} - x_i$,库存量为 0。

（二）模型建立与求解

1. 模型建立

非线性规划模型如下:

$$目标函数:\min \sum_{i=1}^{10} |x_i - y_{i+1}|$$

约束条件：

$$\begin{cases} x_i \geqslant y_{i+1} - m_i + n_i, \\ \dfrac{\sum_{i=1}^{10} 1 - \dfrac{n_i}{a_i}}{10} \geqslant 0.85, \\ x_i \in Z_+ \end{cases}$$

其中，x_i 表示第 $10i$ 周的生产计划，a_i 表示实际需求量，y_i 表示第 $10i$ 周预测需求量，m_i 表示第 $10i$ 周库存量，n_i 表示第 $10i$ 周缺货量。

2. 模型求解

用 WPS 或 Excel 求解非线性规划问题，选用的规划求解方法为非线性内点法，得到编码为 6004010256 的物料第 $101-110$ 周的生产计划、实际需求量、库存量、缺货量及服务水平，见表 3-19。

表 3-19　物料 6004010256 第 $101-110$ 周的生产计划、实际需求、库存、缺货量及服务水平

周	生产计划/件	实际需求量/件	库存量/件	缺货量/件	服务水平
101	36	8	0	0	1
102	32	25	10	0	1
103	23	33	0	1	0.969 696 97
104	14	10	12	0	1
105	11	15	0	1	0.933 333 333
106	14	12	0	1	0.916 666 667
107	34	6	7	0	1
108	28	35	0	1	0.971 428 571
109	12	10	17	0	1
110	14	3	9	0	1

问题 1 中选定的 6 种物料的全部计算结果（第 $101-177$ 周）生产计划、实际需求量、库存量、缺货量及服务水平按照以上方法进行计算均可。

练习题

1. 简单线性规划问题可以用_____和_____求解。

2. 线性规划问题的最优解一定在可行解集的_____达到。

3. MATLAB 软件中求解线性规划的程序名为_____。

本章小结

1. 知识结构

本章我们通过案例学习了一般线性规划、整数线性规划、整数 0-1 规划等问题的建模和求解方法,然后通过会议筹备案例分析系统理解了线性规划问题的建模和求解过程,最后了解了线性规划问题的一般理论。

对于线性规划问题,我们知道可以将问题转化为以下知识结构图:

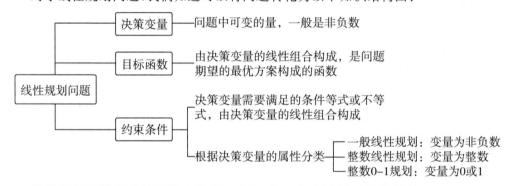

线性规划的模型求解可以应用 Excel、Python 和 MATLAB 等软件。

2. 课题作业

如果决策变量的范围从非负数扩大为全体实数,那应该如何利用线性规划的方法求解模型呢?

参考文献

[1] 王健,赵国生.MATLAB 数学建模与仿真[M].清华大学出版社,2016.

[2] 罗平.线性规划模型的计算机求解[J].兴义民族师范学院学报.2015(01).

[3] 盛仲飙.基于 MATLAB 的线性规划问题求解[J].计算机与数字工程.2012(10)

[4] 钱俊,吴金洪,程茗.线性规划问题的 MATLAB 求解[J].科技创新导报.2011(25).

[5] 陈诺凡.数学软件在线性规划模型求解中的多用与妙用[J].福建教育学院学报,2018,19(01).

[6] 曾庆红,杨桥艳.基于 LINGO 软件的数学规划模型求解[J].保山学院学报,2010,29(02).

[7] 张景川.用 Excel 软件中规划求解命令求解线性规划问题[J].甘肃高师学报,2015,20(02).

[8] 梅述恩.基于 Excel 敏感性分析的递减成本和阴影价格研究[J].物流工程与管理,2015,37

(07).

　　[9] 顾运筠. Excel 规划求解的两类应用[J]. 计算机应用与软件,2005(01).

　　[10] 王树祥,武新霞,卜少利. 线性规划在企业生产计划中的应用及模型的建立和求解[J]. 中国电力教育,2007(S2).

第四章

微元法与微积分模型

本章导学

社会经济发展的核心就是提高效率。在经济活动中,人们常常希望所采取的策略能使某个或某些指标达到最优。商店进货要使进价、存贮等成本最低,工程设计追求的最佳方案要使方案最优、工期最短、造价最低。像这样普遍存在的优化问题已经成为数学建模广泛研究的对象,这类问题的模型称为优化模型。这里的优化理念与我国当前发展趋势一致,即实现从高速度增长转向高质量增长,就是要讲究高效益。

实际上,生活中的许多问题都可以引入相应的微积分方法建立数学模型,如复利、贷款、商品存储费用优化、洗衣机的节水问题等。数学知识与数学建模应用之间存在着相互促进的关系。一方面,在学习抽象的微积分等数学知识时,要将数学知识放到具体的数学模型中去思考应用,把知识变成实践的经验;另一方面,在数学建模解决实际问题的过程中,要善于将实际问题转化为数学语言,用数学知识分析构建解决问题的一般过程,从而体验数学知识的价值,强化知识构建。

本章主要以构建描述事物变化的“微元”为核心工具,用函数、方程等形式建立优化模型,首先要确定优化指标的数量描述,然后构造包括相关指标及其限制条件的模型,通过运用微积分的导数、极值、积分等方法求解模型,给出达到优化指标的策略。

一般来说,可以从以下几个方面去构建微积分模型。

微元分析。利用已知的定理与规律寻找事物发生局部(微小)变化的数量关系,用微元形式把这里的变化规律表示出来。

方程或函数表示。利用数学、物理、经济等学科中的定理或经过检验的规律等建立数量关系式来表示。

第一节　价格策略

本节要点

价格和销量是影响商品利润的主要因素,价格波动就会影响需求和销量。如果商品的市场有较大弹性,价格发生小的变化也会导致销量巨变。微分是函数自变量产生改变时的局部变化率的线性描述,可以近似地描述收益改变量和需求弹性变化规律,用于描述需求变化与价格变化之间的关联。

学习目标

※ 了解价格、销量和收益的关系
※ 理解需求价格弹性的概念
※ 会用微分描述需求弹性

学习指导

微分是一种非常奇妙的工具。如果用函数表示事物在某一段时间内的变化规律,微分可以轻而易举的描述任意时刻的变化率或变化趋势,或者在某一段时间内的变化率是很容易用微分方法理解和计算的。本节就是用微分描述需求价格弹性,揭示影响利润变化的原因。

影响需求的因素很多,但是价格是影响需求的决定性因素。价格的变化,必然带动需求量的变化,进而带动企业利润的变化。价格的制定和调整都是为了实现利润最大化,但是在现实中有时价格的调整不但不能带来利润的提高,反而导致利润的进一步下跌。为了尽可能地减少利润的下跌,就要考虑企业产品的需求价格弹性,即消费者的需求量和价格之间的关系。市场上的商家经常面临这样的问题:如何运用价格策略保证收益?如何选择合适的时机出售商品或资产?

一、价格策略的数学模型

"降价促销"是商家销售商品时经常要打的一张"牌",然而是不是所有的商品都能采用这种价格策略,以及采用这种价格策略的效果如何却不能一概而论。事实上,对于这个问题,只要深入研究价格波动过程中所产生的改变量 Δp 对收益改变量 ΔR 的影响,就可以找到正确答案。

大家知道,收益 R 是价格 p 与销售量(即需求量)$Q(p)$ 的乘积,即

$$R = p \cdot Q(p)$$

微分是函数针对自变量产生改变量时的局部变化率的一种线性描述,微分可以近似地描述当自变量的改变量足够小($\Delta x \to 0$)时,函数的改变量 Δy 的变化规律。根据微分用于近似计算的原理,当价格改变量的绝对值 $|\Delta p|$ 较小时,收益改变量 ΔR 可以用收益的微分 dR 来近似,即

$$\Delta R \approx dR = d(pQ(p)) = Q(p)dp + pdQ(p)$$

联想到需求弹性 $\eta = p \dfrac{Q'(p)}{Q(p)}$,因此通过提取 $Q(p)dp$,可将上式化为

$$\Delta R \approx Q(p)dp\left(1 + \frac{pdQ(p)}{Q(p)dp}\right) = Q(p)dp\left(1 + p\frac{Q'(p)}{Q(p)}\right) = Q(p)dp(1 + \eta)$$

由于需求弹性 $\eta < 0$,$dp = \Delta p$,所以上式又可改写为

$$\Delta R \approx Q(p) \cdot \Delta p(1 - |\eta|)$$

这个表达式揭示了需求弹性在价格规律中所起的重要作用,具体分析如下:

当 $|\eta| > 1$ 时,商品是高弹性的。此时要使收益有所增加(即 $\Delta R > 0$),必须 $\Delta p < 0$,即需要采取降价促销,薄利多销的策略。

例如,某种面包每个价格是 20 元,每天销售 1 000 个。如果每个面包的价格下降到 19 元,则每天会多卖 200 个。面包价格从 20 元下降到 19 元,1 元价格的变动是 20 元的 5%,数量上从 1 000 个增加到 1 200 个,增加量 200 是原来数量 1 000 个的 20%。因此,通过计算,需求的价格弹性是 20% 除以 5%,即 $\eta = 4$。对于这种面包的销售来说,降价促销是提高销售量的好办法。

当 $|\eta| < 1$ 时,商品是低弹性的。因为此时需求量变动的幅度小于价格变动的幅度,所以即使涨价也不会造成销售量大幅度地降低。而单价的提高($\Delta p > 0$)同样可以保证收益的增加 $\Delta R > 0$。故此时适当地提高价格才是正确的应对措施。

例如,某城市使用公共交通出行的居民数量较稳定,现今公交每月的乘客人次约为 1 000 万。据测算,如果公共汽车票价从 1 元提高到 2 元,需求价格弹性系数 $|\eta| \approx 0.3$,则第二个月的乘客人次为 900 万,与去年同期相比减少了 10%。

在这个价格变动中,易知 $p_1 = 2$,$p_2 = 3$,$Q(p) = 1\,000$,代入公式,得

$$\Delta p = 1$$

$$\Delta Q = \frac{Q(p)\Delta p}{p}\eta = \frac{1\,000}{2} \times 0.3 = 150$$

$$\Delta R \approx Q(p) \cdot \Delta p(1 - |\eta|) = 1\,000 \times 1 \times (1 - 0.3) = 700$$

即提价的结果是乘客人次减少 150 万,收入增加 700 万。

作为一种特殊的情况,如果 $|\eta| = 1$,则称商品是单位弹性的。由于此时需求量变动

的幅度与价格变动的幅度相等,因而也就没有对现行价格进行调整的必要了。

表 4-1 **需求价格弹性的分类**

弹性系数 η	含义	说明	策略
$|\eta|>1$	富有弹性	需求量的变动率大于价格的变动率	降价促销
$|\eta|<1$	缺乏弹性	需求量的变动率小于价格的变动率	适度提高价格
$|\eta|=1$	单一弹性	需求量的变动率等于价格的变动率	价格可不调整

二、建模知识与方法分析

(一)需求价格弹性

价格弹性表明供求对价格变动的依存关系,反映价格变动所引起的供求的相应的变动率,即供给量和需求量对价格信息的敏感程度,又称供需价格弹性。

需求价格弹性简称为弹性或价格弹性,它表示在一定时期内价格一定程度的变动所引起的需求量变动的程度,我们通常用需求价格弹性系数加以表示:

$$需求价格弹性系数 = \frac{需求量变动的百分比}{价格变动的百分比} = \frac{EQ}{EP}$$

(二)需求价格弹性的分类

根据需求价格弹性系数的大小可以把商品需求进行分类:当需求价格弹性系数 <-1 时,称需求是弹性的;当需求价格弹性系数介于 -1 和 0 之间时,称需求是低弹性的,当需求价格为 -1 时,称需求是有单位弹性的。

(三)需求价格弹性的作用

当需求是弹性时,总收入将因价格的增加而减少;当需求是低弹性时,总收入因价格的增加而增加。

(四)应用与推广

需求弹性的大小对制定销售策略和合理确定价格有重要的参考价值。

练习题

1. 如果收益的微分是 $dR = d(pQ(p)) = Q(p)dp + pdQ(p)$,则需求弹性 $\eta =$ _____。

2. 设 η 是某商品的需求弹性系数,当弹性系数满足_____时,商品是高弹性的,即需要采取降价促销,薄利多销的策略。

3. 需求弹性的大小对制定销售策略和合理确定价格有重要的参考价值,假设某种商品的需求价格弹性系数为 a,价格下降的百分比为 b 时,需求量增长的百分比为_____。

4. 查找或收据数据,探究某种日用品的需求弹性系数。

第二节　出售时机

本节要点

商品出售,需要考虑出售的时机,以获取收益最大,在已知价格是时间的函数关系的情况下,导数就可以求收益的最大值。同样,在解决供货优惠与进货策略问题时,就需要求函数的最小值。

学习目标

※ 了解资金的时间价值表示方法

※ 掌握函数最值的求法

※ 会用微分法分析商品出售或进货的函数模型,求最优解

学习指导

本节需学会用微元法建立和求解函数模型。

无论是农民种的小麦、玉米,工业化养猪、养鸡,还是酿酒、期权,人们总想知道什么时候能卖个好价钱或什么时候卖掉产品才能获得最大收益。影响价格和收益的因素非常多,下面简单分析其中的几个因素。

一、出售时机分析

(一) 问题的提出

某酒厂有一批新酿的好酒,如果现在($t=0$)就出售,总收入为 R_0 元;如果窖藏 t 年后按陈酒价格出售,则总收入为 $R=R_0 e^{\frac{2}{5}\sqrt{t}}$ 元。假定银行年利率为 r,并以连续复利计息,那么,这批酒窖藏多少年出售才能使总收入的现值最大?

要解决这个问题,首先应该搞清楚什么是"总收入现值"。根据已有研究知道,资金的时间价值体现在计算公式(4.2.1)之中。

$$A_t = A_0 e^{rt} \tag{4.2.1}$$

其中 A_0 为资金的现值,A_t 为按年利率 r 以连续复利计息的 t 年未来值。

另一方面,由(4.2.1)式又可以得到

$$A_0 = A_t e^{-rt} \tag{4.2.2}$$

公式(4.2.2)成为"贴现"公式,根据这个公式就可以把年利率 r 以连续复利计息的 t 年未来值折合成现值。

现在从新问题到原来的问题中。如果记 t 年末总收入 R 的现值为 $\overline{R}$,则

$$\overline{R} = Re^{-rt} = (R_0 e^{\frac{2\sqrt{t}}{5}})e^{-rt} = R_0 e^{\frac{2}{5}\sqrt{t}-rt} \tag{4.2.3}$$

令

$$\overline{R}' = R_0 e^{\frac{2}{5}\sqrt{t}-rt}\left(\frac{1}{5\sqrt{t}}-r\right) = 0,$$

得唯一驻点 $t = \dfrac{1}{25r^2}$。

由于 $t < \dfrac{1}{25r^2}$ 时, $\overline{R}' > 0$, $t > \dfrac{1}{25r^2}$ 时, $\overline{R}' < 0$,故 $t = \dfrac{1}{25r^2}$ 是极大值点,也是最大值点,即这批酒窖藏 $\dfrac{1}{25r^2}$ 年出售可使总收入的现值最大。

至于这批酒是现在出售还是窖藏起来待来日出售,取决于按上述方法计算出来的现值是否大于现在出售的总收入与窖藏成本之和,实际操作时根据具体情况是不难做出决策的。

(二)建模知识与方法分析

葡萄酒的窖藏价值反映资金未来值的贴现,未来值是资金未来价值的计算。同样的,类似商品的经营者也可以计算未来某个时候的收益的贴现,也就是将未来的收益价值转变为现在的价值,这种计算称为未来收益的贴现,其计算公式是 $PV_0 = \dfrac{FV_n}{(1+i)^n}$,其中 PV_0 是贴现值, FV_n 是未来 n 年后的价值, i 是贴现率, n 是未来的年数。

二、生猪的出售时机

不论是哪一类的经济活动,都不能忽视资金的时间价值。而除了时间价值,还有受到时间影响的价格因素,价格并不总是时间的增函数。

(一)问题的提出

例如,某养猪场每天投入 8 元资金用于饲料、设备、人力等,可使一头 80 千克重的生猪每天增加 2 千克。目前生猪出售的市场价格为每千克 12 元,但是预测每天会降低 0.1 元,问应该什么时候出售这样的生猪,该养猪场能获得最大利润。

投入资金可使生猪体重随时间增长,但售价(单价)随时间减少,应该存在一个最佳的出售时机,使获得利润最大,这是一个优化问题,根据给出的条件,可作如下的简化假设。

每天投入 8 元资金使生猪体重每天增加常数 $r(=2$ 千克$)$,生猪出售的市场价格每天降低常数 $g(=0.1$ 元$)$。

(二) 数学建模

1. 符号说明

t～时间(天);

$w(t)$～第 t 天生猪体重(千克);

$p(t)$～第 t 天单价 (元/千克);

$R(t)$～第 t 天出售的收入(元);

$C(t)$～第 t 天投入的资金(元);

$Q(t)$～第 t 天出售获得纯利润(元)。

2. 建立模型

根据问题叙述,可得

$$w(t)=80+rt(r=2),p(t)=12-gt(g=0.1)$$

又知道 $R(t)=p(t) \cdot w(t)$,$C(t)=8t$,再考虑到纯利润应扣掉以当前价格(12元/千克)出售 80 千克生猪的收入,有 $Q(t)=R(t)-C(t)-12 \times 80$,得到目标函数(纯利润)为

$$Q(t)=(12-gt)(80+rt)-8t-960 \tag{4.2.4}$$

其中 $r=2$,$g=0.1$。

问题转化为求函数 $Q(t)$ 最大的最大值问题$(t \geqslant 0)$。

3. 模型求解

这是求二次函数最大值问题,用微分法容易得到

$$t=\frac{6r-40g-4}{rg} \tag{4.2.5}$$

当 $r=2$,$g=0.1$ 时,$t=20$,$Q(20)=80$,即 20 天后出售,每头猪可最多增加纯利润 80 元。

用 MATLAB 求解目标函数(4.2.4)的最大值,程序如下:

```
clear;clc;
syms  t;%定义符号变量  t
Q=sym['(12-g*t)*(80+r*t)-8*t-960']  %建立符号表达式
dQ=diff(Q,'t')  %求微分 dQ/dt
t=solve(dQ,t)  %求  dQ=0 的解  t
r=2;g=0.1;
t=eval(t)  %求  r=2,g=0.1 时的  t 值
```

Q＝eval(Q)　％求　r＝2,g＝0.1,t＝20 时的　Q 值(最大值)

三、供货优惠与进货的策略

生产经营者总会遇到供货优惠与进货策略的问题。销售者希望多卖货,提高营业收入,降低管理仓储等费用,采购方则希望获得优惠的采购价格,并得到及时供货而不用大量长期存储生产原料。仓储是经济活动中必不可少的重要一环,其能保证生产、消费相统一的再生产过程连续不断地进行。任何商品并不是存储得越多越好,大量的存储会出现积压,而且加重库存费用,但存储过少则会使商品脱销,影响社会再生产。在这"过多"与"过少"之间如何找出其平衡点?下面将要建立数学模型,分析解决这类问题的思路。

(一)问题的提出

东风化工厂每年生产所需的 12 000 吨化工原料一直都是由胜利集团以每吨 500元的价格分批提供的,每次去进货都要支付 400 元的手续费,而且原料进厂以后还要按每吨每月 5 元的价格支付仓储费。最近供货方胜利集团为了进一步开拓市场,提出了"一次性订货 600 吨或以上者,价格可以优惠 5％"的条件。那么,东风化工厂该不该接受这个条件呢?

这里所涉及的实际上是如下两个问题:

(1)东风化工厂原来使总费用最低进货批量是多少;

(2)在新优惠条件下,原来已经达到最低的总费用能不能继续降低。

(二)问题的分析与求解

为简化计,不妨设东风化工厂全年的生产过程是均匀的,于是第一个问题就可以转化为"最优经济批量问题"求解:

设化工厂每批购进原料 x 吨,则全年需采购$\dfrac{12\,000}{x}$次,从而付的手续费为

$$400\times\frac{12\,000}{x}=\frac{4\,800\,000}{x}(元)$$

另一方面,由于化工厂全年的生产过程是均匀的,根据一致性存储模型知"日平均存货量恰为批量的一半",即$\dfrac{x}{2}$吨,故全年的库存费为 $5\times\dfrac{x}{2}\times12=30x$(元)。于是可得该化工厂全年花在原料的总费用包括原料费、库存费与手续费三者之和 $C(x)$(元)为

$$C(x)=500\times12\,000+30x+\frac{4\,800\,000}{x}$$

令 $C'(x)=30-\dfrac{4\,800\,000}{x^2}=0$,可得唯一驻点 $x=400$。再由 $x<400$ 时 $C'(x)<0$

及 $x>400$ 时 $C'(x)>0$，知 $x=400$ 是极小值点也是最小值点，即当化工厂每批购进原料 400 吨时，可使全年原料的总费用最低。此时不难算得最低总费用为 602.4 万元，全年的采购次数为 30 次。

现在假如接受供货方的优惠条件，那就意味着批量由原来的 400 吨至少提高到 600 吨。如果就以 600 吨计算，则全年的采购次效变成了 20 次，平均库存量也变成了 30 吨，这样一来，原料费、库存费、手续费都会发生相应的变化。于是，全年花在原料的总费用变成

$$C=500\times12\ 000\times0.95+5\times300\times12+400\times20=5\ 726\ 000(元)$$

通过比较可知，只要库房容量允许，将每批进货量由 400 吨提高到 600 吨，全年就可以节约 602.4－572.6＝29.8 万元。因此供货商的优惠条件是应该接受的。

注意：由 $x>400$ 时 $C'(x)>0$ 可知当批量 $x>400$ 时，总费用函数 $C(x)$ 是单调增加的，既然已经算出 600 吨是优惠条件限制之下的最优批量数，因此不予考虑批量超过 600 吨的订货数。

四、建模知识与方法分析

（一）函数极值

设函数 $f(x)$ 在区间 (a,b) 内有定义，$x_0\in(a,b)$，如果在 x_0 的某一去心邻域内有 $f(x)<f(x_0)$，则称 $f(x_0)$ 是函数 $f(x)$ 的一个极大值；如果在 x_0 的某一去心邻域内有 $f(x)>f(x_0)$，则称 $f(x_0)$ 是函数 $f(x)$ 的一个极小值。

（二）确定极值点和极值的步骤

1. 求出导数 $f'(x)$。

2. 求出 $f(x)$ 的全部驻点和不可导点。

3. 列表判断[考查 $f'(x)$ 的符号在每个驻点和不可导点的左右邻近的情况，以便确定该点是不是极值点，如果是极值点，还要根据定理确定对应的函数值是极大值还是极小值]。

4. 确定出函数的所有极值点和极值。

（三）最大值、最小值问题

在工农业生产、工程技术及科学实验中常常会遇到在一定条件下怎样使"产品最多""用料最省""成本最低""效率最高"等问题，这类问题在数学上有时可归结为求某一函数（通常称为目标函数）的最大值或最小值问题。

（四）极值与最值的关系

设函数 $f(x)$ 在闭区间 $[a,b]$ 上连续，则函数的最大值和最小值一定存在。函数的

最大值和最小值有可能在区间的端点取得,如果最大值不在区间的端点取得,则必在开区间(a,b)内取得,在这种情况下,最大值一定是函数的极大值。因比,函数在闭区间$[a,b]$上的最大值一定是函数的所有极大值和函数在区间端点的函数值中最大者。同理,函数在闭区间$[a,b]$上的最小值一定是函数的所有极小值和函数在区间端点的函数值中最小者。

（五）最大值和最小值的求法

设$f(x)$在(a,b)内的驻点和不可导点（它们是可能的极值点）为$x_1,x_2,\cdots,x_n$,则比较$f(a),f(x_1),\cdots,f(x_n),f(b)$的大小,其中最大的便是函数$f(x)$在$[a,b]$上的最大值,最小的便是函数$f(x)$在$[a,b]$上的最小值。

例 求函数$f(x)=|x^2-3x+2|$在$[-3,4]$上的最大值与最小值。

解:先写成分段函数

$$f(x)=\begin{cases}x^2-3x+2,x\in[-3,1]\cup[2,4],\\-x^2+3x-2,x\in(1,2)\end{cases}$$

对x求导,得

$$f'(x)=\begin{cases}2x-3,x\in[-3,1]\cup[2,4],\\-2x+3,x\in(1,2)\end{cases}$$

在$(-3,4)$内,$f(x)$的驻点为$x=\dfrac{3}{2}$,不可导点为$x=1$和$x=2$。

由于$f(-3)=20,f(1)=0,f\left(\dfrac{3}{2}\right)=\dfrac{1}{4},f(2)=0,f(4)=6$,比较可得$f(x)$在$x=-3$处取得它在$[-3,4]$上的最大值20,在$x=1$和$x=2$处取得它在$[-3,4]$上的最小值0。

练习题

1. 某酒厂新酿白酒价值$R=100$万元,窖藏年的价值符合$100e^{\frac{2}{5}\sqrt{t}}$元,假设银行年利率维持2%不变,这批酒窖藏_____年售出能使总收入最大。

2. 对于生猪的出售时机问题,如果每天投入资金降为6元,则每头生猪在____天后出售,可获得最大纯利润,为_____元。

3. 若化工厂全年原料总费$C(x)$（元）可用函数表示为

$$C(x)=a+bx+\frac{c}{x},$$

则其驻点$x=$_____。

4. 从出售时机和进货策略问题中选择一个,按数学建模完整流程完成一篇小论文。

第三节　火箭发射问题

本节要点

为计算使火箭克服地球引力、无限远离地球时的初速度,首先给出火箭发动机做功的微元,然后用无穷积分计算理想状态下火箭发射到无穷远处所具有的势能总量,根据能量守恒定律,计算出火箭脱离地球引力应具有的初速度,即第一宇宙速度。

学习目标

※ 了解火箭发射的基本原理

※ 初步掌握积分在数学建模中的应用

※ 会用机理分析法给出功、位移等常见物理量的微元,构造数学模型并求解

学习指导

进一步学会用机理分析法建立函数模型,求解并尝试进行优化。

数学建模分析方法大体分为机理分析和测试分析两种,机理分析方法就是根据对客观事物特性的认识,找出反映内部机理的数量规律,建立的模型常有明确的物理或现实意义。例如下面与物理有关的问题,就需要用机理分析找出数量规律,从而建立数学模型。

一、火箭发射问题

望星空,浩瀚的宇宙苍穹给人以无限遐想,千百年来,人类一直向往能插上翅膀飞出地球,去探索宇宙的奥秘,李白的"俱怀逸兴壮思飞,欲上青天揽明月"是怎样的一种豪情? 星辰大海是人类的征途,可上九天揽月离不开火箭的发射。把火箭发射到太空深处有多难,首先看火箭发射问题。

（一）问题的提出

发射火箭需要计算克服地球引力所做的功,设火箭的质量为 m ,问将火箭垂直地向上发射到离地面高 H 时,需做多少功,并由此计算使火箭克服地球引力,无限远离地球的初速度至少多大。

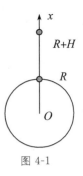

图 4-1

（二）问题分析

影响火箭发射的因素,除要克服地球引力外,还要克服空气阻力、地球自转与公转的影响,风雨等天气的影响,以及其他空间天体的引力等。为使问题简化,假设:

（ⅰ）火箭所受的力为地球的引力,空气阻力忽略不计;

（ⅱ）地球是固定于空间中的一个均匀球体,其质量集中于球心;

（ⅲ）其他天体对卫星的引力忽略不计。

（三）符号说明

地球半径为 R ,

地面重力加速度为 g ,

火箭的质量为 m ,

火箭发射的初速度为 v_0 ,

火箭与地心的距离为 x ,离地面高为 H , $x = R + H$,

发射火箭需要克服地球引力所做的功为 W 。

（四）数学建模

这个问题中,主要用到物理学的知识进行机理分析。火箭发射主要克服地球的万有引力,在火箭质量不变的情况下,万有引力 $F(x)$ 为距离 x 的连续可微函数,需要用微元法分析数量关系,考虑在无穷区间上的"积分"由万有引力定理,在距地心 x 处火箭受到的引力为

$$F(x) = \frac{mgR^2}{x^2} \qquad (4.3.1)$$

用(4.3.1)式的微元近似表示从 x 处到 $x + \Delta x$ 处火箭所受的引力,从而求得要使火箭从 x 处到 $x + \Delta x$ 处,需做的功近似为

$$\Delta W \approx dW = F(x)dx = \frac{mgR^2}{x^2}dx$$

火箭从地面上升到距离地心为 H 处需做的功为

$$W_H = \int_R^{R+H} mgR^2 \frac{1}{x^2}dx$$

$$= mgR^2\left(\frac{1}{R} - \frac{1}{R+H}\right)$$

此功是由火箭上的动能转化而来的,若火箭离开地面时的初速度为 v_0,当 $H \to +\infty$ 时,其极限 mgR 就是火箭无限远离地球需做的功。通常把此极限写作上限为 $+\infty$ 的积分:

$$W = \int_R^{+\infty} \frac{mgR^2}{x^2}\mathrm{d}x = \lim_{r\to +\infty}\int_R^r \frac{mgR^2}{x^2}\mathrm{d}x = mgR \tag{4.3.2}$$

再由能量守恒定律,可求得初速度 v_0 至少应使

$$\frac{1}{2}mv_0^2 = mgR$$

取地球表面的重力加速度 $g = 9.8 \times 10^{-3}\ \mathrm{km/s^2}$,地球半径为 $R = 6\,371\ \mathrm{km}$,解得

$$v_0 = \sqrt{2gR} \approx 11.2(\mathrm{km/s})$$

11.2 km/s 是火箭脱离地球引力范围最小的初速度,即第二宇宙速度。

(五)模型评价

火箭的简单模型是由一台发动机和一个燃料仓组成。而火箭—卫星系统的质量可分为三部分:有效负载,如卫星;燃料质量;结构质量,如外壳、燃料容器及推进器等。燃料燃烧产生大量气体从火箭末端喷出,给火箭一个向前的推力。火箭飞行要受地球引力、空气阻力、地球自转与公转等的影响,使火箭升空后做曲线运动。

地球对卫星的引力为 $F = \dfrac{mgR^2}{(R+H)^2}$,又由卫星所受引力也是它做圆周运动的向心力,所以又有 $F = \dfrac{mv^2}{R+H}$,故得出 $v = R\sqrt{\dfrac{g}{R+H}}$,由此可知,当 H 增大时,v 减小。

若记火箭在时刻 t 的质量和速度分别为 $m(t)$ 和 $v(t)$,由于火箭在运动过程中不断喷出气体,使其质量 $m(t)$ 不断减小,在 $(t, t+\Delta t)$ 内的减少量可表示为

$$\Delta m = m(t+\Delta t) - m(t)$$
$$\Delta v = v(t+\Delta t) - v(t)$$

由微分含义可知

$$m(t+\Delta t) - m(t) = \frac{\mathrm{d}m}{\mathrm{d}t}\Delta t + o(\Delta t)$$

$$v(t+\Delta t) - v(t) = \frac{\mathrm{d}v}{\mathrm{d}t}\Delta t + o(\Delta t)$$

即

$$m(t+\Delta t) = m(t) + \frac{\mathrm{d}m}{\mathrm{d}t}\Delta t + o(\Delta t)$$

$$v(t+\Delta t)=v(t)+\frac{\mathrm{d}v}{\mathrm{d}t}\Delta t+o(\Delta t)$$

则

$$m(t+\Delta t)v(t+\Delta t)=\left(m(t)+\frac{\mathrm{d}m}{\mathrm{d}t}\Delta t+o(\Delta t)\right)\left[v(t)+\frac{\mathrm{d}v}{\mathrm{d}t}\Delta t+o(\Delta t)\right]$$

上式右端展开整理,得

$$m(t+\Delta t)v(t+\Delta t)=m(t)v(t)+m(t)\frac{\mathrm{d}v}{\mathrm{d}t}\Delta t+v(t)\frac{\mathrm{d}m}{\mathrm{d}t}\Delta t+o(\Delta t)\quad(4.3.3)$$

火箭的速度依赖从尾端喷出气体的速度(相对火箭本身)。假设火箭发动机喷出气体的速度为常数 u,喷出的气体相对于地球的速度为 $v(t)-u$,则由动量守恒定律,有

$$m(t)v(t)=m(t+\Delta t)v(t+\Delta t)-\left[\frac{\mathrm{d}m}{\mathrm{d}t}\Delta t+o(\Delta t)\right]\cdot[v(t)-u]$$

或

$$m(t+\Delta t)v(t+\Delta t)=m(t)v(t)+\left[\frac{\mathrm{d}m}{\mathrm{d}t}\Delta t+o(\Delta t))\right]\cdot[v(t)-u]$$

上式右端展开整理,得

$$m(t+\Delta t)v(t+\Delta t)=m(t)v(t)+v(t)\frac{\mathrm{d}m}{\mathrm{d}t}\Delta t-u\frac{\mathrm{d}m}{\mathrm{d}t}\Delta t+o(\Delta t)\quad(4.3.4)$$

比较式(4.3.3)与式(4.3.4)右端,可得

$$m\frac{\mathrm{d}v}{\mathrm{d}t}=-u\frac{\mathrm{d}m}{\mathrm{d}t}$$

或

$$\frac{\mathrm{d}v}{\mathrm{d}m}=-\frac{u}{m}$$

记火箭初速度为 v_0,发射时质量为 m_0,因此解得

$$v(t)=v_0+u\ln\left(\frac{m_0}{m(t)}\right)\quad(4.3.5)$$

对于火箭—卫星系统的三部分质量,即载荷质量、燃料质量和火箭结构质量,分别用 m_p,m_F,m_S 表示。在单级火箭发射过程中,燃料质量是递减的,假设星箭分离时火箭燃料耗尽,火箭—卫星系统剩余质量为 m_p+m_S,此时火箭速度为

$$v(t)=v_0+u\ln\left(\frac{m_0}{m_p+m_S}\right)\quad(4.3.6)$$

在 v_0、m_0 一定的条件下,升空速度 $v(t)$ 由喷气速度(相对火箭)u 及质量比 $\dfrac{m_0}{m_p+m_S}$ 决定。这为提高火箭速度找到了方向:提高燃料喷速 u 值,等价于减少火箭

结构质量,降低质量比 $\dfrac{m_0}{m_p+m_S}$。由于载荷质量 m_p 固定,发射时质量为 m_0,则 $m_F+m_S=m_0-m_p$,记

$$\lambda=\frac{m_S}{m_S+m_F}$$

$$m_S=\lambda(m_S+m_F)=\lambda(m_0-m_p)$$

代入式(4.3.6),得

$$v=v_0+u\ln\frac{m_0}{\lambda m_0+(1-\lambda)m_p}$$

实际上,若 $v_0=0$,现有技术下,一般 $u\approx3\ \mathrm{km/s}$,λ 不小于 0.1,火箭末速度上限 $v<7\ \mathrm{km/s}$,达不到第一宇宙速度 $7.6\ \mathrm{km/s}$。因此,用一级火箭发射卫星,在目前技术条件下无法达到相应高度所需的速度。

假设发射的卫星质量为 1 千千克(即 1 吨),即取 $m_p=1\ 000\ \mathrm{kg}$,另取 $v=10.5\ \mathrm{km/s}$,$u\approx3\ \mathrm{km/s}$,$\lambda\approx0.1$,通过计算得到下表:

表 4-2   火箭级数与火箭的质量

火箭级数	2	3	4	5	...
火箭质量	149	77	65	60	...

从表中可以看出,发射同样重量的卫星,三级火箭系统要比二级火箭系统质量减少近一半,要比四级以上的火箭系统造价低,可靠性高。因此,目前采用三级火箭发射卫星,节省燃料且稳定可控,经济效益合理,是最好的方案。

二、排水问题

(一)问题的提出

圆柱形桶的内壁高为 h,内半径为 R,桶底有一半径为 r 的小孔如图 4-2。试问把盛满水的水桶底部小孔打开,需多长时间才能把桶里的水全部排完?

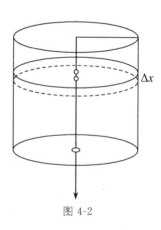

图 4-2

(二)问题分析

由物理学知识知道,在不计摩擦情况下,桶里水位高度为 $h-x$ 时,水从小孔里流出的速度为

$$v=\sqrt{2g(h-x)}$$

设在很短一段时间 Δt 内,桶里水面降低的高度为 Δx,则有如下关系:

$$\pi R^2 \Delta x = v\pi r^2 \Delta t$$

由此得

$$\Delta t = \frac{R^2}{r^2\sqrt{2g(h-x)}}\Delta x, x\in[0,h]$$

所以流完一桶水所需的时间应为

$$t_f = \int_0^h \frac{R^2}{r^2\sqrt{2g(h-x)}}\mathrm{d}x$$

但是,被积函数在$(0,h]$上是无界函数,实际计算应为

$$t_f = \lim_{u\to h^-}\int_0^u \frac{R^2}{r^2\sqrt{2g(h-x)}}\mathrm{d}x$$

$$= \lim_{u\to h^-}\sqrt{\frac{2}{g}}\frac{R^2}{r^2}(\sqrt{h}-\sqrt{h-u})$$

$$= \sqrt{\frac{2h}{g}}\frac{R^2}{r^2}$$

三、建模知识与方法分析

(一)微元法

微元法是分析、解决物理及数学等领域中问题的常用方法,也是从部分到整体的思维方法。"微元法"通俗地说就是把研究对象分为无限多个无限小的部分,取出有代表性的极小的一部分进行分析处理,再从局部到全体综合起来加以考虑的科学思维方法,在这种方法里充分体现了微积分的思想方法。用微元法可以使一些复杂的过程简单化,使所求的问题转化为用微积分解决。

在使用微元法处理问题时,需将其分解为众多微小的"元过程",而且每个"元过程"所遵循的规律是相同的,这样,我们只需分析这些"元过程",然后再将"元过程"进行必要的数学方法或物理思想处理,进而使问题求解。

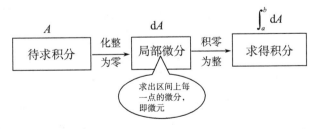

微元法的微元,一般要可加、有序、平权。

由于所取的"微元"最终必须参加叠加演算,所以对"微元"及相应的量应该具备可

加性特征,即可进行$\sum$求和。为了保证所取的"微元"在叠加域内能够较为方便地获得不遗漏、不重复的完整叠加,在选取"微元"时,要按照某种"序"取相应的"微元"。积分和的计算实际上是一种复杂的"加权叠加",如果对"权函数"按任意性求定积分,则计算会极为复杂,但如果"权函数"具备了某种"平权"特征,则会转化为简单形式的积分计算,比如在定义域内的值处处相等。

在微元法的计算中,常常用到换元技巧,将非线性转化为线性,将多元转化为一元,在直角坐标与极坐标之间进行变换等。例如,可将"时间元"与"空间元"相互代换,"体元""面元"与"线元"间的相互代换,"线元"与"角元"间的相互代换等。

（二）反常积分

在前面例子中,火箭无限远离地球需做的功 $W = \int_{R}^{+\infty} mgR^2 \frac{1}{x^2} \mathrm{d}x$,流完一桶水所需的时间应 $t_f = \int_{0}^{h} \frac{R^2}{r^2 \sqrt{2g(h-x)}} \mathrm{d}x$,都是反常积分,其计算方法通常是先求定积分,再求极限,就像

$$\int_{R}^{+\infty} mgR^2 \frac{1}{x^2} \mathrm{d}x = \lim_{H \to +\infty} \int_{R}^{H} mgR^2 \frac{1}{x^2} \mathrm{d}x$$

及

$$\int_{0}^{h} \frac{R^2}{r^2 \sqrt{2g(h-x)}} \mathrm{d}x = \lim_{u \to h^-} \int_{0}^{u} \frac{R^2}{r^2 \sqrt{2g(h-x)}} \mathrm{d}x$$

练习题

1. 天宫空间站目前总质量为 90 吨,为规避危险紧急变轨时,从离地面 x 处开始增加高度 Δx,需做的功近似为 $\Delta W =$ _____。

2. 登山队员从珠峰大本营（海拔 5 200 米）出发,携带 10 千克科学考察器材登上珠穆朗玛峰（海拔 8 848 米）山顶,需做多少功？

3. 根据排水问题建立的数学模型,计算在月球表面的同样一桶水全部排完需多长时间。

4. 建立数学模型,分析三级火箭系统发射卫星所需的燃料。

第四节　下雪时间的确定

本节要点

持续的降雪与扫雪进度之间存在等量关系,方程和积分成为建立数学模型的工具。

学习目标

※ 了解速度、时间等物理量积分的含义

※ 掌握建立积分模型的一般方法

※ 会用定积分表示累计的数量关系

学习指导

学会用微积分方法建立数学模型,进一步理解微元的含义。

一、雪是在什么时候开始下的

某地从上午开始下雪,均匀地下着,一直持续到天黑。从正午开始,一个扫雪队沿着公路清除前方的积雪,他们在前两个小时清扫了两千米长的路面,但是在其后的两个小时内只清扫了一千米长的路面。如果扫雪队在相等的时间内清除的雪量相等,试问雪是在什么时候开始下的呢?

从已知条件来看,显然扫雪队前进的速度是随着时间的推移越来越慢的,即前进的速率 v 可以看作时刻 t 的函数 $v=v(t)$。由积分的物理意义可知,对作变速运动的物体来说,运动的路程可以表示为速度的积分,因而,只要确定了前进的速率,根据已知条件,通过积分是不难列出方程求出下雪时间的。

假设扫雪队开始工作前已经下了 t_0 小时的雪,每小时降雪的厚度为 h 厘米,扫雪队每小时清除的雪量为 C(单位:厘米·千米),则单位时间清除的雪量 C 与午后 t 时刻积雪的厚度 $h(t+t_0)$ 之比所表示的就是 t 时刻前进的速率,即

$$v(t)=\frac{C}{h(t+t_0)}千米/小时$$

于是,由"前两个小时清扫了两千米长的路面"可得

$$\int_0^2 v(t)\,\mathrm{d}t = \int_0^2 \frac{C}{h(t+t_0)}\,\mathrm{d}t = 2$$

即

$$\frac{C}{h}\ln\frac{t_0+2}{t_0} = 2$$

由后两个小时清扫了一千米的路面,又可得

$$\int_2^4 v(t)\,\mathrm{d}t = \int_2^4 \frac{C}{h(t+t_0)}\,\mathrm{d}t = 1$$

即

$$\frac{C}{h}\ln\frac{t_0+4}{t_0+2} = 1$$

即

$$\frac{2+t_0}{t_0} = \frac{(4+t_0)^2}{(2+t_0)^2}$$

解之,得 $t_0 = -1 \pm \sqrt{5}$,舍去 $t_0 = -1-\sqrt{5}$,即得

$$t_0 = \sqrt{5}-1 \approx 1 \text{ 小时 } 14 \text{ 分 } 10 \text{ 秒}$$

故下雪开始的时间大约是上午 10 点 45 分 50 秒。

二、建模知识与方法分析

(一)定积分的微元分析法

用定积分计算的量一般具有如下两个特点:所求量(设为 F)与一个给定区间 $[a, b]$ 有关,且在这个区间上具有可加性,即 $F = \sum_{i=1}^{n} \Delta F_i$,所求量 F 在区间 $[a,b]$ 上的分布是不均匀的,且部分量 ΔF_i 的近似值可以表示为 $f(\xi_i)\Delta x_i$ 的形式。

微元法是化所求量 F 为定积分的一般思路和方法,可分为四个步骤:

第一步:将所求量 F 分为部分量之和,即 $F = \sum_{i=1}^{n} \Delta F_i$;

第二步:求出每个部分量的近似值 $\Delta F_i \approx f(\xi_i)\Delta x_i (i=1,2,\cdots,n)$;

第三步:写出整体量 F 的近似值 $F = \sum_{i=1}^{n} \Delta F_i \approx \sum_{i=1}^{n} f(\xi_i)\Delta x_i$;

第四步:取 $\lambda = \max\{\Delta x_i\} \to 0$ 时的极限,则得

$$F = \lim_{\lambda \to 0}\sum_{i=1}^{n} \Delta F_i \approx \sum_{i=1}^{n} f(\xi_i)\Delta x_i = \int_a^b f(x)\,\mathrm{d}x$$

其中第二步是最关键的。

也可将上述四步步骤简化为实用的两步:

(1) 在区间 $[a,b]$ 上任取一个微小区间 $[x, x+\mathrm{d}x]$,然后写出这个区间上的部分量

ΔF 的近似值,记为 $\mathrm{d}F = f(x)\mathrm{d}x$(称为 F 的微元);

(2) 将微元 $\mathrm{d}F$ 在区间 $[a,b]$ 上积分(无限累加),即得 $F = \int_a^b f(x)\mathrm{d}x$。

上述两步解决问题的方法称为微元法。

微元法的关键是准确写出微元表达式 $\mathrm{d}F = f(x)\mathrm{d}x$。

(二) 应用与推广

本节例子采用的微元分析法及根据已知条件列方程组的方法,也可以用来求解其他类似的问题。

练习题

1. 降雪时常用扫雪车负责清除路面积雪,当路面积雪厚度达到 10 厘米时,扫雪车开始工作。扫雪车单位时间清除的雪量是固定的,路面雪的厚度在不断增加,扫雪车的前进速度会不断降低。如果降雪的速度维持 h 厘米/时不变,扫雪车每小时清除的雪量为 C,则扫雪车前进的速度 v 是时刻 t 的减函数,则 $v =$ _____。

2. 设某个事物的变化是时间 t 的函数,在一段时间 $[a,b]$ 内满足函数关系 $f(t)$,$f(t)$ 是初等函数,则在 t 时刻的改变率为 _____,在时间 $[a,b]$ 内总的改变量是 _____。

3. 现有一条 10 千米长的公路,由一辆扫雪车负责清除。在无雪的路上扫雪车的行驶速度为 36 千米/时。当降雪持续时,路面积雪的厚度在不断增加,扫雪车的速度会不断降低。如果降雪速度是 1 厘米/分,问扫雪车将整条公路积雪清除一次需要多长时间?

4. 如果扫雪车能清除的最大积雪厚度为 100 厘米,请建立数学模型,分析降雪速度不超过多少时,该扫雪车能持续工作。

第五节 空调销售量的预测

本节要点

价格是销售量的函数,成本包含固定成本和变动成本两类,变动成本是产量的函数,价格与产销量决定了收益。边际函数反映了某个经济变量随另一个或几个经济变量变化的快慢程度。

学习目标

※ 了解边际函数的含义
※ 掌握价格、产销量等经济变量在边际函数中的关系
※ 会用边际函数解释简单的经济活动

学习指导

销售函效、成本函数和利润函数的导数,就是相应的边际函数,反映了经济变量变化的快慢程度。

一、销量预测

某家电商场经营两种品牌的空调,销售图表显示,当 A 品牌空调每台定价 x(千元),B 品牌空调每台定价 y(千元)时,A 品牌空调的销售量(台)为 $Q(x,y)=120-22x^2+16y$。

假若现在是 2 月份,在未来的几个月内,随着气温的逐渐升高,两种空调的销售价格都呈上升趋势,预计从现在起的第 t 个月,A 品牌空调的销售价格(千元/台)为 $x=1.8+0.05t$,$(t=0,1,2,\cdots,6)$,B 品牌空调的销售价格(千元/台)为 $y=1.75+0.1\sqrt{t}$。

现在,就让我们根据以上所提供的信息,利用边际函数帮助商场预测一下 7 月份 A 品牌空调的销售量是增加还是减少。

边际销售函数 $t=t_0$(月)处的导函数 $Q'(t_0)$ 近似表示第 t_0+1(月)增加的销售量,由于现在是 2 月份,而 7 月份是从现在起的第 5 个月,因此我们只要求出 $Q'(4)$ 即

可。由

$$\frac{\mathrm{d}Q}{\mathrm{d}t} = \frac{\partial Q}{\partial x} \cdot \frac{\mathrm{d}x}{\mathrm{d}t} + \frac{\partial Q}{\partial y} \cdot \frac{\mathrm{d}y}{\mathrm{d}t}$$

$$= -44x \times 0.05 + 16 \times \frac{0.1}{2\sqrt{t}}$$

及 $x|_{t=4} = 2$，可得

$$\frac{\mathrm{d}Q}{\mathrm{d}t}\Big|_{t=4} = -4$$

上述结果表明，7 月份 A 品牌空调的销售量比 6 月份大约减少 4 台，造成 A 品牌空调的销售量不但没能增加反而减少的原因，主要是 B 品牌空调价格上调的幅度相对偏小的缘故。因为到了 7 月份，A 品牌空调的销售价格已经上调为 $x(5)$（千元）：

$$x(5) = 1.8 + 0.05 \times 5 = 2.05$$

而 B 品牌空调的销售价格仅为 $y(5)$（千元）：

$$y(5) = 1.75 + 0.1\sqrt{5} \approx 1.974$$

一般来说，在品牌知名度、质量以及售后服务水平相差无几的情况下，较高的价格往往难以激起消费者的购买欲望。

二、建模知识与方法分析

（一）复合函数的导数

二元复合函数的中间变量均为一元函数的情形：

如果函数 $u = \varphi(t)$ 及 $v = \psi(t)$ 都在点 t 可导，函数 $z = f(u, v)$ 在对应点 (u, v) 具有连续偏导数，则复合函数 $z = f[\varphi(t), \psi(t)]$ 在点 t 可导，且有

$$\frac{\mathrm{d}z}{\mathrm{d}t} = \frac{\partial z}{\partial u} \cdot \frac{\partial u}{\partial t} + \frac{\partial z}{\partial v} \cdot \frac{\partial v}{\partial t}$$

（二）边际函数

经济学中，把函数 $f(x)$ 的导函数称为 $f(x)$ 的边际函数。在工程、技术、国防、医学、环保和经济管理等许多领域都有十分广泛的应用。在经济学中，生产 x 件产品的成本称为成本函数，记为 $C(x)$，出售 x 件产品的收益称为收益函数，记为 $R(x)$，$R(x) - C(x)$ 称为利润函数，记为 $P(x)$。相应地，它们的导数 $C'(x)$，$R'(x)$ 和 $P'(x)$ 分别称为边际成本函数、边际收益函数和边际利润函数。

（三）应用与推广

根据需求函数和价格函数作商品的需求预测，可以帮助经营者做出正确的决策。

练习题

1. 某商家为提高市场占有率,将某空调的价格从 3 000 元/台降到 2 500 元/台,相应的需求量从 3 000 台增到 5 000 台。若需求函数为二次函数,求需求量 y(台)关于价格 x(元)的函数解析式。

2. 某种产品的总成本 y(万元)与产量 x(万件)之间的函数关系式为

$$y = 100 + 4x - 0.2x^2 + 0.01x^3,$$

求生产 10(万件)时的平均成本和边际成本,并从降低成本的角度分析,是否应该继续提高产量。

3. 设某工厂生产一种产品的边际产量为时间 t(小时)的函数,已知

$$f(x) = 200 + 14t - 0.3t^2$$

求从 $t = 0$ 到 $t = 3$ 这 3 个小时的总产量。

4. 某化工厂生产塑料原料的日产量是 200 千克,总成本(元)和总收入(元)关于日产量 x(千克)的函数分别为

$$C(x) = 100 + 2x + 0.02x^2 \quad 与 \quad R(x) = 7x + 0.01x^2。$$

(1)求每日利润和此时边际利润;

(2)求边际利润函数;

(3)如果日产量增加到 300 千克,求边际利润。

第六节　衣物漂洗的策略

本节要点

每次漂洗的用水量和漂洗次数是洗衣过程的关键因素,用函数表示衣物残存污水中的污物含量与漂洗次数、用水量的关系,用条件极值问题的方法得到最佳的洗衣选择。

学习目标

※ 了解洗衣用水量、漂洗次数与洗净程度的关系

※ 掌握函数条件极值的求法

※ 会用拉格朗日函数求解函数模型的最优解

学习指导

会表示衣物残存污水中的污物含量,会用拉格朗日函数求洗衣模型的最优解。

一、衣物漂洗的策略

（一）问题提出

洗衣服,无论是机洗还是手洗,漂洗是一个必不可少的过程,每一次漂洗都要耗费时间和水电等资源,而且要重复进行多次。那么,在漂洗的次数与水量一定的情况下,如何控制每次漂洗的用水量,才能使衣物洗得最干净?

（二）模型假设

首先对合理洗衣过程和相关因素,做出下面的假设:

（1）经过洗涤,衣物上的污物已经全部溶解（或混合）在水中;

（2）不论是洗涤还是漂洗,脱水后衣物中仍残存一个单位的少量污水;

（3）漂洗前衣物残存的污水中污物含量为 a;

（4）漂洗共进行 n 次,每次漂洗的用水量为 $x_i(i=1,2,3,\cdots,n)$;

（5）漂洗的总水量为 A。

（三）模型建立

由于每次漂洗后残存的污水均为一个单位，因此其污物的浓度即为污物的含量，于是，我们可以计算出：

第一次漂洗后，残存污水中的污物含量为

$$a \cdot \frac{1}{1+x_1} = \frac{a}{1+x_1}$$

第二次漂洗后，残存污水中的污物含量为

$$\frac{a}{1+x_1} \cdot \frac{1}{1+x_2} = \frac{a}{(1+x_1)(1+x_2)}$$

第 n 次漂洗后，残存污水中的污物含量为

$$\frac{a}{(1+x_1)(1+x_2)\cdots(1+x_n)}$$

显然，只要 n 次漂洗后残存污水中的污物含量达到最低，就能使衣物洗得最干净。于是，问题转化为在条件

$$x_1+x_2+\cdots+x_n=A$$

的约束下，求函数

$$F=(x_1,x_2,\cdots,x_n)=\frac{a}{(1+x_1)(1+x_2)\cdots(1+x_n)}$$

的最小值，亦即函数

$$f(x_1,x_2,\cdots,x_n)=(1+x_1)(1+x_2)\cdots(1+x_n)$$

的最大值问题。为此，设拉格朗日函数为

$$L(x_1,x_2,\cdots,x_n,\lambda)=(1+x_1)(1+x_2)\cdots(1+x_n)+\lambda(x_1+x_2+\cdots+x_n-A)$$

令

$$\begin{cases} L'_{x_1}(x_1,x_2,\cdots,x_n,\lambda)=(1+x_2)(1+x_3)\cdots(1+x_n)+\lambda=0, \\ L'_{x_2}(x_1,x_2,\cdots,x_n,\lambda)=(1+x_1)(1+x_3)\cdots(1+x_n)+\lambda=0, \\ \cdots\cdots \\ L'_{x_n}(x_1,x_2,\cdots,x_n,\lambda)=(1+x_1)(1+x_2)\cdots(1+x_{n-1})+\lambda=0, \\ x_1+x_2+\cdots+x_n=A \end{cases}$$

可得 $x_1=x_2=\cdots=x_n=\dfrac{A}{n}$

由问题的实际意义可知，函数 $F(x_1,x_2,\cdots,x_n)$ 的最小值是存在的，故

$$x_1=x_2=\cdots=x_n=\frac{A}{n}$$

即为所求最值点。

一般说来,漂洗的轮次可以根据总水量的多少来确定,但在水量一定的条件下,不论漂洗多少次,平均分配每个轮次的用水量永远是最佳的选择。

二、建模知识与方法分析

(一)建模方法

求函数 $z=f(x,y)$ 在条件 $\varphi(x,y)=0$ 限制下的极值,按以下方法进行。

先构造辅助函数

$$L=L(x,y,\lambda)=f(x,y)+\lambda\varphi(x,y)$$

称为拉格朗日函数,其中 λ 称为拉格朗日乘数。

然后按无条件极值问题的必要条件,求 $L(x,y,\lambda)$ 的可能极值点,即由方程组

$$\begin{cases} \dfrac{\partial L}{\partial x}=f_x+\lambda\varphi_x=0, \\[2mm] \dfrac{\partial L}{\partial y}=f_y+\lambda\varphi_y=0, \\[2mm] \dfrac{\partial L}{\partial \lambda}=\varphi(x,y)=0 \end{cases}$$

解出 x,y,λ,则(x,y)是可能极值点。

至于这个点是否为极值点,往往由实际问题本身所具有的特性来确定。若某一问题确有极值,而且求出的又只有一个可能极值点,则这一点就是要求的极值点。

例　某工厂生产两种商品的日产量分别为 x 和 y(单位:件),总成本(单位:元)由函数 $C(x,y)=6x^2-xy+19y^2$ 所确定,商品的限额为 $x+y=56$,求最小成本。

解:约束条件为 $\varphi(x,y)=x+y-56=0$,

设拉格朗日函数 $L=L(x,y,\lambda)=6x^2-xy+19y^2+\lambda(x+y-56)$,

解方程组

$$\begin{cases} \dfrac{\partial L}{\partial x}=f_x+\lambda\varphi_x=0, \\[2mm] \dfrac{\partial L}{\partial y}=f_y+\lambda\varphi_y=0, \\[2mm] \dfrac{\partial L}{\partial \lambda}=\varphi(x,y)=0 \end{cases}$$

可得唯一驻点$(42,14)$,由问题本身性质知最小成本为 $L(42,14)=13\ 720$(元)。

(二)应用与推广

本问题的结论可以应用于洗衣机制造业和印染厂生产过程的水量控制。

在已知备选方案中各种产品的单位贡献边际和单位产品资源消耗额(如材料消耗

定额,工时定额)的条件下,可按下式计算单位资源所能创造的贡献边际指标,并以此作为决策评价指标:

$$单位资源贡献边际 = \frac{单位贡献边际}{单位产品资源消耗定额}。$$

练习题

1. 某件衣物经过洗涤,衣物上的污物已经全部溶解(或混合)在水中,但脱水后衣物中仍残存少量污水。如果每次漂洗用水 3 千克,脱水后衣物残存的污水含量为 270克,要使衣物残存污物不超过未洗涤前的万分之一,则至少需要漂洗几次?

2. 如果每次脱水后衣物残存的污水含量为 270 克,衣物经过 3 次漂洗后要使残存污物不超过未洗涤前的万分之一,则每次漂洗至少需要用水几千克?

3. 设函数 $z = f(x, y)$ 的自变量满足约束条件 $\Phi(x, y) = 0$,求其拉格朗日函数。

本章小结

1. 知识结构

运用微积分知识,人们建立了许多数学模型,并解决了许多重大问题。例如,17 世纪伟大的科学家牛顿在研究物理问题的过程中发明了微积分,又在开普勒三定律的基础上运用微积分,成功地推导出了著名的力学定律——万有引力定律,这一创造性的成就可以看作历史上著名的数学模型之一。微积分模型也被广泛用在描述生产量、劳动力、投资之间变化规律的生产函数,商品销售的价格、销量的销售函数等经济社会问题。

通过本章内容的学习,认识了金融经济活动中,资金的时间价值,会用微分表示价格弹性、需求弹性等;在火箭发射问题、扫雪问题中,学会表示速度微元、功微元等物理量。发现在研究事物变化时,微元既可以表示经济变量变化的快慢程度,也可以表示生活中洗衣污物减少的量。微积分是分析、解决实际问题的有效工具,其知识的建构也能培养应用数学并以数学眼光看待事物的意识与能力。微元作为构建微积分的基础概念,对于导数概念的构建、极值的求解又极为重要。极值本身就与数学建模的优化思想密切相关。

在高等数学解决极值问题的时候,思路往往就是借助定理公式来完成。但在实际问题中,这样的情形是很难出现的,这个时候就需要自己确定一些条件来求极值,而在此过程中,数学建模就起着重要的作用。

2. 课题作业

数学建模的过程,通常遵循四个步骤:合理分析,建立模型,分析模型,解释验证。合理分析是对实际事物的建模要素的提取,所谓合理,即要从数学逻辑的角度分析研究对象中存在的逻辑联系,所谓分析即将无关因素去除;建立模型实际上是一个数学抽象的过程,将实际事物对象抽象成数学对象,用数学模型去描述实际事物,将实际问题中的关系转换成数学上的条件与待求问题;在此根底上利用数学知识去求解;解释验证更多的是根据结果来判断模型的合理程度。利用数学建模的思路去求解现实问题,往往受建立模型过程中考虑因素是否全面,以及数学工具的运用是否合理等因素影响,极有可能出现数学模型不够准确的情形。这个时候,解释验证就是极为重要的一个步骤,而如果模型不恰当,那么需要重走这四个步骤,于是数学模型的建立就成为一个类似于课题研究的过程,这对于提高创新实践能力来说,是一个非常必要的过程。对于本章的例子,例如下雪时间问题,如果扫雪或下雪不是连续或常量的,即根据实际情况改变条件或假设,可以尝试建立新的数学模型解决问题。

参考文献

[1] 雷功炎.数学模型讲义[M].北京:北京大学出版社,1999.

[2] 万福永等.数学实验教程[M].北京:科学出版社,2006.

[3] 杨桂元.数学模型应用实例[M].合肥:合肥工业大学出版社,2007.

[4] 张从军,孙春燕,陈美霞.经济应用模型[M].上海:复旦大学出版社,2008.

[5] 姜启源等.数学模型[M].北京:高等教育出版社,2011.

[6] 杨东方,黄新民.数学模型在经济学的应用及研究[M].北京:海洋出版社,2018.

第五章

线性代数模型

本章导学

线性代数问题是主要研究线性方程组和矩阵关系的代数内容,而生活中的许多问题都可以转化为线性方程组问题或者是矩阵的形式。

例如,在 ABO 血型的人群之中,对各种群体的基因的频率进行了研究。假设我们用 A、B、AB、O 来表示这四种基因型,研究得到的数据如下表:

基因型	爱斯基摩人 f_{1i}	班图人 f_{2i}	英国人 f_{3i}	朝鲜人 f_{4i}
A	0.677 0	0.690 0	0.660 2	0.572 3
B	0.291 4	0.103 4	0.209 0	0.220 8
AB	0.000 0	0.086 6	0.061 2	0.206 9
O	0.031 6	0.120 0	0.069 6	0.000 0
合计	1.000 0	1.000 0	1.000 0	1.000 0

这就可以用矩阵来表示这些频率。

在生活中有些复杂问题,往往给人以变幻莫测的感觉,难以掌握其中的奥妙。当我们把思维扩展到线性空间,利用线性代数的基本知识建立模型,就可以掌握事物的内在规律,预测其发展趋势。

线性代数在数学、物理学和技术学科中有各种重要应用,因而它在各种代数分支中占居首要地位。在计算机广泛应用的今天,计算机图形学、计算机辅助设计、密码学、虚拟现实等技术无不以线性代数为其理论和算法基础的一部分。随着科学的发展,我们不仅要研究单个变量之间的关系,还要进一步研究多个变量之间的关系,各种实际问题在大多数情况下可以线性化,而由于计算机的发展,线性化了的问题又可以被计算出来,线性代数正是解决这些问题的有力工具。

第一节 　邻接矩阵

本节要点

　　本节主要学习邻接矩阵的建立和利用邻接矩阵解决胜负关系问题,旨在让学生学习将关系图转化为矩阵解决问题的方法。

学习目标

　　※ 掌握邻接矩阵的性质

　　※ 学会把关系图转化为邻接矩阵

　　※ 会利用邻接矩阵解决胜负关系问题

学习指导

　　邻接矩阵是数学分支中的图论知识,该问题把关系图转化为邻接矩阵,从而利用矩阵的性质和运算,求解图的相关问题。

一、问题提出

例1 　循环比赛名次的确定

若有 5 个球队进行单循环赛,已知它们的比赛结果为:

1 队胜 2,3 队;2 队胜 3,4,5 队;4 队胜 1,3,5 队;5 队胜 1,3 队。

按获胜的次数排名次,若两队获胜的次数相同,则按直接胜与间接胜的次数之和排名次。所谓间接胜,即若 1 队胜 2 队,2 队胜 3 队,则称 1 队间接胜 3 队。试为这五个队排名次。

按照上述排名次的原则,不难排出 2 队为冠军,4 队为亚军,1 队第三名,5 队第四名,3 队垫底。问题是,如果参加比赛的队数比较多,应该如何解决这个问题? 有没有解决这类问题的一般方法? 下面探索用邻接矩阵方法来解决这个问题。

二、邻接矩阵

（一）邻接矩阵的概念及特点

邻接矩阵（Adjacency Matrix）是表示顶点之间相邻关系的矩阵。设 $G=(V,E)$ 是一个图，其中 $V=\{v^1,v^2,\cdots,v^n\}$，G 的邻接矩阵是一个具有下列性质的 n 阶方阵。

无向图的邻接矩阵一定是对称的，而有向图的邻接矩阵不一定对称。因此，用邻接矩阵来表示一个具有 n 个顶点的有向图时需要 n^2 个单元来存储邻接矩阵。对有 n 个顶点的无向图则只存入上（下）三角阵中剔除了左上（右下）对角线上的 0 元素后剩余的元素，故只需 $1+2+\cdots+(n-1)=\dfrac{n(n-1)}{2}$ 个单元。

无向图邻接矩阵的第 i 行（或第 i 列）非零元素的个数正好是第 i 个顶点的度。有向图邻接矩阵中第 i 行非零元素的个数为第 i 个顶点的出度，第 i 列非零元素的个数为第 i 个顶点的入度，第 i 个顶点的度为第 i 行与第 i 列非零元素个数之和。

用邻接矩阵表示图，很容易确定图中任意两个顶点是否有边相连。

为了更好地了解邻接矩阵的性质，我们以教育实验过程中实验者对变量的控制为例进行讨论。实验过程本身就是一个系统，它包含有实验者（S_1）、实验对象（S_2）、实验因素（自变量 S_3）、干扰因素（S_4）和实验反应（因变量 S_5）等 5 个基本要素。这 5 个因素之间的关系可以用有向图和邻接矩阵（图 5-1）表示。

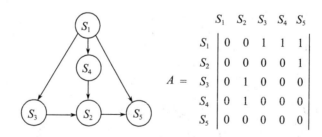

图 5-1　有向图和邻接矩阵

（二）邻接矩阵的性质及应用

定理 5.1　邻接矩阵的性质定理

邻接矩阵描述了系统各要素之间直接关系，它具有如下性质：

1. 邻接矩阵和有向图是同一系统结构的两种不同表达形式。矩阵与图一一对应，有向图形确定，邻接矩阵也就唯一确定。反之，邻接矩阵确定，有向图形也就唯一确定。

2. 邻接矩阵的矩阵元素只能是 1 和 0，它属于布尔矩阵。布尔矩阵的运算主要有

逻辑和运算以及逻辑乘运算,即

$$0+0=0 \quad 0+1=1 \quad 1+1=1$$
$$1 \times 0=0 \quad 0 \times 1=1 \quad 1 \times 1=1$$

3. 在邻接矩阵中,如果第 j 列元素全部都为 0,则这一列所对应的要素均可确定为该系统的输入端。例如,上述矩阵 A 中,对应 S_1 列全部为 0,要素 S_1 可确定为系统的输入端。

4. 在邻接矩阵中,如果第 i 行元素全部都为 0,则这一行所对应的要素 S_i 可确定为该系统的输出端。例如,上述矩阵 A 中,对应 S_5 行全部为 0,要素 S_5 可确定为系统的输出端。

5. 计算 A^k,如果 A 矩阵元素中出现 $a_{ij}=1$,则表明从系统要素 S_i 出发,经过 k 条边可达到系统要素 S_j。这时我们说系统要素 S_i 与 S_j 之间存在长度为 k 的通道。

对于前面例1,可以用邻接矩阵 M 来表示各队直接胜的情况:$M=(m_{ij})_{5 \times 5}$,若第 i 队胜第 j 队,则 $m_{ij}=1$,否则 $m_{ij}=0(i,j=1,2,3,4,5)$。由此可得

$$M=\begin{pmatrix} 0 & 1 & 1 & 0 & 0 \\ 0 & 0 & 1 & 1 & 1 \\ 0 & 0 & 0 & 0 & 0 \\ 1 & 0 & 1 & 0 & 1 \\ 1 & 0 & 1 & 0 & 0 \end{pmatrix}$$

$$M^2=\begin{pmatrix} 0 & 1 & 1 & 0 & 0 \\ 0 & 0 & 1 & 1 & 1 \\ 0 & 0 & 0 & 0 & 0 \\ 1 & 0 & 1 & 0 & 1 \\ 1 & 0 & 1 & 0 & 0 \end{pmatrix} \begin{pmatrix} 0 & 1 & 1 & 0 & 0 \\ 0 & 0 & 1 & 1 & 1 \\ 0 & 0 & 0 & 0 & 0 \\ 1 & 0 & 1 & 0 & 1 \\ 1 & 0 & 1 & 0 & 0 \end{pmatrix} = \begin{pmatrix} 0 & 0 & 1 & 1 & 1 \\ 2 & 0 & 2 & 0 & 1 \\ 0 & 0 & 0 & 0 & 0 \\ 1 & 1 & 2 & 0 & 0 \\ 0 & 1 & 1 & 0 & 0 \end{pmatrix}$$

M 中各行元素之和分别为各队直接胜的次数,M^2 中各行元素之和分别为各队间接胜的次数。那么

$$M+M^2=\begin{pmatrix} 0 & 1 & 2 & 1 & 1 \\ 2 & 0 & 3 & 1 & 2 \\ 0 & 0 & 0 & 0 & 0 \\ 2 & 1 & 3 & 0 & 1 \\ 1 & 1 & 2 & 0 & 0 \end{pmatrix}$$

各行元素之和分别为 $5,8,0,7,4$,就是各队直接胜与间接胜的次数之和。由此可

得:比赛的名次依次为 2 队、4 队、1 队、5 队、3 队。如果参赛的队数很多,用这种方法计算会很复杂,甚至还无法得出确定的结论,根据非负矩阵的最大特征值与其对应的特征向量的性质,来确定排序问题。根据 MATLAB 中的命令

$$M = [0,1,1,0,0;0,0,1,1,1;0,0,0,0,0;1,0,1,0,1;1,0,1,0,0]$$
$$= [X,Q] = eig(M)$$

可以求得 M 的最大特征值 $\lambda = 1.395\ 3$,对应的经过归一化的特征向量为 $W = (0.230\ 3,0.321\ 3,0,0.283\ 3,0.165\ 0)^T$,将这个特征向量的各个分量按照从大到小的顺序排序,所以 5 个球队按照名次的排序依次为 2 队、4 队、1 队、5 队、3 队。

例 2 不同地点(城市)之间的交通问题

矩阵的运算还可以表示不同地点(城市)的通达情况。在国际象棋里,马在棋盘上是走"L"步的,它可以水平走 2 格,垂直走 1 格,或者垂直走 2 格,水平走 1 格。假设马被限制在以下 9 个编号的格子里:

1	2	3
4	5	6
7	8	9

马可以从第 i 格走到第 j 格中去,则 $m_{ij} = 1$,否则 $m_{ij} = 0(i,j = 1,2,3,4,5,6,7,8,9)$。

由于马既可前进,又可后退,则 M 是对称矩阵。所以

$$M = \begin{pmatrix} 0 & 0 & 0 & 0 & 0 & 1 & 0 & 1 & 0 \\ 0 & 0 & 0 & 0 & 0 & 0 & 1 & 0 & 1 \\ 0 & 0 & 0 & 1 & 0 & 0 & 0 & 1 & 0 \\ 0 & 0 & 1 & 0 & 0 & 0 & 0 & 0 & 1 \\ 0 & 0 & 0 & 0 & 0 & 0 & 0 & 0 & 0 \\ 1 & 0 & 0 & 0 & 0 & 0 & 1 & 0 & 0 \\ 0 & 1 & 0 & 0 & 0 & 1 & 0 & 0 & 0 \\ 1 & 0 & 1 & 0 & 0 & 0 & 0 & 0 & 0 \\ 0 & 1 & 0 & 1 & 0 & 0 & 0 & 0 & 0 \end{pmatrix}$$

则 M^2 表示马可经 2 步间接到达的情况,M^3 表示马可经 3 步间接到达的情况……则 $M + M^2 + M^3 + \cdots + M^k$ 表示马在 k 步可以直接和间接到达的情况,其中位于第 i 行第 j 列的数字表示在 k 步内马可以从第 i 格到第 j 格的不同(直接和间接)走法。经计算

$$M+M^2+M^3=\begin{pmatrix}2&1&1&1&0&4&1&4&0\\1&2&1&1&0&1&4&0&4\\1&1&2&4&0&1&0&4&1\\1&1&4&2&0&0&1&1&4\\0&0&0&0&0&0&0&0&0\\4&1&1&0&0&2&4&1&1\\1&4&0&1&0&4&2&1&1\\4&0&4&1&0&1&1&2&1\\0&4&1&4&0&1&1&1&2\end{pmatrix}$$

这说明,在 3 步内,除了格子 5 之外,还有格子之间不可互相达到。但是

$$M+M^2+M^3+M^4=\begin{pmatrix}8&1&5&1&0&4&5&4&2\\1&8&1&5&0&5&4&2&4\\5&1&8&4&0&1&2&4&5\\1&5&4&8&0&2&1&5&4\\0&0&0&0&0&0&0&0&0\\4&5&1&2&0&8&4&5&1\\5&4&2&1&0&4&8&1&5\\4&2&4&5&0&5&1&8&1\\2&4&5&4&0&1&5&1&8\end{pmatrix}$$

这说明,在 4 步内,除了格子 5 之外,其余格子均可互相达到,对应的数字为达到的通路数目。由于 M 与 M^4 中第 5 行与第 5 列的元素全为零,再计算下去,M^5 中第 5 行与第 5 列的元素也全为零,因此格子 5 与其他格子不能通达。其实,由 M 中第 5 行与第 5 列的元素全为零,可以推得对任意整数 $k\geqslant 0$,都有 M^k 中第 5 行与第 5 列的元素全为零,格子 5 与其他格子不能通达。因此,这种方法也可以用来研究一般交通路线的通达情况。

例 3 若有 5 个垒球队进行单循环比赛,其结果是:1 队胜 3,4 队;2 队胜 1,3,5 队;3 队胜 4 队;4 队胜 2 队;5 队胜 1,3,4 队。按直接胜与间接胜次数之和排名次。

用以表示各个队直接胜和间接胜的情况的邻接矩阵分别为

$$M=\begin{pmatrix}0&0&1&1&0\\1&0&1&0&1\\0&0&0&1&0\\0&1&0&0&0\\1&0&1&1&0\end{pmatrix},M^2=\begin{pmatrix}0&1&0&1&0\\1&0&2&3&0\\0&1&0&0&0\\1&0&1&0&1\\0&1&1&2&0\end{pmatrix}$$

那么

$$M+M^2=\begin{pmatrix} 0 & 1 & 1 & 2 & 0 \\ 2 & 0 & 3 & 3 & 1 \\ 0 & 1 & 0 & 1 & 0 \\ 1 & 1 & 1 & 0 & 1 \\ 1 & 1 & 2 & 3 & 0 \end{pmatrix}$$

各行元素之和分别为 $4,9,2,4,7$,所以各队的名次为:第一名是 2 队,第二名是 5 队,第三名是 1,4 队,第五名是 3 队。

1 队和 4 队无法确定顺序,是否一定并列呢? 还要再计算 $M^3,M^4,\cdots$

用 MATLAB 计算

$$M=[0,1,1,0,0;1,0,1,0,1;0,0,0,1,0;0,1,0,0,0;1,0,1,1,0]$$
$$=[X,Q]=eig(M)$$

可以求得 M 的最大特征值 $\lambda=1.7194$,对应的经过归一化的特征向量为 $W=(0.1621,0.3029,0.1025,0.1762,0.21)^T$,所以各队的名次为:第一名 2 队,第二名 5 队,第三名 4 队,第四名 1 队,第五名 3 队,1 队与 4 队不是并列。这样排序才是最准确的。

三、数学建模方法分析

如上述矩阵

$$A^2=\begin{pmatrix} 0 & 1 & 0 & 0 & 0 \\ 0 & 0 & 0 & 0 & 0 \\ 0 & 0 & 0 & 0 & 1 \\ 0 & 0 & 0 & 0 & 1 \\ 0 & 0 & 0 & 0 & 0 \end{pmatrix}$$

矩阵 A^2 表明从系统要素 S_1 出发经过长度为 2 的通道分别到达系统要素 S_2 和 S_5。同时,系统要素 S_3 和 S_4 也分别有长度为 2 的通道到达系统要素 S_5,它们分别为 ①→④→②,①→③→⑤,③→④→⑤,④→③→⑤。

计算出矩阵 A^3 得到

$$A^3=\begin{pmatrix} 0 & 0 & 0 & 0 & 1 \\ 0 & 0 & 0 & 0 & 0 \\ 0 & 0 & 0 & 0 & 0 \\ 0 & 0 & 0 & 0 & 0 \\ 0 & 0 & 0 & 0 & 0 \end{pmatrix}$$

$$A^4 = \begin{pmatrix} 0 & 0 & 0 & 0 & 0 \\ 0 & 0 & 0 & 0 & 0 \\ 0 & 0 & 0 & 0 & 0 \\ 0 & 0 & 0 & 0 & 0 \\ 0 & 0 & 0 & 0 & 0 \end{pmatrix}$$

矩阵 A^3 表明,从系统要素 S_1 出发经过长度为 3 的通道到达系统要素 S_5,它就是 ①→③→④→⑤。而矩阵 A^4 中所有元素都为 0,此系统中不存在长度超过 3 的通道。

根据循环比赛的邻接矩阵,利用不可分矩阵的最大特征值及其对应的特征向量的性质,对循环比赛的名次进行排序是合理的。应用 MATLAB 计算矩阵的最大特征值及特征向量是非常方便的。

练习题

1. 写出下图的邻接矩阵。

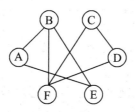

2. 现有甲、乙、丙、丁四个乒乓球运动员参加单循环比赛,已知甲胜乙和丙,乙胜丁,丙胜乙,丁胜甲和丙,现对他们进行排名,则排名的顺序是怎样的?

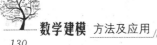

第二节　逆矩阵的应用

本节要点

本节主要学习利用逆矩阵求解密码问题的方法,旨在让学生通过学习逆矩阵的知识掌握密码应用理论的基本知识。

学习目标

※ 掌握逆矩阵的性质和求解方法
※ 理解密码编码和解码的基本知识

学习指导

利用矩阵进行加密是信息编码的技巧,虽然密码学中运用的矩阵知识简单,但由此可见矩阵作为一个重要的数学工具,其应用范围非常广泛。

一、逆矩阵

(一) 逆矩阵的定义

设 A 是数域上的一个 n 阶方阵,若在相同数域上存在另一个 n 阶矩阵 B,使得

$$AB = BA = E$$

则称 B 是 A 的逆矩阵,而 A 则被称为可逆矩阵。

定义　设 A_{ij} 是矩阵 $A = (a_{ij})_{nn}$ 中元素 a_{ij} 的代数余子式,称矩阵

$$A^* = \begin{pmatrix} A_{11} & A_{21} & \cdots & A_{n1} \\ A_{12} & A_{22} & \cdots & A_{n2} \\ \cdots & \cdots & \cdots & \cdots \\ A_{1n} & A_{2n} & \cdots & A_{nn} \end{pmatrix}$$

为 A 的伴随矩阵。

引理:$AA^* = A^*A = |A|E$。

定理 5.2　1. 矩阵 A 是可逆的 $\Leftrightarrow A$ 非退化(即 $|A| \neq 0$)。

2. 当 A 可逆时,$A^{-1}=\dfrac{1}{|A|}A^{*}$。

证明:若 A 非退化,则 $|A|\neq 0$,那么,

$$A\left(\dfrac{1}{|A|}A^{*}\right)=\dfrac{1}{|A|}(AA^{*})=\dfrac{1}{|A|}|A|E=E。$$

$$\left(\dfrac{1}{|A|}A^{*}\right)A=\dfrac{1}{|A|}(A^{*}A)=\dfrac{1}{|A|}|A|E=E。$$

由定义知 A 可逆且 $A^{-1}=\dfrac{1}{|A|}A^{*}$。

若 A 可逆,那么有 A^{-1} 使 $AA^{-1}=E$,两边取行列式得 $|A||A^{-1}|=|E|=1$,因此 $|A|\neq 0$,即 A 为非退化的。

推论 对 n 阶方阵 A,B,若 $AB=E$,则 A,B 都可逆,且它们互为逆阵。

证明:由 $AB=E$,得 $|A||B|=|E|=1\neq 0$,因此 $|A|\neq 0$ 且 $|B|\neq 0$,即 A,B 都是非退化的。

由定理 5.2 知,A,B 都可逆,于是

$$B=EB=(A^{-1}A)B=A^{-1}(AB)=A^{-1}E=A^{-1},$$
$$A=AE=A(BB^{-1})=(AB)B^{-1}=EB^{-1}=B^{-1}$$

(二)逆矩阵的求法

1. 伴随矩阵法

$A^{-1}=\dfrac{1}{|A|}\times A^{*}$($A^{-1}$ 表示矩阵 A 的逆矩阵,$|A|$ 为矩阵 A 的行列式,A^{*} 为矩阵 A 的伴随矩阵)。

2. 初等变换法

$(A|E)$ 经过初等变换得到 $(E|A^{-1})$(初等变换只用行运算,不能用列运算)。

3. 分块对角矩阵求逆

二、可逆矩阵在信息安全与密码理论方面的应用

为了加快建设网络强国、数字中国,我国对网络安全的重视程度日益提高,密码技术已经成为保障网络与信息安全的重要支撑,而在其中,密码算法对密码系统的安全性有着至关重要的意义。

例 4 一种密码编排方法

密码算法是信息编码与解码的技巧,其中的一种是基于线性变换(或可逆矩阵)的方法。比如,先在 26 个英文字母与数字间建立起一一对应关系,可以是

$$
\begin{array}{cccccccc}
\text{A} & \text{B} & \text{C} & \cdots & \text{X} & \text{Y} & \text{Z} \\
\updownarrow & \updownarrow & \updownarrow & \cdots & \updownarrow & \updownarrow & \updownarrow \\
1 & 2 & 3 & \cdots & 24 & 25 & 26
\end{array}
$$

若要发出信息"ACTION",使用上述代码,则此信息的编码是:$1,3,20,9,15,14$。

可以写成两个向量 $b_1 = \begin{pmatrix} 1 \\ 3 \\ 20 \end{pmatrix}, b_2 = \begin{pmatrix} 9 \\ 15 \\ 14 \end{pmatrix}$ 或者写成一个矩阵 $B = \begin{pmatrix} 1 & 9 \\ 3 & 15 \\ 20 & 14 \end{pmatrix}$。

现任选一个三阶的可逆矩阵,例如

$$
A = \begin{pmatrix} 1 & 2 & 3 \\ 1 & 1 & 2 \\ 0 & 1 & 2 \end{pmatrix}
$$

于是将要发出的信息向量(或矩阵)经乘以 A 变成"密码"后发出

$$
Ab_1 = \begin{pmatrix} 1 & 2 & 3 \\ 1 & 1 & 2 \\ 0 & 1 & 2 \end{pmatrix}\begin{pmatrix} 1 \\ 3 \\ 20 \end{pmatrix} = \begin{pmatrix} 67 \\ 44 \\ 43 \end{pmatrix}, Ab_2 = \begin{pmatrix} 1 & 2 & 3 \\ 1 & 1 & 2 \\ 0 & 1 & 2 \end{pmatrix}\begin{pmatrix} 9 \\ 15 \\ 14 \end{pmatrix} = \begin{pmatrix} 81 \\ 52 \\ 43 \end{pmatrix}
$$

或者

$$
AB = \begin{pmatrix} 1 & 2 & 3 \\ 1 & 1 & 2 \\ 0 & 1 & 2 \end{pmatrix}\begin{pmatrix} 1 & 9 \\ 3 & 15 \\ 20 & 14 \end{pmatrix} = \begin{pmatrix} 67 & 81 \\ 44 & 52 \\ 43 & 43 \end{pmatrix}
$$

在收到信息:

$$
\begin{pmatrix} 67 & 81 \\ 44 & 52 \\ 43 & 43 \end{pmatrix}
$$

后,可予以解码(当然这里选定的矩阵 A 是大家约定的,这个可逆矩阵 A 称为解密的钥匙,或者称为"密匙")。即用 A 的逆矩阵

$$
A^{-1} = \begin{pmatrix} 0 & 1 & -1 \\ 2 & -2 & -1 \\ -1 & 1 & 1 \end{pmatrix}
$$

从密码中恢复明码:

$$
A^{-1}\begin{pmatrix} 67 \\ 44 \\ 43 \end{pmatrix} = \begin{pmatrix} 0 & 1 & -1 \\ 2 & -2 & -1 \\ -1 & 1 & 1 \end{pmatrix}\begin{pmatrix} 67 \\ 44 \\ 43 \end{pmatrix} = \begin{pmatrix} 1 \\ 3 \\ 20 \end{pmatrix}, A^{-1}\begin{pmatrix} 81 \\ 52 \\ 43 \end{pmatrix} = \begin{pmatrix} 9 \\ 15 \\ 14 \end{pmatrix}
$$

或者

$$A^{-1}\begin{pmatrix} 67 & 81 \\ 44 & 52 \\ 43 & 43 \end{pmatrix} = \begin{pmatrix} 0 & 1 & -1 \\ 2 & -2 & -1 \\ -1 & 1 & 1 \end{pmatrix}\begin{pmatrix} 67 & 81 \\ 44 & 52 \\ 43 & 43 \end{pmatrix} = \begin{pmatrix} 1 & 9 \\ 3 & 15 \\ 20 & 14 \end{pmatrix}$$

反过来查表

1	2	3	⋯	24	25	26
↕	↕	↕	⋯	↕	↕	↕
A	B	C	⋯	X	Y	Z

即可得到信息"ACTION"。

练习题

1. 逆矩阵的求解方法有_____、_____、_____。

2. 甲方收到与之有秘密通信往来的乙方的一个密文信息,密文内容:OYJW,按照甲方与乙方的约定,他们之间的密文通信采用 Hill3 密码,密钥为三阶矩阵

$$A = \begin{bmatrix} 1 & 1 & 0 \\ 2 & 1 & 1 \\ 3 & 2 & 2 \end{bmatrix}$$

问这段密文的原文是什么?

第三节 线性方程组模型

本节要点

本节主要通过网络流学习线性方程组模型的构建和求解方法,旨在让学生掌握用线性方程组解决数学建模问题的方法。

学习目标

※ 学习线性方程组的基本性质

※ 掌握网络流模型的构造方法

※ 学会用 MATLAB 解决线性方程组求解问题

学习指导

网络流模型是一种数学模型,目前已经受到各个领域的广泛关注和使用,例如,交通、城市规划等。所有类似的网络问题模型中,每个结点流量问题都可以利用一个线性方程进行表示并加以计算。

一、线性方程组的形式

(一) 线性方程组的一般形式:

$$\begin{cases} a_{11}x_1 + a_{12}x_2 + \cdots + a_{1n}x_n = b_1, \\ a_{21}x_1 + a_{22}x_2 + \cdots + a_{2n}x_n = b_2, \\ \cdots\cdots \\ a_{s1}x_1 + a_{s2}x_2 + \cdots + a_{sn}x_n = b_s \end{cases}$$

其中 $x_1, x_2, \cdots, x_n$ 代表 n 个未知量,s 是方程的个数,$a_{ij}(i=1,2,\cdots,n; j=1,2,\cdots,s)$ 称为方程组的系数,$b_j(j=1,2,\cdots,s)$ 称为常数项。系数 a_{ij} 的第一个指标 i 表示它在第 i 个方程,第二个指标 j 表示它是 x_j 的系数。

(二) 线性方程组的系数矩阵和增广矩阵

将线性方程组的系数按原来的位置写成一个 $s \times n$ 矩阵

$$A = \begin{bmatrix} a_{11} & a_{12} & \cdots & a_{1n} \\ a_{21} & a_{22} & \cdots & a_{2n} \\ \cdots & & \cdots & \\ a_{s1} & a_{s2} & \cdots & a_{sn} \end{bmatrix}$$

称 A 为线性方程组的系数矩阵。将常数项添加到 A 的最后一列后面，则得到一个 $s \times (n+1)$ 矩阵

$$\overline{A} = \begin{bmatrix} a_{11} & a_{12} & \cdots & a_{1n} & b_1 \\ a_{21} & a_{22} & \cdots & a_{2n} & b_2 \\ \cdots & & \cdots & & \\ a_{s1} & a_{s2} & \cdots & a_{sn} & b_n \end{bmatrix}$$

称 $\overline{A}$ 为线性方程组的增广矩阵。

（三）齐次线性方程组

当线性方程组的所有常数项都为 0 时，称这样的线性方程组为齐次线性方程组。

$$\begin{cases} a_{11}x_1 + a_{12}x_2 + \cdots + a_{1n}x_n = 0, \\ a_{21}x_1 + a_{22}x_2 + \cdots + a_{2n}x_n = 0, \\ \qquad\qquad \cdots\cdots \\ a_{s1}x_1 + a_{s2}x_2 + \cdots + a_{sn}x_n = 0 \end{cases}$$

二、线性方程组的解

（一）齐次线性方程组的解的情形

1. 解的性质

（1）齐次线性方程组的两个解的和还是它的解。

（2）齐次线性方程组的一个解的倍数还是它的解。

2. 齐次线性方程组的基础解系

齐次线性方程组的一组解 $\eta_1, \eta_2, \cdots, \eta_t$ 称为齐次线性方程组的一个基础解系，如果它的任一解都能表成 $\eta_1, \eta_2, \cdots, \eta_t$ 的线性组合，且 $\eta_1, \eta_2, \cdots, \eta_t$ 线性无关。

定理 5.3　在齐次线性方程组有非零解的情况下，它有基础解系，且基础解系所含解的个数等于 $n-r$。这里 r 表示齐次线性方程组的系数矩阵 A 的秩（以下将看到，$n-r$ 也就是自由未知量的个数）。

证明：设秩$(A) = r$，为方便起见，不妨设在左上角的 r 级子式不为零。则齐次线性方程组与方程组

$$\begin{cases} a_{11}x_1 + a_{12}x_2 + \cdots + a_{1n}x_n = 0, \\ a_{21}x_1 + a_{22}x_2 + \cdots + a_{2n}x_n = 0, \\ \qquad\qquad \cdots\cdots \\ a_{r1}x_1 + a_{r2}x_2 + \cdots + a_{rn}x_n = 0 \end{cases} \qquad (5.3.1)$$

同解。

若 $r=n$，即秩 $(A)=n$，因此 $|A|\neq 0$，由克莱姆法则知齐次线性方程组只有零解。

设 $r<n$，将方程组 (5.3.1) 改写为

$$\begin{cases} a_{11}x_1 + \cdots + a_{1r}x_r = -a_{1,r+1}x_{r+1} - \cdots - a_{1n}x_n, \\ a_{21}x_1 + \cdots + a_{2r}x_r = -a_{2,r+1}x_{r+1} - \cdots - a_{2n}x_n, \\ \qquad\qquad \cdots\cdots \\ a_{r1}x_1 + \cdots + a_{rr}x_r = -a_{r,r+1}x_{r+1} - \cdots - a_{rn}x_n \end{cases} \qquad (5.3.2)$$

式 (5.3.2) 作为 $x_1, x_2, \cdots, x_r$ 的一个方程组，它的系数矩阵的行列式不为零。把自由未知量 $x_{r+1}, \cdots, x_n$ 的任一组值 $(c_{r+1}, \cdots, c_n)$ 代入方程组 (5.3.2)，由克莱姆法则，就唯一地决定了方程组 (5.3.2)——也就是方程组 (5.3.1) 的一个解。换句话说，方程组 (5.3.1) 的任意两个解，只要自由未知量的值一样，这两个解就完全一样。特别地，如果在一个解中自由未知量的值全为零，那么这个解就一定是零解。

在方程组 (5.3.2) 中，我们用 $n-r$ 组数

$$(1,0,0,\cdots,0),(0,1,0,\cdots,0),\cdots,(0,\cdots,0,1)$$

分别来代替自由未知量 $(x_{r+1}, \cdots, x_n)$，就得到方程组 (5.3.2)——也就是方程组 (5.3.1) 的 $n-r$ 个解，即

$$\eta_1 = (c_{11}, \cdots, c_{1r}, 1, 0, \cdots, 0)$$
$$\eta_2 = (c_{21}, \cdots, c_{2r}, 0, 1, \cdots, 0)$$
$$\cdots\cdots$$
$$\eta_{n-r} = (c_{n-r,1}, \cdots, c_{n-r,r}, 0, \cdots, 0, 1)$$

设 $k_1\eta_1 + k_2\eta_2 + \cdots + k_r\eta_{n-r} = 0$，即 $(*, \cdots, *, k_1, k_2, \cdots, k_{n-r}) = (0, \cdots, 0, 0, 0, \cdots, 0)$，比较最后的 $n-r$ 个分量得 $k_1 = k_2 = \cdots = k_{n-r} = 0$。因此 $\eta_1, \eta_2, \cdots, \eta_{n-r}$ 线性无关。设

$$\eta = (c_1, \cdots, c_r, c_{r+1}, \cdots, c_n)$$

是 (5.3.1) 的一个解，由于 $\eta_1, \eta_2, \cdots, \eta_r$ 是 (5.3.1) 的解，所以线性组合

$$c_{r+1}\eta_1 + c_{r+2}\eta_2 + \cdots + c_n\eta_{n-r}$$

也是 (5.3.1) 的解。比较最后 $n-r$ 个分量得知，自由未知量有相同的值，从而这两个解完全一样，即 $\eta = c_{r+1}\eta_1 + c_{r+2}\eta_2 + \cdots + c_n\eta_{n-r}$。这就是说，任意一个解 η 都能表示成

$\eta_1,\eta_2,\cdots,\eta_{n-r}$ 的线性组合。

综上，证明了 $\eta_1,\eta_2,\cdots,\eta_{n-r}$ 为(5.3.1)的基础解系。

设 $\beta_1,\beta_2,\cdots,\beta_t$ 是与 $\eta_1,\eta_2,\cdots,\eta_{n-r}$ 不同的基础解系，由基础解系的定义中的条件知 $\beta_1,\beta_2,\cdots,\beta_t$ 与 $\eta_1,\eta_2,\cdots,\eta_{n-r}$ 等价，同时它们又都是线性无关的，从而 $t=n-r$。

（二）一般线性方程组的情形

设线性方程组

$$\begin{cases} a_{11}x_1+a_{12}x_2+\cdots+a_{1n}x_n=b_1, \\ a_{21}x_1+a_{22}x_2+\cdots+a_{2n}x_n=b_2, \\ \qquad\cdots\cdots \\ a_{s1}x_1+a_{s2}x_2+\cdots+a_{sn}x_n=b_s \end{cases} \tag{5.3.3}$$

它的导出组为

$$\begin{cases} a_{11}x_1+a_{12}x_2+\cdots+a_{1n}x_n=0, \\ a_{21}x_1+a_{22}x_2+\cdots+a_{2n}x_n=0, \\ \qquad\cdots\cdots \\ a_{s1}x_1+a_{s2}x_2+\cdots+a_{sn}x_n=0 \end{cases} \tag{5.3.4}$$

（将一般线性方程组的常数项换成零就得到齐次线性方程组，称为一般线性方程组的导出组。）

一般线性方程组的解与它的导出组的解有着密切的联系。

定理5.4 一般线性方程组的两个解的差是它的导出组的解。

证明：设 $\alpha=(k_1,\cdots,k_n),\beta=(l_1,\cdots,l_n)$ 是方程组(5.3.3)的两个解，则

$$\sum_{j=1}^n a_{ij}k_j=b_i,\sum_{j=1}^n a_{ij}l_j=b_i,i=1,2,\cdots,s$$
$$\alpha-\beta=(k_1-l_1,\cdots,k_n-l_n)$$

显然有

$$\sum_{j=1}^n a_{ij}(k_j-l_j)=\sum_{j=1}^n a_{ij}k_j-\sum_{j=1}^n a_{ij}l_j=b_i-b_i=0$$

即 $\alpha-\beta=(k_1-l_1,\cdots,k_n-l_n)$ 是导出组(5.3.4)的一个解。

定理5.5 一般线性方程组的一个解与它的导出组的一个解之和还是一般线性方程组的解。

证明：设 $(k_1,\cdots,k_n)$ 是(5.3.3)的一个解，则 $\sum_{j=1}^n a_{ij}k_j=b_i,i=1,2,\cdots,s$。

再设 $(l_1,\cdots,l_n)$ 是导出方程组(5.3.4)的一个解，则 $\sum_{j=1}^n a_{ij}l_j=0,i=1,2,\cdots,s$。

显然 $\sum_{j=1}^n a_{ij}(k_j+l_j)=\sum_{j=1}^n a_{ij}k_j+\sum_{j=1}^n a_{ij}l_j=b_i+0=b_i$。

定理 5.6 若 γ_0 是一般线性方程组的一个解,那么一般线性方程组的任一个解 γ 都可以表示成 $\gamma = \gamma_0 + \eta$,其中 η 是导出组的一个解。当 η 取遍导出组的所有解时,就给出一般线性方程组的全部解。

证明:$\gamma = \gamma_0 + (\gamma - \gamma_0)$,

令 $\eta = \gamma - \gamma_0$,则得 $\gamma = \gamma_0 + \eta$,由定理 5.4 知 $\eta = \gamma - \gamma_0$ 是导出组的解。

上面已证一般线性方程组的任一解都可表示为 $\gamma = \gamma_0 + \eta$。

反之,由定理 5.5 知形如 $\gamma = \gamma_0 + \eta$ 的向量都是一般线性方程组的解。

因此,当 η 取遍导出组的所有解时,$\gamma = \gamma_0 + \eta$ 就给出一般线性方程组的全部解。

推论 1 在方程组有解的条件下,解是唯一的充要条件是它的导出组只有零解。

证明:(充分性)设一般线性方程组的导出组只有零解,若一般线性方程组有两个不同的解,则它们的差是导出组的非零解,矛盾。故一般线性方程组有唯一解。

(必要性)设一般线性方程组有唯一解 α,若导出组有非零解 β,则 $\alpha + \beta$ 是一般线性方程组的一个异于 α 的一个解,与 α 是唯一解矛盾,故导出组只有零解。

三、线性方程组求解

对于线性方程组,分为齐次的和非齐次的,以下分别就两种方程组给出其解法。

首先,对于齐次方程组,我们通常是列出其系数矩阵,一步一步化成行阶梯型,再化成行最简型,然后求解。一般基础解系里面解向量的个数等于未知数的个数减去系数矩阵的秩。

其次,对于非齐次方程组,我们的解法是通解加特解的方法。所谓通解,就是先解出非齐次方程组所对应齐次方程组的基础解系,然后再用消元法求一个特解满足非齐次方程组即可,然后把它们相加组合起来,就是非齐次方程组的解。

用消元法解一般的线性方程组 $AX = b$ 的步骤如下:

1. 利用初等行变换把方程组的增广矩阵 $B = (A, b)$ 变成阶梯形矩阵,这一过程称为消元过程。

2. 如果 $r(A) \neq r(B)$,则方程组 $Ax = b$ 无解;如果 $r(A) = r(B)$,则求出方程组的解,称这一过程为回代过程

交通网络的优化问题可以通过线性方程组来体现,因此,网络优化问题可以化为线性规划问题或者整数线性规划(0-1 规划)问题来解决。

例 5 交通流量问题

某城市部分单行街道的交通流量(每小时通过的车辆数)如图 5-2 所示。

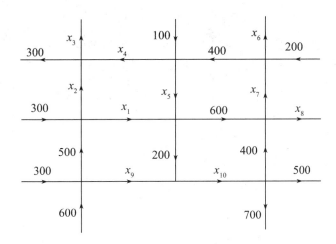

图 5-2   某城市部分单行街道的交通流量

假设：

(1) 全部流入网络的流量等于全部流出网络的流量；

(2) 全部流入每一个路口(网络的结点)的流量等于全部流出此路口的流量。

试建立数学模型，确定该交通网络中未知部分的具体流量。

根据各结点的进出流量平衡和整个网络的进出流量平衡，于是可得如下的一系列方程：

$$x_2 + x_4 = x_3 + 300,$$

$$100 + 400 = x_4 + x_5,$$

$$200 + x_7 = 400 + x_6,$$

$$300 + 500 = x_1 + x_2,$$

$$x_1 + x_5 = 200 + 600,$$

$$600 + 400 = x_7 + x_8,$$

$$300 + 600 = 500 + x_9,$$

$$200 + x_9 = x_{10},$$

$$500 + x_{10} = 400 + 700,$$

$$300 + 300 + 600 + 500 + 200 + 100 = 300 + 700 + x_8 + x_6 + x_3$$

整理，得线性方程组

$$\begin{cases} x_1 + x_2 = 800, \\ x_1 + x_5 = 800, \\ x_2 - x_3 + x_4 = 300, \\ x_3 + x_6 + x_8 = 1\,000, \\ x_4 + x_5 = 500, \\ -x_6 + x_7 = 200, \\ x_7 + x_8 = 1\,000, \\ x_9 = 400, \\ -x_9 + x_{10} = 200, \\ x_{10} = 600, \\ x_1, x_2, x_3, x_4, x_5, x_6, x_7, x_8, x_9, x_{10} \geqslant 0 \end{cases}$$

先不考虑非负性,解这个线性方程组,得

$$\begin{cases} x_1 = 800 - x_5, \\ x_2 = x_5, \\ x_3 = 200, \\ x_4 = 500 - x_5, \\ x_6 = 800 - x_8, \\ x_7 = 1\,000 - x_8, \\ x_9 = 400, \\ x_{10} = 600 \end{cases}$$

其中 x_5, x_8 可取非负值,并且使得其余变量非负。

四、数学建模方法分析

本例中主要采用建立线性方程组解决问题的方法。实际上,只要 $x_5 \leqslant 500, x_8 \leqslant 800$ 即可满足要求。为满足交通网络的需要,可以有无穷多解。如果结合实际情况,可以选择合适的 x_5, x_8,使交通网络满足实际要求,或者满足上述条件的情况下,使得某一个目标函数达到最大值(或最小值),从而对交通网络进行优化。

五、典型应用案例

党的二十大报告指出,坚持把发展经济的着力点放在实体经济上,推进新型工业化,推进实现建设制造强国、质量强国、交通强国、网络强国、数字中国的目标。交通运输国民经济的基础性战略性产业,重要的服务性行业,不断完善综合交通网络不断提高交通运输管理服务水平,不断优化交通运输行业的治理水平,才能够保障高质量现代综合立体交通运输体系的发展。

（一）问题简述

城市道路网中每条道路、每个交叉路口的车流量调查,是分析、评价及改善城市交通状况的基础。根据实际车流量信息可以设计流量控制方案,必要时设置单行线,以免大量车辆长时间拥堵。图 5-3 为某地交通实况。

图 5-3　某地交通实况

某城市单行线如图 5-4 所示,其中的数字表示该路段每小时按箭头方向行驶的车流量（单位:辆）。

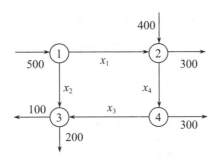

图 5-4　某城市单行线车流量

1. 建立确定每条道路流量的线性方程组。

2. 为了唯一确定未知流量,还需要增添哪几条道路的流量统计?

3. 当 $x_4 = 350$ 时,确定 x_1, x_2, x_3 的值。

4. 若 $x_4 = 200$,则单行线应该如何改动才合理?

（二）模型假设

1. 每条道路都是单行线。

2. 每个交叉路口进入和离开的车辆数目相等。

（三）模型建立

根据图 5-4 和上述假设，在①②③④四个路口进出车辆数目分别满足

$$500 = x_1 + x_2, \qquad ①$$

$$400 + x_1 = x_4 + 300, \qquad ②$$

$$x_2 + x_3 = 100 + 200, \qquad ③$$

$$x_4 = x_3 + 300 \qquad ④$$

根据上述等式可得如下线性方程组

$$\begin{cases} x_1 + x_2 = 500, \\ x_1 - x_4 = -100, \\ x_2 + x_3 = 300, \\ -x_3 + x_4 = 300 \end{cases}$$

其增广矩阵

$$(A,b) = \begin{pmatrix} 1 & 1 & 0 & 0 & 500 \\ 1 & 0 & 0 & -1 & -100 \\ 0 & 1 & 1 & 0 & 300 \\ 0 & 0 & -1 & 1 & 300 \end{pmatrix} \xrightarrow{\text{初等行变换}} \begin{pmatrix} 1 & 0 & 0 & -1 & -100 \\ 0 & 1 & 0 & 1 & 600 \\ 0 & 0 & 1 & -1 & -300 \\ 0 & 0 & 0 & 0 & 0 \end{pmatrix}$$

由此可得

$$\begin{cases} x_1 - x_4 = -100, \\ x_2 + x_4 = 600, \\ x_3 - x_4 = -300 \end{cases}$$

即

$$\begin{cases} x_1 = x_4 - 100, \\ x_2 = -x_4 + 600, \\ x_3 = x_4 - 300 \end{cases}$$

为了唯一确定未知流量，只要增添 x_4 统计的值即可。

当 $x_4 = 350$ 时，确定 $x_1 = 250, x_2 = 250, x_3 = 50$；

当 $x_4 = 200$ 时，则 $x_1 = 100, x_2 = 400, x_3 = -100 < 0$。这表明单行线"④→③"应该改为"③→④"才合理。

（四）模型分析

1. 由 (A,b) 的行最简形可见，上述方程组中的最后一个方程是多余的，这意味着最后一个方程中的数据"300"可以不用统计。

2. 由 $\begin{cases} x_1 = x_4 - 100, \\ x_2 = -x_4 + 600, \\ x_3 = x_4 - 300 \end{cases}$ 可得

$\begin{cases} x_2 = -x_1 + 500, \\ x_3 = x_1 - 200, \\ x_4 = x_1 + 100 \end{cases}$ $\begin{cases} x_1 = -x_2 + 500, \\ x_3 = -x_2 + 300, \\ x_4 = -x_2 + 600 \end{cases}$ $\begin{cases} x_1 = x_3 + 200, \\ x_2 = -x_3 + 300, \\ x_4 = x_3 + 300 \end{cases}$

这就是说 x_1, x_2, x_3, x_4 这四个未知量中,任意一个未知量的值统计出来之后都可以确定出其他三个未知量的值。

（五）推广应用

某城市有图 5-5 所示的交通图,每条道路都是单行线,需要调查每条道路每小时的车流量。图中的数字表示该条路段的车流数。假设每个交叉路口进入和离开的车数相等,整个图中进入和离开的车数相等。

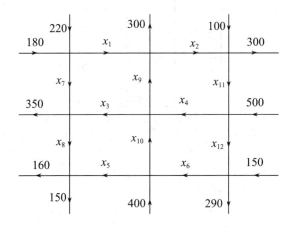

图 5-5　某城市单行线车流量

1. 建立确定每条道路流量的线性方程组。

2. 分析哪些流量数据是多余的。

3. 为了唯一确定未知流量,需要增添哪几条道路的流量统计。

练习题

1. 网络流模型遵循的规律是_____、_____。

2. 蛋白质、碳水化合物和脂肪是人体每日必须的三种营养,但过量的脂肪摄入不利于健康。人们可以通过适量的运动来消耗多余的脂肪。设三种食物(脱脂牛奶、大豆面粉、乳清)每 100 克中蛋白质、碳水化合物和脂肪的含量以及慢跑 5 分钟消耗蛋白质、碳水化合物和脂肪的量如下表。

三种食物的营养成分和慢跑的消耗情况

营养	每 100 克食物所含营养（克）			慢跑 5 分钟消耗量（克）	每日需要的营养量（克）
	牛奶	大豆面粉	乳清		
蛋白质	36	51	13	10	33
碳水化合物	52	34	74	20	45
脂肪	10	7	1	15	3

问怎样安排饮食和运动才能实现每日的营养需求？

3. 如图所示的平板代表一条金属梁的截面。已知四周 8 个节点处的温度（单位℃），假设忽略垂直于该截面方向上的热传导，并且每个节点的温度等于与它相邻的四个节点温度的平均值。求中间 4 个点处的温度 T_1, T_2, T_3, T_4。

<table>
<tr><td></td><td>100</td><td>80</td><td></td></tr>
<tr><td>90</td><td>T_1</td><td>T_2</td><td>60</td></tr>
<tr><td>80</td><td>T_3</td><td>T_4</td><td>50</td></tr>
<tr><td></td><td>60</td><td>50</td><td></td></tr>
</table>

一块平板的温度分布图

第四节　不定方程问题

本节要点

本节主要学习线性方程组中的不定方程问题,旨在让学生理解不定方程在数学建模中的应用以及和线性方程组的关系。

学习目标

※ 掌握不定方程的建立和求解方法

※ 会用不定方程解决实际问题

※ 了解不定方程在中国数学史上的研究

学习指导

不定方程是数论中的古老分支,中国数学家对不定方程的研究源远流长。学习不定方程,不仅可以拓宽数学知识面,还可以提高数学解题的能力。

一、不定方程

我们知道,如果未知数的个数多于方程的个数,一般来说,它的解往往是不确定的,例如方程 $x-2y=3$,它的解是不确定的,像这类方程就称为不定方程。

不定方程(组)是数论中的一个古老分支,其内容极其丰富。我国对不定方程的研究已延续了数千年,"百鸡问题"等一直流传至今,"物不知其数"的解法被称为中国剩余定理。近年来,不定方程的研究又有新的进展。学习不定方程,不仅可以拓宽数学知识面,而且可以培养思维能力,提高数学解题的技能。

例6　小张带了5元钱去买橡皮和铅笔,橡皮每块3角,铅笔每支1元1角,问5元钱刚好买几块橡皮和几支铅笔?

解:设小张买了 x 块橡皮,y 支铅笔,于是根据题意得方程 $3x+11y=50$。

这是一个二元一次不定方程。从方程来看,任给一个 x 值,就可以得到一个 y 值,所以它的解有无数多组。但是这个问题要求的是买橡皮的块数和铅笔的支数,而橡皮的块数与铅笔的支数只能是正整数或零,所以从这个问题的要求来说,我们只要求这个方程的非负整数解。

因为铅笔每支1元1角,所以5元钱最多只能买到4支铅笔,因此,小张买铅笔的支数只能是 $0,1,2,3,4$ 支,即 y 的取值只能是 $0,1,2,3,4$ 这五个。

若 $y=0$,则 $x=50/3$,不是整数,不合题意;

若 $y=1$,则 $x=39/3=13$,符合题意;

若 $y=2$,则 $x=28/3$,不是整数,不合题意;

若 $y=3$,则 $x=17/3$,不是整数,不合题意;

若 $y=4$,则 $x=2$,符合题意。

所以,这个方程有两组正整数解,即 $x=13,y=1$ 和 $x=2,y=4$,也就是说,5元钱刚好能买2块橡皮与4支铅笔,或者13块橡皮与1支铅笔。

应用线性方程组的理论可以解决收入与支出的平衡问题,也可以进行投入产出分析并且进一步优化。

例7 工资问题

现有一个木工,一个电工,一个油漆工和一个粉饰工,四人相互同意彼此装修他们自己的房子。在装修之前,他们约定每人工作13天(包括给自己家干活在内),每人的日工资根据一般的市价在 $50\sim70$ 元,每人的日工资数应使得每人的总收入与总支出相等。表5-1是他们协商后制定出的工作天数的分配方案,如何计算出他们每人应得的日工资以及每人房子的装修费(只计算工钱,不包括材料费)是多少?

表5-1 工作天数的分配方案

天数	工种			
	木工	电工	油漆工	粉饰工
在木工家工作天数	4	3	2	3
在电工家工作天数	5	4	2	3
在油漆工家工作天数	2	5	3	3
在粉饰工家工作天数	2	1	6	4

这是一个收入—支出的闭合模型。设木工、电工、油漆工和粉饰工的工资分别是 x_1,x_2,x_3,x_4 元,为满足"平衡"条件,每人的收支相等,要求每人在13天内"总收入=总支出",则可建立线性方程组

$$\begin{cases} 4x_1+3x_2+2x_3+3x_4=13x_1, \\ 5x_1+4x_2+2x_3+3x_4=13x_2, \\ 2x_1+5x_2+3x_3+3x_4=13x_3, \\ 2x_1+x_2+6x_3+4x_4=13x_4 \end{cases}$$

整理得齐次线性方程组

$$\begin{cases} -9x_1+3x_2+2x_3+3x_4=0, \\ 5x_1-9x_2+2x_3+3x_4=0, \\ 2x_1+5x_2-10x_3+3x_4=0, \\ 2x_1+x_2+6x_3-9x_4=0 \end{cases}$$

所以，木工、电工、油漆工、粉饰工的日工资分别为 54 元、63 元、60 元、59 元。每人房子的装修费用相当于本人 13 天的工资，因此分别为 702 元、819 元、780 元和 767 元。

练习题

1. 写出你知道的我国古代的不定方程问题。

2. 采购员用一张 1 万元的支票去购物。购单价 590 元的 A 种物品若干，又买单价 670 元的 B 种物品若干，其中 B 种物品的个数多于 A 种物品的个数，找回了几张 100 元和几张 10 元的钞票(10 元的不超过 9 张)。如果把购 A 种物品和 B 种物品的个数互换，找回的 100 元和 10 元的钞票张数也恰好相反。问购买了几个 A 种物品和几个 B 种物品？

3. 甲，乙，丙三个农民组成互助组，每人工作 6 天(包括为自己家干活的天数)，刚好完成他们三家的农活，其中甲在甲、乙、丙三家干活的天数依次为：2,2.5,1.5；乙在甲、乙、丙三家各干了 2 天活，丙在甲、乙、丙三家干活的天数依次为：1.5,2,2.5。根据三人干活的种类、速度和时间，他们确定三人不必相互支付工资刚好公平。随后三人又合作到邻村帮忙干了 2 天(各人干活的种类和强度不变)，共获得工资 500 元。问他们应该怎样分配这 500 元工资才合理？

第五节　向量组问题

本节要点

本节主要学习向量组的性质和在数学建模问题中的应用,旨在让学生通过向量的思想分析解决问题。

学习目标

※ 掌握向量组的性质理论

※ 会用向量组表示和计算实际问题

学习指导

向量组是数学建模的基本工具,许多数据都可以通过向量组的形式进行储存和运算,所以学习向量组的知识对数学建模问题的解决有着重要的意义。

一、向量组的有关概念和理论

定义 1　线性组合

给定 V 内一个向量组 $\boldsymbol{\alpha}_1,\boldsymbol{\alpha}_2,\cdots,\boldsymbol{\alpha}_s$,又给定数域 K 内 s 个数 $k_1,k_2,\cdots,k_s$,称 $k_1\boldsymbol{\alpha}_1+k_2\boldsymbol{\alpha}_2+\cdots+k_s\boldsymbol{\alpha}_s$ 为向量组 $\boldsymbol{\alpha}_1,\boldsymbol{\alpha}_2,\cdots,\boldsymbol{\alpha}_s$ 的一个线性组合。

定义 2　线性表出

给定 V 内一个向量组 $\boldsymbol{\alpha}_1,\boldsymbol{\alpha}_2,\cdots,\boldsymbol{\alpha}_s$,设 $\boldsymbol{\beta}$ 是 V 内的一个向量,如果存在 K 内 s 个数 $k_1,k_2,\cdots,k_s$,使得 $\boldsymbol{\beta}=k_1\boldsymbol{\alpha}_1+k_2\boldsymbol{\alpha}_2+\cdots+k_s\boldsymbol{\alpha}_s$,则称向量 $\boldsymbol{\beta}$ 可以被向量组 $\boldsymbol{\alpha}_1,\boldsymbol{\alpha}_2,\cdots,\boldsymbol{\alpha}_s$ 线性表出。

定义 3　向量组的线性相关与线性无关

给定 V 内一个向量组 $\boldsymbol{\alpha}_1,\boldsymbol{\alpha}_2,\cdots,\boldsymbol{\alpha}_s$,如果对 V 内某一个向量 $\boldsymbol{\beta}$,存在数域 K 内不全为零的数 $k_1,k_2,\cdots,k_s$,使得 $k_1\boldsymbol{\alpha}_1+k_2\boldsymbol{\alpha}_2+\cdots+k_s\boldsymbol{\alpha}_s=\boldsymbol{0}$,则称向量组 $\boldsymbol{\alpha}_1,\boldsymbol{\alpha}_2,\cdots,\boldsymbol{\alpha}_s$ 线性相关;若由方程 $k_1\boldsymbol{\alpha}_1+k_2\boldsymbol{\alpha}_2+\cdots+k_s\boldsymbol{\alpha}_s=\boldsymbol{0}$ 必定推出 $k_1=k_2=\cdots=k_s=0$,则称向量组 $\boldsymbol{\alpha}_1,\boldsymbol{\alpha}_2,\cdots,\boldsymbol{\alpha}_s$ 线性无关。

定理 5.7　设 $\boldsymbol{\alpha}_1,\boldsymbol{\alpha}_2,\cdots,\boldsymbol{\alpha}_s\in V$，则下述两条等价：

（1）$\boldsymbol{\alpha}_1,\boldsymbol{\alpha}_2,\cdots,\boldsymbol{\alpha}_s$ 线性相关；

（2）某个 $\boldsymbol{\alpha}_i$ 可被其余向量线性表示。

证明同向量空间。

定义：线性等价

给定 V 内两个向量组 $\boldsymbol{\alpha}_1,\boldsymbol{\alpha}_2,\cdots,\boldsymbol{\alpha}_r$（Ⅰ），$\boldsymbol{\beta}_1,\boldsymbol{\beta}_2,\cdots,\boldsymbol{\beta}_s$（Ⅱ），如果（Ⅰ）中任一向量都能被（Ⅱ）线性表示，反过来，（Ⅱ）中任一向量都能被（Ⅰ）线性表示，则称两向量组线性等价。

定义：极大线性无关部分组

给定 V 内一个向量组 $\boldsymbol{\alpha}_1,\boldsymbol{\alpha}_2,\cdots,\boldsymbol{\alpha}_s$，如果它有一个部分组 $\boldsymbol{\alpha}_{i_1},\boldsymbol{\alpha}_{i_2},\cdots,\boldsymbol{\alpha}_{i_r}$ 满足如下条件：

（ⅰ）$\boldsymbol{\alpha}_{i_1},\boldsymbol{\alpha}_{i_2},\cdots,\boldsymbol{\alpha}_{i_r}$ 线性无关；

（ⅱ）原向量组中任一向量都能被 $\boldsymbol{\alpha}_{i_1},\boldsymbol{\alpha}_{i_2},\cdots,\boldsymbol{\alpha}_{i_r}$ 线性表示。

则称此部分组为原向量组的一个极大线性无关部分组。

由于在向量空间中我们证明的关于线性表示和线性等价的一些命题中并没有用到 K^n 的一些特有的性质，于是那些命题在线性空间中依然成立。

定义：向量组的秩

一个向量组的任一极大线性无关部分组中均包含相同数目的向量，其向量数目成为该向量组的秩。

引理　给定 K^m 上的向量组 $\boldsymbol{\alpha}_1,\boldsymbol{\alpha}_2,\cdots,\boldsymbol{\alpha}_s$ 和 $\boldsymbol{\beta}_1,\boldsymbol{\beta}_2,\cdots,\boldsymbol{\beta}_r$，如果 $\boldsymbol{\alpha}_1,\boldsymbol{\alpha}_2,\cdots,\boldsymbol{\alpha}_s$ 可被 $\boldsymbol{\beta}_1,\boldsymbol{\beta}_2,\cdots,\boldsymbol{\beta}_r$ 线性表出，且 $s>r$，则向量组 $\boldsymbol{\alpha}_1,\boldsymbol{\alpha}_2,\cdots,\boldsymbol{\alpha}_s$ 线性相关。

证明：由于 $\boldsymbol{\alpha}_1,\boldsymbol{\alpha}_2,\cdots,\boldsymbol{\alpha}_s$ 可被 $\boldsymbol{\beta}_1,\boldsymbol{\beta}_2,\cdots,\boldsymbol{\beta}_r$ 线性表出，故存在 $k_{ij}\in K$，使得

$$\begin{cases}\boldsymbol{\alpha}_1=k_{11}\boldsymbol{\beta}_1+k_{12}\boldsymbol{\beta}_2+\cdots+k_{1r}\boldsymbol{\beta}_r,\\ \boldsymbol{\alpha}_2=k_{21}\boldsymbol{\beta}_1+k_{22}\boldsymbol{\beta}_2+\cdots+k_{2r}\boldsymbol{\beta}_r,\\ \cdots\cdots\\ \boldsymbol{\alpha}_s=k_{s1}\boldsymbol{\beta}_1+k_{s2}\boldsymbol{\beta}_2+\cdots+k_{sr}\boldsymbol{\beta}_r\end{cases} \quad(5.5.1)$$

设

$$x_1\boldsymbol{\alpha}_1+x_2\boldsymbol{\alpha}_2+\cdots+x_s\boldsymbol{\alpha}_s=0 \quad(5.5.2)$$

将式（5.5.1）代入式（5.5.2），得

$$(\sum_{i=1}^{s}k_{i1}x_i)\boldsymbol{\beta}_1+(\sum_{i=1}^{s}k_{i2}x_i)\boldsymbol{\beta}_2+\cdots+(\sum_{i=1}^{s}k_{ir}x_i)\boldsymbol{\beta}_r=0$$

设备系数均为零，得到

$$\sum_{i=1}^{s}k_{i1}x_i=\sum_{i=1}^{s}k_{i2}x_i=\cdots=\sum_{i=1}^{s}k_{ir}x_r=0 \quad(5.5.3)$$

式(5.5.3)是一个含有 r 个未知量和 s 个方程的齐次线性方程组,而 $s>r$,故方程组(5.5.3)有非零解,于是存在不全为零的 $x_1, x_2, \cdots, x_r \in K$,使得(5.5.2)成立。由线性相关的定义即知向量组 $\boldsymbol{\alpha}_1, \boldsymbol{\alpha}_2, \cdots, \boldsymbol{\alpha}_s$ 线性相关。

定理 5.8 线性等价的向量组中的极大线性无关部分组所含的向量个数相等。

证明:设 $\boldsymbol{\alpha}_1, \boldsymbol{\alpha}_2, \cdots, \boldsymbol{\alpha}_n$ 和 $\boldsymbol{\beta}_1, \boldsymbol{\beta}_2, \cdots, \boldsymbol{\beta}_m$ 是 K^m 中的线性等价的向量组。设向量组 $\boldsymbol{\alpha}_{i_1}, \boldsymbol{\alpha}_{i_2}, \cdots, \boldsymbol{\alpha}_{i_r}$ 和 $\boldsymbol{\beta}_{j_1}, \boldsymbol{\beta}_{j_2}, \cdots, \boldsymbol{\beta}_{j_s}$ 分别是原向量组的极大线性无关部分组,则由线性无关部分组的定义和线性等价的传递性知此二极大线性无关部分组线性等价。由于 $\boldsymbol{\alpha}_{i_1}$, $\boldsymbol{\alpha}_{i_2}, \cdots, \boldsymbol{\alpha}_{i_r}$ 可将 $\boldsymbol{\beta}_{j1}, \boldsymbol{\beta}_{j2}, \cdots, \boldsymbol{\beta}_{j_s}$ 中的每一个向量线性表出,知 $r \geqslant s$(否则由引理知向量组 $\boldsymbol{\alpha}_{i_1}, \boldsymbol{\alpha}_{i_2}, \cdots, \boldsymbol{\alpha}_{i_r}$ 线性相关,矛盾)。同理 $s \geqslant r$,于是 $r=s$。

推论 1 任意向量组中,任意极大线性无关部分组所含的向量个数相等。

定义(向量组的秩):对于 K^m 内给定的一个向量组,它的极大线性无关部分组所含的向量的数量称为该向量组的秩。

定义:矩阵的行秩与列秩。

一个矩阵 A 的行向量组的秩称为 A 的行秩,它的列向量组的秩称为 A 的列秩。

性质 1 矩阵的行(列)初等变换不改变行(列)秩,矩阵的行(列)初等变换不改变列(行)秩。

证明:要证明行变换不改变行秩,容易证明经过任意一种初等行变换,得到的行向量组与原来的向量组线性等价,所以命题成立。

证明行变换不改变列秩,可由列变换可用矩阵的转置证得。

假设 A 的列向量为 $\boldsymbol{\alpha}_1, \boldsymbol{\alpha}_2, \cdots, \boldsymbol{\alpha}_n$,它的一个极大线性无关部分组为 $\boldsymbol{\alpha}_{i1}, \boldsymbol{\alpha}_{i2}, \cdots,$ $\boldsymbol{\alpha}_{ir}$,而经过初等行变换之后的列向量为 $\boldsymbol{\alpha}_1', \boldsymbol{\alpha}_2', \cdots, \boldsymbol{\alpha}_n'$,只需证明 $\boldsymbol{\alpha}_{i1}', \boldsymbol{\alpha}_{i2}', \cdots, \boldsymbol{\alpha}_{ir}'$ 是变换后列向量的一个极大线性无关部分组即可。

只需分别证明向量组

$$\boldsymbol{\alpha}_{i1}', \boldsymbol{\alpha}_{i2}', \cdots, \boldsymbol{\alpha}_{ir}' \tag{5.5.4}$$

线性无关和 $\boldsymbol{\alpha}_1', \boldsymbol{\alpha}_2', \cdots, \boldsymbol{\alpha}_n'$ 中的任意一个向量都可以被(5.5.4)线性表出。构造方程 $x_{i1}\boldsymbol{\alpha}_{i1}', x_{i2}\boldsymbol{\alpha}_{i2}', \cdots, x_{ir}\boldsymbol{\alpha}_{ir}'=0$,由于 $\boldsymbol{\alpha}_{i1}, \boldsymbol{\alpha}_{i2}, \cdots, \boldsymbol{\alpha}_{ir}$ 线性无关,线性方程组 $k_{i1}\boldsymbol{\alpha}_{i1},$ $k_{i2}\boldsymbol{\alpha}_{i2}, \cdots, k_{ir}\boldsymbol{\alpha}_{ir}=0$ 只有零解,而方程 $x_{i1}\boldsymbol{\alpha}_{i1}', x_{i2}\boldsymbol{\alpha}_{i2}', \cdots, x_{ir}\boldsymbol{\alpha}_{ir}'=0$ 是由 $k_{i1}\boldsymbol{\alpha}_{i1},$ $k_{i2}\boldsymbol{\alpha}_{i2}, \cdots, k_{ir}\boldsymbol{\alpha}_{ir}=0$ 经过初等行变换得来的,而初等行变换是同解变换,所以 $x_{i1}\boldsymbol{\alpha}_{i1}',$ $x_{i2}\boldsymbol{\alpha}_{i2}', \cdots, x_{ir}\boldsymbol{\alpha}_{ir}'=0$ 只有零解,于是 $\boldsymbol{\alpha}_{i1}', \boldsymbol{\alpha}_{i2}', \cdots, \boldsymbol{\alpha}_{ir}'$ 线性无关。对于 A 的任意一个列向量 $\boldsymbol{\beta}$,都可被 $\boldsymbol{\alpha}_{i1}, \boldsymbol{\alpha}_{i2}, \cdots, \boldsymbol{\alpha}_{ir}$ 线性表出,利用初等行变换是同解变换同样可以证明经过初等行变换后,$\boldsymbol{\beta}'$ 可以被(5.5.4)线性表出。

推论 2 矩阵的行、列秩相等,称为矩阵的秩,矩阵 A 的秩记为 $r(A)$。

向量组的任意一个极大无关部分组都与整个向量组等价,因此包含的信息量相同。

所以,只要从列向量组中找出它的一个极大线性无关组,就可以表示其余的向量,这个极大线性无关部分组就是包含足够的信息量。这只是解决问题的一个途径,当然也可以用其他方法(如相关系数、聚类分析法等)进行解决。

例 8 调整气象观测站问题

某地区有 12 个气象观测站,10 年来各观测站的年降水量如表 5-2 所示。为了节省开支,想要适当减少气象观测站。问:减少哪些气象观测站可以使所得的降水量的信息量仍然足够大?

表 5-2   某地区气象观测站的年降水量

年	x_1	x_2	x_3	x_4	x_5	x_6	x_7	x_8	x_9	x_{10}	x_{11}	x_{12}
2010	276	324	158	412	292	258	334	303	292	243	159	331
2011	251	287	349	297	227	453	321	451	466	307	421	455
2012	192	436	289	366	466	239	357	219	245	411	357	353
2013	246	232	243	372	460	158	298	314	256	327	296	423
2014	291	311	502	254	245	324	401	266	251	289	255	362
2015	466	158	223	425	251	321	315	317	246	277	304	410
2016	258	327	432	403	256	282	389	413	466	199	282	387
2017	453	365	357	258	278	467	355	228	453	315	456	407
2018	158	271	410	344	250	360	376	179	159	342	331	377
2019	324	406	235	288	192	284	290	343	283	281	243	411

$a_1, a_2, \cdots, a_{12}$ 分别表示气象观测站 $x_1, x_2, \cdots, x_{12}$ 在 2010~2019 年内降水量的列向量,由于 $a_1, a_2, \cdots, a_{12}$ 是含有 12 个向量的十维向量组,该向量组必定线性相关。若能求出它的一个极大线性无关组,则其极大线性无关组所对应的气象观测站就可将其他的气象观测站的气象资料表示出来,因而其他气象观测站就是可以减少的。因此,最多只需 10 个气象观测站。

由 $a_1, a_2, \cdots, a_{12}$ 为列向量作矩阵 A,我们可以求出向量组 $a_1, a_2, \cdots, a_{12}$ 的一个极大无关组:$a_1, a_2, a_3, a_4, a_5, a_6, a_7, a_8, a_9, a_{10}$ [可由 MATLAB 软件中的命令,输入矩阵 A,rref(A)求出来],事实上,该问题中任意 10 个向量都是极大线性无关组。

故可以减少第 11 与第 12 个观测站,可以使得到的降水量的信息仍然足够大。当然,也可以减少另外两个观测站,只要这两个列向量可以由其他列向量线性表示。

如果确定只需要 8 个气象观测站,那么我们可以从上表数据中取某 8 年的数据,组成含有 12 个八维向量的向量组,然后求其极大线性无关组,则必有 4 个向量可由其余向量线性表示。这 4 个向量所对应的气象观测站就可以减少,而所得到的降水量的信息仍然足够大。

练习题

1. 向量组线性无关的充要条件是_____。

2. 请配平下列化学方程式,并使得方程的系数为最小可能的正整数。

$$MnS + As_2Cr_{10}O_{35} + H_2SO_4 \longrightarrow HMnO_4 + AsH_3 + CrS_3O_{12} + H_2O$$

3. 有一个平面结构如下图所示,有 13 条梁(图中标号的线段)和 8 个铰接点(图中标号的圈)联结在一起。其中 1 号铰接点完全固定,8 号铰接点竖直方向固定,并在 2 号,5 号和 6 号铰接点上,分别有图示的 10 吨、15 吨和 20 吨的负载。在静平衡的条件下,任何一个铰接点上水平和竖直方向受力都是平衡的。已知每条斜梁的角度都是 45°。

(1) 列出由各铰接点处受力平衡方程构成的线性方程组。

(2) 用 MATLAB 软件求解该线性方程组,确定每条梁的受力情况。

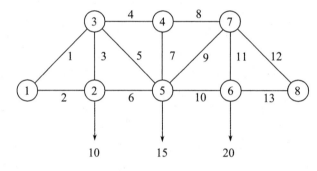

第六节　概率转移矩阵问题

本节要点

本节主要学习概率转移矩阵问题,旨在让学生利用矩阵的乘法运算描绘和预测事件的发展趋势。

学习目标

※ 掌握矩阵的特征值和秩的性质

※ 学会构造概率转移矩阵

※ 会用概率转移矩阵预测事件的发展趋势

学习指导

概率转移矩阵是马尔可夫链应用的重要工具,它对市场预测等方面有着重要的应用,所以学好概率转移矩阵,对于预测类型的问题有着积极的意义。

一、基本概念

1. 矩阵的秩

矩阵的秩是反映矩阵固有特性的一个重要概念。

定义 1　在矩阵 A 中,任意选定 k 行和 k 列交叉点上的元素构成 A 的一个 k 阶子矩阵,此子矩阵的行列式,称为 A 的一个 k 阶子式。

定义 2　$A=(a_{ij})_{m\times n}$ 的不为零的子式的最大阶数称为矩阵 A 的秩,记作 $r(A)$ 或 rank A,特别规定零矩阵的秩为零。

显然,$r(A)\leqslant\min(m,n)$,易得:

定理 5.9　若 A 中至少有一个 r 阶子式不等于零,且在 $r(A)<\min(m,n)$ 时,A 中所有的 $r+1$ 阶子式全为零,则 A 的秩为 r。

由定义直接可得 n 阶可逆矩阵的秩为 n,通常又将可逆矩阵称为满秩矩阵,不满秩矩阵就是奇异矩阵,$\det(A)=0$。

由行列式的性质知,矩阵 A 的转置 A^T 的秩与 A 的秩是一样的。

2. 矩阵的特征值

计算方阵 A 的特征值,就是求特征方程

$$|A - \lambda I| = 0$$

即

$$\lambda^n + p_1 \lambda^{n-1} + p_2 \lambda^{n-2} + \cdots + p_n = 0$$

的根。求出特征值 λ 后,再求相应的齐次线性方程组

$$(A - \lambda I)X = 0$$

的非零解,即是对应于 λ 的特征向量。

3. 概率转移矩阵

转移概率运用马尔可夫预测法,离不开转移概率和转移概率的矩阵。事物状态的转变也就是事物状态的转移。事物状态的转移是随机的。例如,本月份企业产品是畅销的,下个月产品是继续畅销,或是滞销,是企业无法确定的,是随机的。由于事物状态转移是随机的,因此,必须用概率来描述事物状态转移的可能性大小,这就是转移概率。下面举一例子说明什么是转移概率。

定义 转移概率矩阵

由转移概率组成的矩阵就是转移概率矩阵。也就是说,构成转移概率矩阵的元素是一个个的转移概率。设转移概率矩阵为

$$R = \begin{bmatrix} p_{11} & p_{12} & \cdots & p_{1n} \\ p_{21} & p_{22} & \cdots & p_{2n} \\ \vdots & \vdots & \vdots & \vdots \\ p_{m1} & p_{m2} & \cdots & p_{mn} \end{bmatrix},$$

则转移概率矩阵有以下特征:

① $0 \leqslant p_{ij} \leqslant 1$;

② $\sum\limits_{j=1}^{n} p_{ij} = 1$,即矩阵中每一行转移概率之和等于 1。

根据各个阶段的不同状态和状态的转移,应用矩阵的乘法(矩阵方幂的收敛性)来预测状态的发展趋势,这种方法属于随机过程中的马尔科夫链,在市场预测等方面有着重要的应用。

党的二十大报告提出,教育、科技、人才是全面建设社会主义现代化国家的基础性、战略性支撑,坚持教育优先发展,教育是国之大计、党之大计。基础教育是国民教育体系的根基,具有重要基础性、先导性作用,事关国家发展和民族未来,对培养堪当民族复兴重任的时代新人具有重要奠基作用。而在其中,儿童受教育的水平,是基础教育的重

要指标。

例 9 受教育程度的依赖性

社会学的某些调查结果表明,儿童受教育的水平依赖于他们父母受教育的水平。调查过程将人受教育的程度划分为三类。E 类:这类人具有初中或初中以下文化程度;S 类:这类人具有高中文化程度;C 类:这类人受过高等教育。当父母(指文化程度较高者)是这三类人中的一类型时,其子女将属于这三类中的任一类的概率(占总数的百分比)如表 5-3。

表 5-3 　　　　　儿童受教育的水平与他们父母受教育的水平

子女 父母	E	S	C
E	0.6	0.3	0.1
S	0.4	0.4	0.2
C	0.1	0.2	0.7

问题:

1. 属于 S 类的人口中,其第三代将接受高等教育的百分比是多少?

2. 假设不同的调查结果表明:如果父母之一受过高等教育,那么他们的子女总是可以进入大学,修改上面的概率转移矩阵。

3. 根据 2,每一类人口的后代平均要经过多少代,最终都可以接受高等教育?

解:1. 由调查表可得概率转移矩阵

$$P=\begin{pmatrix}0.6 & 0.3 & 0.1\\0.4 & 0.4 & 0.2\\0.1 & 0.2 & 0.7\end{pmatrix}$$

P 表示当父母是这三类人中的某一类型时,其子女将属于这三类中的任一类的概率,经过两步转移得

$$P^2=\begin{pmatrix}0.49 & 0.32 & 0.19\\0.42 & 0.32 & 0.26\\0.21 & 0.25 & 0.54\end{pmatrix}$$

P^2 反映当祖父是这三类人中的某一类型时第三代受教育程度,$P^3,P^4,\cdots$依此类推。所以,属于 S 类的人口中,其第三代将接受高等教育的概率是 26%。

P 的三个特征根分别为 $\lambda_1=1,\lambda_2=\dfrac{7+\sqrt{21}}{20}=0.5791,\lambda_3=\dfrac{7-\sqrt{21}}{20}=0.1209,P$ 可以对角化。

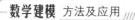

当 $n \to \infty$ 时，$\lambda_1{}^n \to 1, \lambda_2{}^n \to 0, \lambda_3{}^n \to 0$，

$$P^n \to \begin{pmatrix} 0.378\ 4 & 0.297\ 3 & 0.324\ 3 \\ 0.378\ 4 & 0.297\ 3 & 0.324\ 3 \\ 0.378\ 4 & 0.297\ 3 & 0.324\ 3 \end{pmatrix}$$

不论现在的受教育水平的比例如何，按照这种趋势发展下去，其最终趋势是属于 E, S, C 类的人口分别为 37.84%，29.73%，32.43%。

2. 如果父母之一受过高等教育，那么他们的子女总是可以进入大学，则上面的概率转移矩阵可修改为：

$$P = \begin{pmatrix} 0.6 & 0.3 & 0.1 \\ 0.4 & 0.4 & 0.2 \\ 0 & 0 & 1 \end{pmatrix}$$

可以计算

$$P^2 = \begin{pmatrix} 0.48 & 0.3 & 0.22 \\ 0.40 & 0.28 & 0.32 \\ 0 & 0 & 1 \end{pmatrix}, \cdots$$

$$P^{21} = \begin{pmatrix} 0.027\ 3 & 0.017\ 8 & 0.955\ 0 \\ 0.023\ 7 & 0.015\ 4 & 0.960\ 9 \\ 0 & 0 & 1 \end{pmatrix}, \cdots, P^{50} = \begin{pmatrix} 0.000\ 4 & 0.000\ 2 & 0.999\ 4 \\ 0.000\ 3 & 0.000\ 2 & 0.999\ 5 \\ 0 & 0 & 1 \end{pmatrix}$$

属于 S 类的人口中，其第三代将受过高等教育的概率是 32%。

P 的三个特征值分别为 $\lambda_1 = \dfrac{10+\sqrt{52}}{20} = 0.860\ 6, \lambda_2 = \dfrac{10-\sqrt{52}}{20} = 0.139\ 4, \lambda_3 = 1$，可以对角化。

3. 当 $n \to \infty$ 时，$\lambda_1{}^n \to 0, \lambda_2{}^n \to 0, \lambda_3{}^n \to 1$，在当 $n \to \infty$ 时

$$P^n = \begin{pmatrix} 0 & 0 & 1 \\ 0 & 0 & 1 \\ 0 & 0 & 1 \end{pmatrix}$$

如果父母之一受过高等教育，那么他们的子女总是可以进入大学，不论现在的受教育水平的比例如何，按照这种趋势发展下去，其最终趋势是属于 E, S, C 类的人口分别为 0，0，100%。由此可以看出，按照这种趋势发展下去，其最终趋势是所有人都可以接受高等教育。

练习题

1. 概率转移矩阵的特征为＿＿＿＿＿＿、＿＿＿＿＿＿。

2. 金融机构为保证现金充分支付，设立一笔总额 5 400 万的基金，分开放置在位于

A 城和 B 城的两家公司,基金在平时可以使用,但每周末结算时必须确保总额仍然为 5 400 万。经过相当长的一段时期的现金流动,发现每过一周,各公司的支付基金在流通过程中多数还留在自己的公司内,而 A 城公司有 10% 支付基金流动到 B 城公司,B 城公司则有 12% 的支付基金流动到 A 城公司。起初 A 城公司基金为 2 600 万,B 城公司基金为 2 800 万。按此规律,两公司支付基金数额变换趋势如何? 如果金融专家认为每个公司的支付基金不能少于 2 200 万,那么是否需要在必要时调动基金?

3. 某校共有学生 40 000 人,平时均在学生食堂就餐。该校共有 A,B,C 3 个学生食堂.经过近一年的统计观测发现:A 食堂分别有 10%,25% 的学生经常去 B,C 食堂就餐,B 食堂经常分别有 15%,25% 的同学去 A,C 食堂就餐,C 食堂分别有 20%,20% 的同学去 A,B 食堂就餐。

(1)建立该问题的数学模型。

(2)确定该校 3 个食堂的大致就餐人数。

第七节　投入产出问题

本节要点

　　本节主要学习投入产出问题模型,旨在让学生通过模型理解经济系统中的数学模型,掌握这类问题的求解方法。

学习目标

　　※　学习投入产出平衡模型

　　※　能针对问题进行投入产出分析

学习指导

　　由投入产出模型的理论知道,只要经济系统各个部门的生产技术条件没有变化,就可将报告期的投入产出数学模型直接应用于计划期的经济工作。

　　投入产出综合平衡模型是宏观的经济模型,用于为经济系统(小到一家公司,大到整个国家)编制经济计划并研究各种相关的经济政策和问题。这种模型由美国经济学家里昂节夫于 1931 年开始研究,并于 1936 年首次发表第一篇研究成果,此后数十年间被愈来愈多的国家采用并取得良好的效果。里昂节夫也因此而获得 1973 年度的诺贝尔经济学奖。

　　例 10　投入产出分析

　　一个城镇有三个主要生产企业:煤矿、电厂和地方铁路作为它的经济系统。已知生产价值 1 元的煤,需要消耗 0.25 元的电和 0.35 元的运输费;生产价值 1 元的电,需要消耗 0.40 元的煤、0.05 元的电和 0.10 元的运输费;而提供价值 1 元的铁路运输服务,则需要消耗 0.45 元的煤、0.10 元的电和 0.10 元的铁路运输服务费。假设在某个星期内,除了这三个企业间的彼此需求,煤矿得到 50 000 元的订单,电厂得到 25 000 元的电量供应需求,而地方铁路得到价值 30 000 元的运输需求。试问:这三个企业在这个星期各生产多少产值才能满足内外需求?除了外部需求,试求这个星期各企业之间的消耗需求,同时求出各企业的新创造价值(即产值中去掉各企业的消耗所剩部分)。

这是一个小型的经济投入产出模式。在一个国家或地区的经济系统中,各部门(或企业)既有消耗又有生产,或者说既有"投入",又有"产出",生产的产品供给各部门和系统以外的需求,同时也要消耗系统内各部门所提供的产品。消耗的目的是为了生产,生产的结果必然要创造新价值,以支付工资、税收和获取利润。显然对于每一个部门,物质消耗(生产资料转移价值)和新创造价值之和应该等于它的生产价值。这就是"投入"和"产出"之间的平衡关系(见表5-4)。

表 5-4   "投入"和"产出"之间的平衡关系

投 入＼产 出	煤矿消耗系数	电厂消耗系数	铁路消耗系数	最终产品	总产值
煤矿	0	0.40	0.45	50 000	x_1
电厂	0.25	0.05	0.10	25 000	x_2
铁路	0.35	0.10	0.10	30 000	x_3
新创造价值	z_1	z_2	z_3		
总产值	x_1	x_2	x_3		

设煤矿、电厂和地方铁路在这星期的总产值分别为 x_1,x_2,x_3(元),那么就有分配平衡方程组(表示产出情况)

$$\begin{cases} 0 \cdot x_1+0.40x_2+0.45x_3+50\ 000=x_1, \\ 0.25x_1+0.05x_2+0.10x_3+25\ 000=x_2, \\ 0.35x_1+0.10x_2+0.10x_3+30\ 000=x_3 \end{cases}$$

该方程组说明各企业的产品按其经济用途的使用分配情况,即

总产品(值)=中间产品(作为系统内部的消耗)+最终产品(外部需求)

记

$$A=\begin{pmatrix} 0 & 0.40 & 0.45 \\ 0.25 & 0.05 & 0.10 \\ 0.35 & 0.10 & 0.10 \end{pmatrix}$$

A 称为直接消耗系数矩阵,其中的元素 a_{ij} 表示单位(元)第 j 部门产品在生产过程中对第 i 部门产生的消耗量($i,j=1,2,3$)。$X=\begin{pmatrix} x_1 \\ x_2 \\ x_3 \end{pmatrix}$ 称为总产品列向量(矩阵),

$Y=\begin{pmatrix} y_1 \\ y_2 \\ y_3 \end{pmatrix}$ 称为最终产品列向量(矩阵),则分配平衡方程组可表示成

$$AX + Y = X \ \text{或} (E-A) = Y$$

从而其解为 $X = (E-A)^{-1}Y$。

对于我们的问题可得

$$X = (E-A)^{-1}Y = \begin{pmatrix} 1 & -0.40 & -0.45 \\ -0.25 & 0.95 & 0.10 \\ -0.35 & -0.10 & 0.90 \end{pmatrix}^{-1} \begin{pmatrix} 50\,000 \\ 25\,000 \\ 30\,000 \end{pmatrix}$$

$$= \begin{pmatrix} 1.456\,6 & 0.698\,1 & 0.805\,9 \\ 0.448\,2 & 1.279\,9 & 0.366\,3 \\ 0.616\,2 & 0.413\,7 & 1.465\,2 \end{pmatrix}^{-1} \begin{pmatrix} 50\,000 \\ 25\,000 \\ 30\,000 \end{pmatrix} = \begin{pmatrix} 114\,458 \\ 65\,395 \\ 85\,111 \end{pmatrix}$$

即这个星期煤矿总产值是 114 458 元,电厂总产值是 65 395 元,铁路服务产值是 85 111 元。

值得指出的是,A 是直接消耗系数矩阵。可以证明,A 的所有特征值的模全小于 1。因此,满足条件 $\lim\limits_{k \to \infty} A^k = 0$,这是直接消耗系数矩阵特有的性质。则 $(E-A)^{-1} = E + A + A^2 + A^3 + \cdots$ 是收敛的,称为完全需要系数矩阵,同时 $(E-A)^{-1} - E = A + A^2 + A^3 + \cdots$ 称为完全消耗系数矩阵,它等于直接消耗加上各次间接消耗。

在求出 X 以后,三个企业为煤矿提供的中间产品(煤矿的消耗)列向量为

$$x_1 \begin{pmatrix} 0 \\ 0.25 \\ 0.35 \end{pmatrix} = 114\,458 \begin{pmatrix} 0 \\ 0.25 \\ 0.35 \end{pmatrix} = \begin{pmatrix} 0 \\ 28\,614 \\ 40\,060 \end{pmatrix}$$

三个企业为电厂提供的中间产品(电厂的消耗)列向量为

$$x_2 \begin{pmatrix} 0.40 \\ 0.05 \\ 0.10 \end{pmatrix} = 65\,395 \begin{pmatrix} 0.40 \\ 0.05 \\ 0.10 \end{pmatrix} = \begin{pmatrix} 26\,158 \\ 3\,270 \\ 6\,540 \end{pmatrix}$$

三个企业为铁路提供的中间产量(铁路的消耗)列向量为

$$x_3 \begin{pmatrix} 0.45 \\ 0.10 \\ 0.10 \end{pmatrix} = 85\,111 \begin{pmatrix} 0.45 \\ 0.10 \\ 0.10 \end{pmatrix} = \begin{pmatrix} 38\,300 \\ 8\,511 \\ 8\,511 \end{pmatrix}$$

另一方面,若设煤矿、电厂和地方铁路在这星期的新创造价值(工资、税收、利润等)分别为 z_1, z_2, z_3(元),则可得消耗平衡方程组

$$\begin{cases} 0 \cdot x_1 + 0.25x_1 + 0.35x_1 + z_1 = x_1, \\ 0.40x_2 + 0.05x_2 + 0.10x_2 + z_2 = x_2, \\ 0.4x_3 + 0.10x_3 + 0.10x_3 + z_3 = x_3 \end{cases}$$

这个方程组说明了各部门总产值的价值构成情况,即

生产资料转移价值＋新创造价值＝总产值

由于 x_1, x_2, x_3 已经求得,代入消耗平衡方程组,可以解得 $z_1 = 45\ 784$ 元,$z_2 = 29\ 427$ 元,$z_3 = 29\ 789$ 元。

所以,可以得到这三个部门的投入产出表 5-5。

表 5-5　　　　　　　　　　　　　投入产出表

投入＼产出	煤矿中间产品	电厂中间产品	铁路中间产品	最终产品	总产值
煤矿	0	26 158	38 300	50 000	114 458
电厂	28 614	3 270	8 511	25 000	65 395
铁路	40 061	6 540	8 511	30 000	85 111
新创造价值	45 784	29 427	29 789		
总产值	114 458	65 395	85 111		

【典型应用案例】

1. 某地有一座煤矿,一个发电厂和一条铁路。经成本核算,每生产价值 1 元钱的煤需消耗 0.3 元的电,为了把这 1 元钱的煤运出去需花费 0.2 元的运费;每生产 1 元的电需 0.6 元的煤作燃料,为了运行电厂的辅助设备需消耗本身 0.1 元的电,还需要花费 0.1 元的运费;作为铁路局,每提供 1 元运费的运输需消耗 0.5 元的煤,辅助设备要消耗 0.1 元的电。现煤矿接到外地 6 万元煤的订货,电厂有 10 万元电的外地需求,问煤矿和电厂各生产多少才能满足需求?

【模型假设】假设不考虑价格变动等其他因素。

【模型建立】设煤矿、电厂、铁路分别产出 x 元,y 元,z 元刚好满足需求,则有:

表 5-6　　　　　　　　　　　　　消耗与产出情况

		产出(1 元)			产出	消耗	订单
		煤	电	运			
消耗	煤	0	0.6	0.5	x	$0.6y + 0.5z$	60 000
	电	0.3	0.1	0.1	y	$0.3x + 0.1y + 0.1z$	100 000
	运	0.2	0.1	0	z	$0.2x + 0.1y$	0

根据需求,应该有

$$\begin{cases} x - (0.6y + 0.5z) = 60\ 000, \\ y - (0.3x + 0.1y + 0.1z) = 100\ 000, \\ z - (0.2x + 0.1y) = 0 \end{cases}$$

即

$$\begin{cases} x-0.6y-0.5z=60\,000, \\ -0.3x+0.9y-0.1z=100\,000, \\ -0.2x-0.1y+z=0 \end{cases}$$

【模型求解】在 MATLAB 命令窗口输入以下命令：

$>> A=[1,-0.6,-0.5;-0.3,0.9,-0.1;-0.2,-0.1,1];b=[60\,000;100\,000;0];$

$>> x=A\backslash b$

MATLAB 执行后得

$x=$

1.0e+005 *

1.996 6

1.841 5

0.583 5

可见煤矿要生产 $1.996\,6\times10^5$ 元的煤,电厂要生产 $1.841\,5\times10^5$ 元的电恰好满足需求。

【模型分析】令 $X=\begin{pmatrix} x \\ y \\ z \end{pmatrix}, A=\begin{pmatrix} 0 & 0.6 & 0.5 \\ 0.3 & 0.1 & 0.1 \\ 0.2 & 0.1 & 0 \end{pmatrix}, b=\begin{pmatrix} 60\,000 \\ 100\,000 \\ 0 \end{pmatrix}$,其中 X 称为总产值列向量,A 称为消耗系数矩阵,b 称为最终产品向量,则

$$AX=\begin{pmatrix} 0 & 0.6 & 0.5 \\ 0.3 & 0.1 & 0.1 \\ 0.2 & 0.1 & 0 \end{pmatrix}\begin{pmatrix} x \\ y \\ z \end{pmatrix}=\begin{pmatrix} 0.6y+0.5z \\ 0.3x+0.1y+0.1z \\ 0.2x+0.1y \end{pmatrix}$$

根据需求,应该有 $X-AX=b$,即 $(E-A)X=b$,故 $X=(E-A)^{-1}b$。

2. 某乡镇有甲、乙、丙三个企业。甲企业每生产 1 元的产品要消耗 0.25 元乙企业的产品和 0.25 元丙企业的产品;乙企业每生产 1 元的产品要消耗 0.65 元甲企业的产品,0.05 元自产的产品和 0.05 元丙企业的产品;丙企业每生产 1 元的产品要消耗 0.5 元甲企业的产品和 0.1 元乙企业的产品。在一个生产周期内,甲、乙、丙三个企业生产的产品价值分别为 100 万元、120 万元、60 万元,同时各自的固定资产折旧分别为 20 万元、5 万元和 5 万元。

(1) 求一个生产周期内,这三个企业扣除消耗和折旧后的新创价值。

(2) 如果这三个企业接到外来订单分别为 50 万元、60 万元、40 万元,那么他们各生产多少才能满足需求?

练习题

1. 投入产出模型遵循的原理是＿＿＿＿＿＿＿＿＿＿＿＿。

2. 设某工厂有三个车间,在某一个生产周期内各车间之间的直接消耗系数及最终需求如下表,求各车间的总产值。

直接消耗系数　　　车间　　　　　　车间	I	II	III	最终需求
I	0.25	0.1	0.1	235
II	0.2	0.2	0.1	125
III	0.1	0.1	0.2	210

3. 设某地区国民经济系统仅由工业、农业和服务业三个部门构成,已知某年它们之间的投入产出关系、外部需求、初始投入等如表所示(数字表示产值,单位为亿元)。

表　各个部门间的关系

产出　　投入	工业	农业	服务业	外部需求	总产出
工业	20	20	25	35	100
农业	30	20	45	115	210
服务业	15	60	/	70	145
外部需求	35	110	75		
总产出	100	210	145		

(1) 建立投入产出系数表。

(2) 设有 n 个部门,已知投入系数和给定外部需求,建立求解各部门总产出的数学模型。

(3) 如果今年对工业、农业和服务业的外部需求分别为 150 亿元、250 亿元、170 亿元,问这三个部门的总产出应分别为多少?

(4) 如果三个部门的外部需求分别增加 5 个单位,他们的总产出应分别增加多少?

(5) 如果对于任意给定的、非负的外部需求,都能得到非负的总产出,模型就称为可行的。问为使模型可行,投入系数应满足什么条件?

本章小结

1. 知识结构

本章研究了数学建模中线性代数的几种模型,通过线性代数中的向量、矩阵在模型中的使用进行分析,深刻理解了线性代数知识在数学建模中的应用。

本章的知识结构图如下:

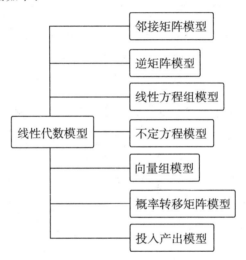

2. 课题作业

某经济开发区有三个重要企业,海水净化厂、发电厂和运输公司。净化一元钱的海水,海水净化厂要支付 0.2 元的电费及 0.05 元的运输费。生产一元钱的电力,发电厂要支付 0.1 元的水费、0.05 元的电费及 0.05 元的运输费。运输公司创收一元钱,要支付 0.25 元的水费及 0.25 元的电费。在某一周内,海水净化厂要向市区提供价值为 85 万元的饮用水,发电厂要提供 70 万元的电力,运输公司要盈利 10 万元。问三个企业在这一周内的总产值为多少才能满足自身及外界的需求?

参考文献

[1] 张禾瑞.高等代数[M].高等教育出版社,2007.

[2] 王健,赵国生.MATLAB 数学建模与仿真[M].清华大学出版社,2016.

[3] 王庚.现代数学建模方法[M].科学出版社,2009.

［4］岳晓鹏,孟晓然.在线性代数教学改革中融入数学建模思想的研究［J］.高师理科学刊.2011 (04).

［5］黄炜.数学建模在线性代数中应用案例［J］.江西科学.2009(02).

［6］熊小兵.可逆矩阵在保密通信中的应用［J］.大学数学.2007(03).

第六章

概率统计模型

本章导学

    在诸多实际问题中,由不确定性因素导致的问题是常常需要解决的一类随机问题,本章主要介绍如何应用数学建模方法解决一些概率统计中的常见问题。如现实生活中的抓阄问题,有人争先恐后,有人畏缩不前,先抓和后抓的公平性是否一致?某大型商场或街边小巷的大奖貌似唾手可得,然而让人屡屡失望,原因何在?保险公司在为人们介绍保险时是否存在夸大其词?等等。

    借助古典概型,我们可以分析和解决盒子模型问题;借助条件概率,我们可以分析和解决抽签的公平性问题;通过对伯努利试验的应用,可以让我们在面对大奖的诱惑时不失理智;通过中心极限定理和二项分布的应用可以让我们更加清晰地了解保险背后的营销等。

    本章我们将从概率统计的角度,应用数学建模的方法去揭开一个个真实的面纱。

第一节　至少两人生日在同一天

本节要点

　　本节围绕"至少两人生日在同一天"的问题,以古典概型为知识基础,对问题进行分析、假设,从而建立数学模型,通过对一般问题的解决,形成"盒子模型"并进行推广。

学习目标

　　※ 理解古典概型的基本概念

　　※ 掌握数学建模的基本步骤

　　※ 熟悉对"盒子模型"从一般到具体的应用

学习指导

　　本节内容以"至少两人生日在同一天"的问题为导向进行探究学习。首先要明确古典概型的基本概念,尤其是基本事件概念的理解,应该结合具体问题进行分析、阐明,在模型假设时有针对性地设出必要的变量来表达问题。其次,对于模型的建立突出问题的一般性,在模型推广时通过具体化、特殊性的实例来进行说明,便于对问题的理解。

一、预备知识

　　定义　随机试验的样本空间只包括有限个元素,并且试验中每个基本事件发生的可能性相同,具有以上两个特点的数学模型是大量存在的,这种模型叫等可能概型,也叫古典概型。

　　一个试验是否为古典概型,在于这个试验是否具有古典概型的两个特征——有限性和等可能性,只有同时具备这两个特点的模型才是古典概型。

　　显然古典概型是有限样本空间的一种特例,它有着多方面的应用,产品抽样检查就是其中之一。事实上,古典概型的大部分问题都能形象化地用摸球模型来描述。

　　求古典概型的概率的基本步骤:

　　(1) 算出所有基本事件的个数 n;

　　(2) 求出事件 A 包含的所有基本事件数 m;

（3）代入公式 $P(A)=\dfrac{m}{n}$，求出 $P(A)$。

当直接计算古典概型的概率有困难时，往往通过其对立事件的概率来计算。

二、问题提出

小王和小张是好朋友，高中毕业后考入了同一所大学的不同专业，当然也就在不同的班级。有一天，两人见面聊起来，小王问小张："你们班有多少同学?"

"四十四。"小张回答。

"准有两个同学的生日在同一天。"小王说。

"你怎么知道的?"小张奇怪地问。

"我能未卜先知，不信你去调查一下。"小王卖开关子。

小张将信将疑，还真的去问了全班每个同学的生日，果然有两位同学的生日在同一天。小张想，一年有 356 天，如果一个班级有 366 位同学，根据鸽巢原理（或抽屉原理），至少有两位同学的生日在同一天。可我们班只有 44 位同学，怎么这么巧有两位同学的生日在同一天呢？大家能不能帮助小张解决这个疑惑？

三、数学建模及求解

（一）模型分析

这是一类典型的古典概型问题，满足有限性和等可能性的特点，关键要适当地做出假设，找出事件 A 发生的次数和所有可能的总次数，借助古典概率模型进行求解。值得注意的是，如果事件 A 比较复杂，往往借助对立事件 $\overline{A}$ 进行计算。

（二）模型假设

事件 A 表示"该班至少有两个人的生日在同一天"；

n 表示该班 44 人生日的所有可能情况数量；

m 表示至少两人生日相同的情况数量；

m' 表示 44 人生日各不相同的情况数量。

（三）模型建立

计算公式：$P(A)=\dfrac{m}{n}$，$P(A)=1-P(\overline{A})=1-\dfrac{m'}{n}$。

（四）模型求解

全班 44 位同学的生日一共有 $n=365^{44}$ 种情况。

对于事件 A，如果直接用古典概型从正面进行计算，它包括：恰有 2 人生日相同；恰有 3 人生日相同;恰有 4 人生日相同……恰有 44 人的生日都相同。如果这样进行计算,可想而知它的难度有多大,所以我们从事件 A 的对立事件考虑——$\overline{A}$ 表示"44 人生日各不相同"。

$$m'=\mathrm{P}_{365}^{44}=365\times364\times\cdots\times322, P(\overline{A})=\frac{m'}{n}=\frac{365\times364\times\cdots\times322}{365^{44}}=0.067\ 146$$

$$P(A)=1-P(\overline{A})=1-\frac{m'}{n}=1-0.067\ 146=0.932\ 854$$

这个概率比较大,所以该班有两名同学生日相同就不足为奇了。

(四) 模型推广

在一个有 m 个人的群体里,至少两人的生日在同一天的可能性可统一用模型公式表示

$$P(A)=1-P(\overline{A})=1-\frac{\mathrm{P}_{365}^m}{365^m}$$

下表列出了不同 m 取值下的概率值 P。

表 6-1

m	30	35	40	45	50	55	60
P	0.706 3	0.814 4	0.891 2	0.941 0	0.970 4	0.986 3	0.994 1

通过古典概型概率的计算,可以发现一些常见的随机事件发生概率的规律,有些甚至出乎人们的预料。一个群体中有 60 个人,至少有两人的生日在同一天的概率竟高达 99% 以上,而他们的生日全不相同,这个人们认为最有可能发生的事,反而是百里挑一的稀罕事。这一模型思想还可以推广到解决质量控制、可靠性等相关的问题。

四、数学建模方法分析

对于提出的问题考虑的角度可以从抽屉原理和古典概型两个方面入手,最终分析应用古典概率模型进行求解,再通过模型假设,借助古典概型概率公式进行建模,模型的求解中注意对立事件的应用。

练习题

1. 古典概型的特征有两个,分别是_____和_____。

2. 对立事件 A 和 B,在概率上的关系可以用 $P(A)$ 和 $P(B)$ 表达为_____。

3. 某学校 3 名学生新学期报到,等可能地分配到 4 间宿舍中,至少 2 名学生被分到同一间宿舍的概率是多少?

4. 有 4 个相同的球,等可能地放入 5 个杯子中,求 4 个球放到不同杯子的概率。

第二节　抽签公平吗

本节要点

本节围绕"抽签公平吗"的问题,以条件概率为知识基础,对问题进行分析、假设,从而建立数学模型,通过对"先抽"和"后抽"的对比,从概率的角度说明了问题的本质,从科学的角度对人们日常的偏见给予了纠正。

学习目标

※ 理解条件概率的定义和性质

※ 理解乘法公式、全概率公式和贝叶斯公式,并明确它们与条件概率的内在关系

※ 能应用条件概率及其性质分析和解决相关实际问题

学习指导

关于抽签中的"先抽"和"后抽"公平性的问题,长久以来颇受争议。本节在条件概率的基础上,结合具体问题进行了模型分析、模型假设,通过简洁有效地数学归纳法对问题给予了科学解决。希望大家在学习本节内容时能通过小组合作探究、问题总结等方式进行。

一、预备知识

定义　设 A 与 B 表示样本空间 Ω 中的两个事件,若 $P(B)>0$,则称

$$P(A \mid B) = \frac{P(AB)}{P(B)}$$

为"在 B 发生条件下 A 发生的条件概率",简称条件概率。

性质1　乘法公式

(1) 若 $P(B)>0$,则 $P(AB)=P(B)P(A \mid B)$;

(2) 若 $P(A_1 A_2 \cdots A_{n-1})>0$,则

$$P(A_1 A_2 \cdots A_n)=P(A_1)P(A_2 \mid A_1)P(A_3 \mid A_1 A_2) \cdots P(A_n \mid A_1 A_2 \cdots A_{n-1})$$

对乘法公式的理解可以结合乘法原理,考虑分步完成相应事件。

性质 2　全概率公式

设 $B_1, B_2, \cdots, B_n$ 是样本空间 Ω 的一个分割,即 $B_1, B_2, \cdots, B_n$ 互不相容,且 $\bigcup_{i=1}^{n} B_i = \Omega$,如果 $P(B_i) > 0, i = 1, 2, \cdots, n$,则对任意事件 A,有

$$P(A) = \sum_{i=1}^{n} P(B_i) P(A|B_i), i = 1, 2, \cdots, n$$

全概率公式是概率论中一个重要公式,它提供了计算复杂事件概率的一条有效途径,使得一个复杂事件的概率计算简单化。

性质 3　贝叶斯(Bayes)公式

设 $B_1, B_2, \cdots, B_n$ 是样本空间 Ω 的一个分割,即 $B_1, B_2, \cdots, B_n$ 互不相容,且 $\bigcup_{i=1}^{n} B_i = \Omega$,如果 $P(A) > 0, P(B_i) > 0, i = 1, 2, \cdots, n$,则

$$P(B_i|A) = \frac{P(B_i) P(A|B_i)}{\sum_{i=1}^{n} P(B_i) P(A|B_i)}, i = 1, 2, \cdots, n$$

贝叶斯公式是在乘法公式和全概率公式基础上的一个著名公式,它是"已知结果求原因"的概率公式,应用非常广泛。

二、问题提出

已知 10 根签中有 4 个难签,甲、乙、丙每人要进行 1 次抽签,请问抽签的先后顺序是否对结果有影响? 请大家帮忙解决这个问题。

三、数学建模及求解

(一) 模型分析

社会生活中,抽签(抓阄)的现象比比皆是,不胜枚举。但对抽签(抓阄)的公平性还有人将信将疑,以至于在抽签(抓阄)时,有人争先恐后,有人畏缩不前,其根本原因就是"怕吃亏"或"怕占不到便宜"。

这是一类典型的古典概型问题,先抽与后抽的公平性问题,说到底是二者概率是否相等的问题,也是解决这个问题的关键所在。

(二) 模型假设

将问题一般化为一个抽签问题:

n 表示所有的签数;

m 表示其中满足 A 条件的签数($m < n$);

k 表示抽签人数（$k<n$,保证人人有签可抽）。

（三）模型建立

条件概率公式,主要应用性质 2 的全概率公式。

第一个人抽中满足 A 条件签(以下简称 A 签)的概率为 $P(A_1)=\dfrac{m}{n}$;

第二个人抽中 A 签(记 A_2)的概率为一个完备事件组,要考虑第一个人抽中 A 签(记 A_1)和未抽中 A 签(记 $\overline{A_1}$)两种情况,

$$P(A_2)=P(A_1)P(A_2|A_1)+P(\overline{A_1})P(A_2|\overline{A_1})$$

$$=\frac{m}{n}\cdot\frac{m-1}{n-1}+\frac{n-m}{n}\cdot\frac{m}{n-1}=\frac{m}{n};$$

第三个人抽中 A 签(记 A_3)的概率仍为一个完备事件组,要考虑 A_1A_2,$\overline{A_1}A_2$,$A_1\overline{A_2}$,$\overline{A_1}\,\overline{A_2}$ 这四种情况,

$$P(A_3)=P(A_1A_2)P(A_3|A_1A_2)+P(\overline{A_1}A_2)P(A_3|\overline{A_1}A_2)$$
$$+P(A_1\overline{A_2})P(A_3|A_1\overline{A_2})+P(\overline{A_1}\,\overline{A_2})P(A_3|\overline{A_1}\,\overline{A_2})$$
$$=\frac{m}{n}\cdot\frac{m-1}{n-1}\cdot\frac{m-2}{n-2}+\frac{n-m}{n}\cdot\frac{m}{n-1}\cdot\frac{m-1}{n-2}+\frac{m}{n}\cdot\frac{n-m}{n-1}\cdot\frac{m-1}{n-2}$$
$$+\frac{n-m}{n}\cdot\frac{n-m-1}{n-1}\cdot\frac{n-m}{n-2}=\frac{m}{n};$$

……

第 k 个人抽中 A 签的概率 $P(A_k)=\dfrac{m}{n}$。

（四）模型求解

以上模型已经充分说明抽签的先后对抽签结果并无影响,故本题可以得出相同的结论。具体求解如下:

由假设得 $n=10$,$m=4$,$k=3$,A_1、A_2、A_3 分别表示甲、乙、丙抽中难签的概率。

甲抽到难签的概率是

$$P(A_1)=\frac{m}{n}=\frac{4}{10}=\frac{2}{5}$$

乙抽到难签的概率是

$$P(A_2)=P(A_1)P(A_2|A_1)+P(\overline{A_1})P(A_2|\overline{A_1})$$
$$=\frac{4}{10}\cdot\frac{4-1}{10-1}+\frac{10-4}{10}\cdot\frac{4}{10-1}=\frac{4}{10}=\frac{2}{5}$$

同理,丙抽到难签的概率是

$$P(A_3) = \frac{m}{n} = \frac{2}{5}$$

结论：从概率上清楚地看出,抽签先后顺序对结果并无影响。

（四）模型推广

通过应用全概率公式可以算得：轮流抽签,先抽与后抽没有概率差别。这是长期困扰人们的一个问题,在实际与抽签类似的活动中,许多人还是争先恐后（在抽到则有利的场合）或者畏缩不前（在抽到则不利的场合）,其主要原因就是没有真正理解全概率公式计算结果表示的意义。如果社会的每一个成员对于抽签问题都能够有充分的认识,那么对于抽签的态度也就可以泰然处之,在很多情况下就不会造成秩序混乱,自然有利于促进良好社会风气的形成。

四、数学建模方法分析

问题的关键在于抽签的先后是否对结果有影响,先抽与后抽的概率是否相等,从而确定概率的建模方法。通过分析得知此类问题是典型的全概率模型问题,从而将问题一般化之后再进行建模并求解。

五、应用案例

现有 5 人抓一个有物之阄,即 5 个阄中只有 1 个是有物的,其余 4 个阄是空的,5 个人依次抓阄,求第 1,2,3,4,5 个人抓到该物的概率。

练习题

1. 请结合具体实例,阐述全概率公式的含义。

2. 已知某地区男性中色盲的比例占 3%,女性中色盲的比例占 0.2%。假设该地区男、女比例为 23∶20,从该地区随机挑选一名女性发现是色盲的概率是多少?

3. 将 n 根绳子的 $2n$ 个头任意两两相连,求恰好连接成 n 个圈的概率。

4. 假设只考虑天气的两种情况:有雨或无雨。若已知今天的天气情况,明天天气保持不变的概率为 p,发生变化的概率为 $1-p$。设第一天无雨,试求第 n 天也无雨的概率。

第三节 大奖的诱惑

本节要点

本节围绕地摊赌博的实际问题,展开对公平性的讨论。以伯努利试验理论为依据,通过对实际问题建立数学模型并求解的方式,展开了赌博公平性的讨论。

学习目标

※ 了解什么是伯努利试验

※ 掌握伯努利分布的概念及其概率表达式

※ 能应用伯努利分布及其相关理论分析和解决实际问题

学习指导

关于街头赌博、地摊摸奖等现象中存在的公平性问题被人们争论不休,甚至有人认为有机可乘。本节借助伯努利分布的概念,结合具体问题进行了模型分析、模型假设,通过建立数学模型、求解数学模型等让我们清楚地看到赌博公平性的实质问题。希望大家在学习本节内容时通过小组合作探究、问题总结反思等方式进行学习。

一、预备知识

定义 进行 n 次试验,如果

(1)在每次试验中只有两种可能的结果,而且是互相对立的;

(2)每次试验是独立的,与其他各次试验结果无关;

(3)结果事件发生的概率 p 在整个系列试验中保持不变。

则这一系列试验称为伯努利试验。

在试验中,某一结果发生的次数为一随机变量 X,它服从二项分布,也称作伯努利分布,记作 $X \sim b(n, p)$。

该事件发生 k 次的概率为: $P(X=k)=C_n^k \cdot p^k \cdot (1-p)^{n-k}$。

此类独立可重复的伯努利试验是概率统计中的常见模型,其概率运算公式也可以

借助乘法原理来理解。

二、问题提出

街上遇见有人摆地摊,扣放 10 张牌(已知 10 张牌分别是 A,2,3,…,10)。摆摊人讲:一元钱赌一次。方法是你指出 10 张牌每张是几,指对一张的得 4 角,两张得 8 角,三张 1 元 2 角,四张 2 元,五张 10 元,六张 20 元,七张 30 元,八张 40 元,九张 60 元,10 张 100 元。条件只有一个:赌者一次全部指出自己的猜测,然后翻开牌,逐一核实,不能猜一张翻一张。

请大家帮忙分析,这样的赌博对赌者是否公平?(在此,不研究赌博的道德规范与社会影响的问题。)

三、数学建模及求解

(一) 模型分析

此类赌博在旅游点偶尔出现,并且赌者甚多。原因可能有三:其一,现在人比较容易拿出一元钱;其二,大家有"猜对 3 张就不吃亏,这还不容易"的心理;其三,万一全猜对岂不白得 100 元? 侥幸心理作祟。

这是一类典型的古典概型问题,赌者猜中几张的概率足以说明这类游戏的公平性,所以这是解决这个问题的关键。

(二) 模型假设

现在提出几个假设:

(1) 猜中 $m(m \leqslant 10)$ 张牌的可能性是 $P(X = m)$。

(2) 每一把摆摊人能"赚"Y 元钱。

(3) 有一个好的策略,能够"百赌不亏"。

(三) 模型建立

首先要明确,庄家(摆摊人)没有限制赌者猜牌的方式,那么至少有三种可采用的方式:

方式一:10 张全猜为一种(例如都猜 A),这里没有随机性,但也不是好策略,这时只能猜对一张,要亏 6 角钱。

方式二:随便说 10 张牌,可以重复。例如{A,2,2,3,3,3,5,5,5,6}等,这时所有的可能性共有 10^{10}(10 亿)种。由于任意一张牌猜中的概率为 0.1,而任意两张牌猜中与否是相互对立的,设猜中的张数为 X,那么随机变量 X 服从二项分布 $B(10, 0.1)$。因此,猜中 m 张牌的概率为 $P(X = m) = C_{10}^m \cdot 0.1^m \cdot 0.9^{10-m}(m = 0, 1, 2, \cdots, 10)$。

方式三:不重复地猜,因此每个猜测(例如 2,3,5,8,10,7,9,6,4,A)为一个排列,这时独立性没有了。经过计算可知猜中 m 张的概率为

$$P(X=m)=\frac{1}{m!} \cdot \left[1-1+\frac{1}{2!}-\frac{1}{3!}+\cdots+(-1)^{10-m}\frac{1}{(10-m)!}\right]$$

（四）模型求解

三种方式猜中张数的概率分布如下:

表 6-2

m	0	1	2	3	4	5	6
方式一	0	1	0	0	0	0	0
方式二	0.348 7	0.387 4	0.193 7	0.057 4	0.011 2	0.001 5	0
方式三	0.367 9	0.367 9	0.183 5	0.061 3	0.015 3	0.003 1	0.000 5

从上表可以看出,小胜 2 角(猜中 3 张)的概率分别为 0.057 4 和 0.061 3,最大概率不超过 0.062;赢 1 元(猜中 4 张)的概率约为 1%;赢 9 元(猜对 5 张)的概率只有千分之几了！全猜中的概率可以认为是 0 了。

这说明那些参加赌博的人心理的直觉多么不正确。那些大赚的概率没有列入,一方面小数点后的前 4 位已全部为 0,另一方面,这些概率暂时也用不上,事实上可能还没有碰上那么一个幸运儿,庄家就被警察抓走了。

现在估计一下庄家每一把平均能赚多少钱。若用 Y 表示赌博者每把的赢利,则在这三种方式之下的期望净赢利(计算期望收益率后扣除 1 元的赌本)分别为:-0.6 元,-0.58 元,-0.56 元。由于赌者的期望收益都是负值,这是庄家"百赌不亏"的赌局,也说明这种赌博对参赌者是不公平的,当然也就没有参赌者百赌不输的绝招了。

购买社会福利奖券、体育奖券等社会效益较好的奖券,如果是出于奉献爱心、为社会作贡献的目的,笔者对此完全赞同,并应该大力倡导。如果购买的目的是得奖,为了"投资"获利,奉劝不要选择这种方式。

（五）模型推广

衡量不确定性问题,首先要计算概率,然后通过赢得的期望值来评价每局的输赢。许多赌博问题的根源就是不公平问题,如街头巷尾的地摊摸球、打彩、有奖销售、有奖募捐、各种名目的彩票等,如果单纯看成赌博问题的话,都是不公平的,也就是每局期望赢得小于零。只有正确认识和评价这类问题,才能避免"上当"。

四、数学建模方法分析

解决此类问题的关键在于准确分析出随机变量服从的二项分布,之后应用公式进

行建模解决问题。

五、典型应用举例

在国外狂欢节和许多俱乐部里,有一种称为"命运"的赌博游戏十分流行。即:赌徒们将赌注压在 1 至 6 的某一个数上,然后掷三颗骰子,约定若赌徒所压的数在骰子上出现 i 次,则赌徒赢 i 元($i=1,2,3$);若他压的数一次都没出现,则输 1 元。问:这种规则对赌徒是否公平?

练习题

1. 已知某系统由多个电子元件组成,每个电子元件独立工作且运行正常的概率是 0.95,请分析由两个电子元件组成的系统正常工作的概率。

2. 某型号攻击性无人机携带三枚精确制导炸弹进行打靶测试。无人机在离目标 5 000 米处攻击,命中的概率是 0.5,若未命中则继续抵近攻击,在距离目标为 4 000 米处进行第二次投弹;若第二次未命中则继续第三次投弹,此时距离目标 3 000 米。若三次攻击均未命中即任务失败。假设单次攻击命中概率与距离成反比,求无人机命中目标的概率。

3. 一辆重型运载货车长途送货,出发前车主发现 8 个轮胎都是旧的,前面两个损坏的概率都是 0.2,后面四个损坏的概率都是 0.1,请分析车主在途中因轮胎损坏而发生故障的概率是多少。

第四节 "摸大奖"真的免费吗

本节要点

本节内容以现实生活中的抽奖活动为背景,以数学期望为理论依据建立数学模型,科学地分析了免费抽奖背后的本质,同时为数学建模的学习提供了完整的模板。

学习目标

※ 理解数学期望的概念

※ 掌握超几何分布概率的含义及其表达公式

※ 能应用数学期望和超几何分布概率的相关理论分析和解决相关实际问题

学习指导

本节首先根据实际问题进行模型分析,重点关注模型中球的个数、球的分数和分数之和三类变量,然后借助超几何分布的概率表达给出一般表达形式。最后借助均值(数学期望)表达了平均被"宰"的钱数,揭示了免费幌子下的高消费。

一、预备知识

用未来收益的期望值作为未来真实收益的代表,并据此利用净现值法、收益率法等进行投资决策,称为最大期望收益法。它是风险条件下(未来收益不确定条件下)简单易行和常用的决策方法。

最大期望收益法的缺点是没有考虑风险状况,因此投资要冒很大风险。风险型决策是指决策者对决策对象的自然状态和客观条件比较清楚,也有比较明确的决策目标,但是实现决策目标必须冒一定风险。

定义 设离散型随机变量 X 的分布列为 $P(x_i) = P(X = x_i)$, $i = 1, 2, \cdots$,如果 $\sum\limits_{i=1}^{\infty} |x_i| P(x_i) < \infty$,则称 $E(X) = \sum\limits_{i=1}^{\infty} x_i P(x_i)$ 为随机变量 X 的数学期望,简称期望或均值。

数学期望是随机变量最重要的特殊数,它是由 17 世纪法国数学家帕斯卡从一个分赌本问题中提出的,其表达形式与"加权平均数"很相似。

二、问题提出

在一些商场门前、街道两旁或农贸市场,经常看见一些人打着为"XX 有限公司"做广告宣传,进行所谓的"免费抽送奖品"的活动,详见如下的抽送奖说明:

XX 化妆品有限公司产品展销让利大酬宾宣传活动

为了提高我们公司产品的知名度,经公司研究决定,在保证产品质量的前提下,采取让利酬宾,拿出 58 万元电视广告费,进行免费抽奖活动。免费抽奖说明如下:

箱中共有 20 个球,其中 10 分球 10 个,5 分球 10 个,你任意从中摸出 10 个球,加起来的分数,就是你所得的分数,我公司送出礼品,即中即送,中奖率100%。分数对应的礼品如下。

一等奖,100 分,奖彩电一台,价值 2 000 元;

二等奖,50 分,奖 VCD 一台,价值 1 200 元;

三等奖,95 分,奖洗头膏四瓶,价值 100 元(笔者注:实际价值不足 20 元);

四等奖,55 分,奖空气清新剂两瓶,价值 50 元(笔者注:实际价值不足 10 元);

五等奖,60 分,奖洗发露一瓶(笔者注:实际价值不足 10 元);

六等奖,65 分,奖太空杯一个(笔者注:实际价值不足 2 元);

七等奖,85 分,奖袜子一双或牙膏一支(笔者注:实际价值不足 2 元);

八等奖,70 分,奖毛巾一条(笔者注:实际价值不足 2 元);

九等奖,90 分,奖洗衣粉一袋或肥皂一块(笔者注:实际价值不足 2 元)。

以上九等奖品全部为我公司免费奉送。

特优奖:凡抽中 75 分或 80 分者,必须按优惠价 25 元购买 XX 牌高级洗发露一瓶。(原价 35.5 元/瓶)(笔者注:实际价值不足 10 元)

特注:1～9 等为奖品,仅第 10 等为补贴性购物,此活动仅做产品宣传。

祝君好运!

这里需要加以说明的是,这些活动的主办者提供的全部所谓"奖品",经调查后可发现几乎都是从小批发市场购进的劣等品,且不说用后对人体是否有害,就真实价值来讲极为低廉。

三、数学建模及求解

(一)模型分析

对于这种所谓的"免费抽奖",很多人都抱有"说不定可以中大奖"的侥幸心理。但是,相信绝大部分抽奖者都会抽中所谓的"特优奖",也就是必须按"优惠价"购买"高级洗发露"一瓶,虽然偶尔也会有人抽到太空杯、牙膏、毛巾等物,但根本看不到有人能抽到一、二等奖。

利用概率论的知识,我们可以计算一下活动中参与抽奖的购买者的平均收益,就会很清楚地认识到举办商的精明之处。

（二）模型假设

引入随机变量 X、Y、Z,其中,X 表示每摸 10 个球中 5 分球的个数,Y 表示该 10 个球的分数之和,Z 表示每摸 10 个球按分数之和所得"奖金"数额。

则 X 服从如下的超几何分布：

$$P(X=k)=\frac{C_{10}^k \cdot C_{10}^{10-k}}{C_{20}^{10}}(k=0,1,2,\cdots,10)$$

（三）模型建立

确定随机变量 X、Y、Z 的取值;

借助超几何分布求解随机变量 X、Y、Z 的分布列;

计算离散型随机变量 Z 的数学期望。

（四）模型求解

X、Y、Z 的分布如下表：

表 6-3

X	0	1	2	3	4	5	6	7	8	9	10
Y	100	95	90	85	80	75	70	65	60	55	50
Z	2 000	20	2	2	2	−15	−15	2	10	10	1 200
P_k	$\frac{c}{100}$	c	$20c$	$144c$	$441c$	$635c$	$441c$	$144c$	$20c$	c	$\frac{c}{100}$

其中 $c=\frac{100}{184\ 756}$。因此,奖金金额的分布如下表：

表 6-4

Z	−15	2	10	20	1 200	2 000
P_k	$\frac{107\ 604}{184\ 756}$	$\frac{75\ 925}{184\ 756}$	$\frac{2\ 125}{184\ 756}$	$\frac{100}{184\ 756}$	$\frac{1}{184\ 756}$	$\frac{1}{184\ 756}$

由此可见,每一次抽奖,须购物(此时被"宰"去 15 元)的可能性最大,其概率超过其余各事件概率总和。

顾客的平均收益期望值为 $E(Z) = -\dfrac{1\ 437\ 760}{184\ 756} = -7.78(元)$，可知参加这类"免费抽奖"活动，平均每一次将被"宰"去近 8 元钱。问题的关键在于要分析到买家的平均收益，也就是收益的期望值是多少，用概率的方法进行分析和建模。

（五）模型推广

天上不会掉馅饼，世上没有免费的午餐，看来"摸大奖"不是免费的，而是要付出很大的"代价"。通过应用概率论中超几何概率和数学期望的知识，我们可以清楚地认识到这种打着"免费"幌子下的"高消费"。数学期望的这种方法从概率上来说是非常典型的，在其他方面评估、预测上都有广泛的应用。

习近平总书记指出："马克思主义理论的科学性和革命性源于辩证唯物主义和历史唯物主义的科学世界观和方法论，为我们认识世界、改造世界提供了强大思想武器，为世界社会主义指明了正确前进方向。"我们面对纷繁复杂的社会现象，要有科学的方法和辩证的思想，概率模型中的诸多可能性，需要我们仔细斟酌、辨明是非。

练习题

1. 请结合具体实例，简要阐述数学期望的概念。

2. 某企业为职工免费进行某种疾病的普查，为此要对 N 名职工进行抽血检验。为了减少工作量，有人提出建议：将 k 人分一组，同组的血样混合后一起检验，如果混合血样呈现阴性就说明该组职工无此疾病，极大地减少了检验次数；若混血样本检验呈现阳性，再对该组职工逐一检验，实际上增加了检验次数。假设该疾病的发病率为 p，且该疾病不具有传染性，请问"建议"能否减少平均检验次数？

3. 假设每张福利彩票售价 2 元，各有一个兑奖号。每售出 50 万张设一个开奖组，用开奖器开出一个 6 位数字的中奖号码，兑奖规则如下：

（1）兑奖号与中奖号有一位数字相同的获得六等奖，奖 5 元；

（2）兑奖号与中奖号有二位数字相同的获得五等奖，奖 20 元；

（3）兑奖号与中奖号有三位数字相同的获得四等奖，奖 200 元；

（4）兑奖号与中奖号有四位数字相同的获得三等奖，奖 2 000 元；

（5）兑奖号与中奖号有五位数字相同的获得二等奖，奖 20 000 元；

（6）兑奖号与中奖号有六位数字相同的获得一等奖，奖 200 000 元。

规定，每张彩票只能兑换最高额的奖金，试求每张彩票的平均所得奖金。

第五节　赌徒输完问题

本节要点

本节详细阐述了差分方程的基本概念,给出了非齐次差分方程通解的结构特点,以此为理论依据,借助概率模型展开了对赌徒输完问题的建模,是非常典型的一类数学建模问题的呈现。

学习目标

※ 了解差分方程的基本概念
※ 理解差分方程解的结构特点
※ 能应用差分方程相关理论分析和解决相关实际问题

学习指导

本节以 17 世纪欧洲的赌博问题为背景,借助概率模型,以双方钱数为变量展开,讨论了各种情况下"输完"的概率,最后借助差分方程理论完成了对模型的求解,并进行了具体化的推广。

一、预备知识

在整数集上的函数 $x_n = f(n), n = \cdots, -2, -1, 0, 1, 2, \cdots$,称

$$\Delta x_n = x_{n+1} - x_n = f(n+1) - f(n),$$

为函数 $x_n = f(n)$ 在 n 时刻的一阶差分;称

$$\Delta^2 x_n = \Delta x_{n+1} - \Delta x_n = x_{n+2} - 2x_{n+1} + x_n,$$

为函数 $x_n = f(n)$ 在 n 时刻的二阶差分;

……

以此类推,$\Delta^k x_n$ 称为函数 $x_n = f(n)$ 在 n 时刻的 k 阶差分。

含有自变量 n,未知函数 x_n 以及 x_n 的差分 $\Delta x_n, \Delta^2 x_n, \cdots$ 的函数方程,称为常差分方程,简称为差分方程。出现在差分方程中的差分的最高阶数,称为差分方程的阶。

k 阶差分方程的一般形式为

$$F(n,x_n,\Delta x_n,\cdots,\Delta^k x_n)=0$$

其中 $F(n,x_n,\Delta x_n,\cdots,\Delta^k x_n)$ 为 $n,x_n,\Delta x_n,\cdots,\Delta^k x_n$ 的已知函数,且至少 $\Delta^k x_n$ 要在式中出现。

差分方程又可看作含有自变量 n 和两个或两个以上函数值 $x_n,x_{n+1},\cdots$ 的函数方程,对于出现在差分方程中的未知函数下标的最大差,就是差分方程的阶。

此时 k 阶差分方程的一般形式为

$$F(n,x_n,x_{n+1},\cdots,x_{n+k})=0$$

其中 $F(n,x_n,x_{n+1},\cdots,x_{n+k})$ 为 $n,x_n,x_{n+1},\cdots,x_{n+k}$ 的已知函数,且 x_n 和 x_{n+k} 在式中一定要出现。

如果将已知函数 $x_n=\varphi(n)$ 代入上述差分方程,使其对 $n=0,1,2,\cdots$ 成为恒等式,则称 $x_n=\varphi(n)$ 为差分方程的解。如果差分方程的解中含有 k 个独立的任意常数,则称这样的解为差分方程的通解,而通解中给任意常数以确定值的解,称为差分方程的特解。

例如,设二阶差分方程 $F_{n+2}=F_{n+1}+F_n$,可以验证 $F_n=c_1\left(\dfrac{1+\sqrt{5}}{2}\right)^n+c_2$ $\left(\dfrac{1-\sqrt{5}}{2}\right)^n$ 是其通解,其满足条件 $F_1=F_2=1$ 的特解为

$$F_n=\frac{1}{\sqrt{5}}\left[\left(\frac{1+\sqrt{5}}{2}\right)^n-\left(\frac{1-\sqrt{5}}{2}\right)^n\right]$$

这里 F_n 即为著名的 Fibonacci 数列。

定义　形如 $x_{n+k}+b_1x_{n+k-1}+b_2x_{n+k-2}+\cdots+b_kx_n=f(n)$($b_1,\cdots,b_k$ 为常数,$b_k\neq0,f(n)\neq0,n\geqslant k$)的差分方程称为 k 阶常系数线性非齐次差分方程。

对应的齐次差分方程为

$$x_{n+k}+b_1x_{n+k-1}+b_2x_{n+k-2}+\cdots+b_kx_n=0$$

定理　非齐次差分方程的通解等于对应齐次差分方程的通解加上非齐次方程的特解,即

$$x_n=x_n^*+\overline{x_n}$$

其中 x_n^* 是对应齐次差分方程的通解,$\overline{x_n}$ 是非齐次差分方程的特解。

对于线性齐次差分方程 $x_{n+k}+b_1x_{n+k-1}+b_2x_{n+k-2}+\cdots+b_kx_n=0$,定义其特征方程为 $\lambda^k+b_1\lambda^{k-1}+\cdots+b_{k-1}\lambda+b_k=0$,称该特征方程的 k 个根为特征根,若此 k 个特征根互异,分别为 $\lambda_1,\lambda_2,\cdots,\lambda_k$,则齐次差分方程的通解可表示为

$$x_n=c_1\lambda_1^n+c_2\lambda_2^n+\cdots+c_k\lambda_k^n$$

本节向大家介绍一个全概率公式与差分方程综合应用解决实际问题的例子。全概

率相关知识前面已有介绍,这里不再赘述。

二、问题提出

甲、乙两赌徒约定用接连抛硬币的方法赌钱,每抛一次,如果出现正面,则甲赢乙一元钱;如果出现反面,则甲输给乙一元钱。他们要一直赌到某个人的钱输完为止。这种赌博是否能够终止? 还是需要一直无休止地赌下去?

三、数学建模及求解

(一)模型分析

众所周知,概率论是一门研究随机现象统计规律的数学学科。它起源于 17 世纪中叶,而最早引起数学家们注意并加以研究的都是由职业赌徒们提出的当时尚未归入数学范畴的一些赌博问题。上面所说的"赌徒输完问题"就是当时有关赌博问题中的一类,显然要用概率论的知识进行分析解决。

接连抛硬币是相互独立的,而且每一次出现正面的概率均为 $p(0<p<1)$,假设开始两人都有一些钱,拥有钱的多少是否会影响到谁最终赢得全部钱的概率? 那么甲或乙能赢得所有钱的概率是多少?

(二)模型假设

假定甲有 i 元钱,乙有 $N-i$ 元钱,两人共有 N 元钱;

抛硬币是相互独立的,每一次出现正面的概率均为 $p(0<p<1)$;

H 表示抛硬币出现正面,$\overline{H}$ 表示抛硬币出现反面。

(三)模型建立

(1) 设 $p_i=P(E)(i=1,2,\cdots,N)$,E 表示甲能赢得所有钱,以第一次抛掷的结果作为条件,对于完备事件 H、$\overline{H}$ 有全概率:

$$P(E)=P(H)P(E\mid H)+P(\overline{H})P(E\mid\overline{H})$$
$$=pP(E\mid H)+(1-p)P(E\mid\overline{H}) \tag{6.5.1}$$

(2) 如果已知 H 已发生,那么第一次抛掷以后的情况是甲有 $i+1$ 元钱,乙有 $N-i-1$ 元钱。由于接连抛硬币是相互独立的,且出现正面的概率总是 $p(0<p<1)$,所以在 H 已发生的条件下,甲赢得所有的概率就是甲有 $i+1$ 元钱,乙有 $N-i-1$ 元钱开始赌时甲赢得所有钱的概率。

因此,有 $P(E\mid H)=p_{i+1}$,$P(E\mid\overline{H})=p_{i-1}$。

记 $1-p=q$,代入(6.5.1)式,得 $p_i=p_{i+1}p+qp_{i-1}$,

即

$$p_{i+1} - \frac{1}{p}p_i + \frac{q}{p}p_{i-1} = 0 (i=1,2,\cdots,N) \tag{6.5.2}$$

（四）模型求解

$p_{i+1} - \frac{1}{p}p_i + \frac{q}{p}p_{i-1} = 0 (i=1,2,\cdots,N)$ 是一个二阶齐次线性差分方程,应满足初始条件为 $p_0 = 0, p_N = 1$。

方程对应的特征方程为

$$\lambda^2 - \frac{1}{p}\lambda + \frac{q}{p} = 0 (\text{其中 } p+q=1) \tag{6.5.3}$$

可求得特征值为 $\lambda_{1,2} = \frac{1+|p-q|}{2p}$,于是,

当 $p \neq \frac{1}{2}$ 时,$\lambda_1 = 1, \lambda_2 = \frac{q}{p}$,式(6.5.2)的通解为 $p_i = c_1 + c_2\left(\frac{q}{p}\right)^i (c_1, c_2$ 为任意常数),

代入初始条件,得式(6.5.2)满足初始条件的特解为

$$p_i = \frac{1-\left(\frac{q}{p}\right)^i}{1-\left(\frac{q}{p}\right)^N} (i=1,2,\cdots,N)。$$

当 $p = \frac{1}{2}$ 时,$\lambda_1 = \lambda_2 = 1$,式(6.5.2)的通解为 $p_i = c_1 + c_2 i (c_1, c_2$ 为任意常数),代入初始条件,得式(6.5.2)满足初始条件的特解为 $p_i = \frac{i}{N} (i=1,2,\cdots,N)$。

综上可得

$$p_i = \begin{cases} \dfrac{1-\left(\frac{q}{p}\right)^i}{1-\left(\frac{q}{p}\right)^N}, p \neq \dfrac{1}{2}, \\ \dfrac{i}{N}, p = \dfrac{1}{2} \end{cases} (i=1,2,\cdots,N)$$

如果令 q_i 表示从甲有 i 元钱,乙有 $N-i$ 元钱开始乙能赢所有钱的概率,那么由对称性可得

$$q_i = \begin{cases} \dfrac{1-\left(\dfrac{q}{p}\right)^{N-i}}{1-\left(\dfrac{q}{p}\right)^{N}}, p \neq \dfrac{1}{2}, \\ \dfrac{N-i}{N}, p = \dfrac{1}{2} \end{cases} \quad (i=1,2,\cdots,N)$$

因此,不论 $p=\dfrac{1}{2}$ 还是 $p \neq \dfrac{1}{2}$,都有 $p_i + q_i = 1(i=1,2,\cdots,N)$。

这表明按此规则赌下去,甲、乙中某一人将赢得所有钱的概率等于 1,当然乙或甲将输完所有钱的概率也等于 1。换句话说,甲或乙的钱总在 1 与 $N-1$ 之间无休止赌下去的概率等于 0。

(五)模型推广

由以上结果我们可以计算,若开始赌时甲有 5 元钱,乙有 10 元钱,当 $p=0.5$ 时,甲赢得所有钱的概率为 $\dfrac{1}{3}$,乙赢所有钱的概率为 $\dfrac{2}{3}$;当 $p=0.6$ 时,甲赢得所有钱的概率

猛增到 $\dfrac{1-\left(\dfrac{2}{3}\right)^{5}}{1-\left(\dfrac{2}{3}\right)^{15}} \approx 0.87$。

概率的计算有时也需要比较高深的数学工具,本题通过差分方程求解最终计算出所求的概率,所以有时解决一个应用问题需要用到多方面的知识。

四、数学建模方法分析

对于这个概率论当中的典型问题,在给出全概率之后所得方程是差分方程,模型的求解是个难点。

练习题

1. 请结合 Fibonacci 数列,简要阐述差分方程的概念。

2. 两名射击队员轮流对同一目标进行射击,假设两人的命中率分别为 α、β,谁先命中谁获胜,问两人获胜的概率分别是多少?

3. 根据本节赌徒输完问题中模型的求解分析:若甲、乙初始的钱数分别是 100 元和 1 000 元,并且每局赌博中甲赢乙的概率为 0.3,每局的赌金是 20 元,请问乙赢得所有钱的概率是多少?

第六节　人寿保险

本节要点

本节以人寿保险问题为背景,以中心极限定理和二项分布的近似理论为知识基础,深入探讨了人寿保险盈利的内在本质,为我们提供了系统条理的数学建模过程。

学习目标

※ 了解中心极限定理

※ 理解二项分布的正态近似理论和泊松近似理论

※ 应用中心极限定理和二项分布理论分析和解决人寿保险相关问题

学习指导

针对人寿保险盈利问题,模型抓住重要的随机变量"死亡人数 X"进行了模型分析和假设,借助经验数据和二项分布概率模型对盈利进行了数学建模。在求解数学模型后,对模型进行了具体推广。

一、预备知识

定理 (棣莫弗—拉普拉斯中心极限定理)设 n 重伯努利试验中,事件 A 在每次试验中出现的概率为 $p(0<p<1)$,记 S_n 表示 n 次试验中事件 A 发生的次数,且记

$$Y_n^* = \frac{S_n - np}{\sqrt{npq}},$$

则对任意实数 y,有

$$\lim_{n \to \infty} P(Y_n^* \leqslant y) = \Phi(y) = \frac{1}{\sqrt{2\pi}} \int_{-\infty}^{y} e^{-\frac{1}{2}t^2} dt$$

棣莫弗—拉普拉斯中心极限定理是概率论历史上第一个中心极限定理,它是专门针对二项分布的,因此也称为"二项分布的正态近似定理"。关于概率近似的定理还有泊松定理,称为"二项分布的泊松近似定理"。二者相比,一般在 p 较小时用泊松分布

近似较好,而在 $np>5$ 和 $n(1-p)>5$ 时,用正态分布近似较好。

二、问题提出

假设有 2 500 个同一年龄段同一社会阶层的人参加某保险公司的人寿保险。根据以前的统计资料,在一年里每个人死亡的概率为 0.000 1。每个参加保险的人一年付给保险公司 120 元保险费,而在死亡时其家属从保险公司领取 20 000 元。请分析保险公司会亏本吗?一年获利不少于 10 万元的可能性有多大?(此问题中不计利息)

三、数学建模及求解

(一)模型分析

购买保险的 2 500 人中,死亡人数是决定保险公司亏本和盈利的关键因素。在 $p=0.000 1$ 的死亡概率下,可借助二项分布对死亡人数进行计算,从而得出保险公司亏本或盈利的概率。

(二)模型假设

假设 2 500 人中一年中死亡人数是随机变量 X;

死亡率 $p=0.000 1$。

(三)模型建立

随机变量 X 服从二项分布,$X \sim b(n, p)$,从而

$$P(X=k) = C_n^k \cdot p^k \cdot (1-p)^{n-k}$$

(四)模型求解

1. 关于"亏本"

一年之中死亡的人数 $X=k$ 服从的二项分布为 $X \sim b(2\,500, 0.000\,1)$。保险公司亏本当且仅当 $20\,000k > 2\,500 \times 120$,即 $k > 15$。由

$$P(X=k) = C_n^k \cdot p^k \cdot (1-p)^{n-k}, \ k=0,1,2,\cdots,2\,500$$

所以保险公司亏本的概率为

$$P(k>15) = \sum_{k=16}^{2\,500} C_{2\,500}^k \cdot 0.000\,1^k \cdot (1-0.000\,1)^{2\,500-k} \approx 0.000\,001$$

或者根据

$$E(X) = np = 2\,500 \times 0.000\,1 = 0.25,$$

$$D(X) = np(1-p) = 2\,500 \times 0.000\,1 \times 0.999\,9 \approx 0.25$$

由中心极限定理知 $X \sim N(0.25, 0.5^2)$,所以

$$P(k>15)=1-P(k\leqslant15)\approx1-\Phi\left(\frac{15-0.25}{0.5}\right)=1-\Phi(29.5)=1$$

由此可见保险公司亏本几乎是不可能的。

2. 关于"获利不少于 10 万"

不难考虑,保险公司获利不少于 10 万元等价于 $2\,500\times120-20\,000X>100\,000$,即 $X\leqslant10$,

所以,保险公司获利不少于 10 万的概率为

$$P(X\leqslant10)=\sum_{k=0}^{10}C_{2\,500}^{k}\cdot0.000\,1^{k}\cdot(1-0.000\,1)^{2\,500-k}\approx1$$

由此可见保险公司一年获利 10 万元几乎是必然的。

(五)模型推广

对保险公司来说,保险费收得太少,获利将减少;保险费收得太多,参保人数将减少,获利也将减少。因此,当死亡率不变与参保对象已知的情况下,为了保险公司的利益,收多少保险费就是很重要的问题。从而提出如下的问题:

对于 2 500 个参保对象(每人死亡率为 0.000 1),每人每年至少收多少保险费才能使公司以不小于 0.99 的概率每年获利不少于 10 万元?(赔偿费不变)

设 x 为每人每年所交保险费,由 $2\,500x-20\,000X\geqslant100\,000$,那么 $x\leqslant\dfrac{x}{8}-5$,因此

$$P\left(X\leqslant\frac{x}{8}-5\right)=\Phi\left(\frac{\frac{x}{8}-5-0.25}{0.5}\right)>0.99$$

那么 $\dfrac{\frac{x}{8}-5-0.25}{0.5}\geqslant2.33$,$x\geqslant51.32$(元),即 2 500 个人每人交 51.32 元保费,保险公司将以不小于 0.99 的概率获利不少于 10 万元。

(注:如果直接应用二项分布计算,比较复杂,结果是 $x\geqslant56$ 元,不如用中心极限定理计算精度高。)

由于保险公司之间竞争激烈,为了吸引参保者,挤垮对手,保险费还可以降低,甚至只要不亏本就行。因此,保险公司将会考虑如下的问题:

在死亡率和赔偿率不变的情况下,每人每年交给保险公司 20 元保险费,保险公司至少要吸引多少个参保者才能以不小于 0.99 的概率不亏本?

设 y 为参保人数,X 仍为参保死亡人数,那么 $X\sim N(0.000\,1y,0.000\,1\times0.999y)$,则不亏本的条件为 $20y-20\,000X\geqslant0$,即 $X\leqslant\dfrac{y}{1\,000}$,那么

$$P\left(X\leqslant\frac{y}{1\,000}\right)=\Phi\left(\frac{\frac{y}{1\,000}-0.000\,y}{\sqrt{0.000\,1\times0.999y}}\right)\geqslant0.99$$

所以

$$\frac{\frac{y}{1\,000}-0.000y}{\sqrt{0.000\,1\times0.999y}}\geqslant2.33$$

解得

$$y\geqslant671$$

所以保险公司至少要吸引 671 人参加保险才能以不小于 0.99 的概率不亏本。

（注：如果直接应用二项分布计算，也比较复杂，结果是 $y\geqslant1\,000$ 人，也不如用中心极限定理计算精度高。）

四、数学建模方法分析

基于保险问题中存在的很多不确定性，概率可谓大有用武之地。本节所应用的二项分布，尤其是中心极限定理，极大地帮助了问题的处理。

练习题

1. 简要阐述中心极限定理的主要内容。

2. 请写出二项分布的概率表达公式，并简要阐述你对二项分布的理解。

3. 有三位朋友聚餐，他们决定用投掷硬币的方式确定谁付账：每人投一次硬币，如果有人投掷出的结果与其他人不一样，那么由他付账；如果三个人投掷出的结果是一样的，那么重新投掷，直到确定了由谁来付账。求以下事件的概率：

（1）进行到第二轮确定了由谁来付账；

（2）进行了 3 轮还没有确定付账人。

4. 保险公司的某险种规定：如果某个事件 A 在一年内发生了，则保险公司应付给投保户 a 元，事件 A 在一年内发生的概率为 p。如果保险公司向投保户收取的保费是 ka 元，问当 k 为多少时，才能使保险公司期望收益达到 a 的 20%？

本章小结

1. 知识结构

现实世界中充满了不确定性,随机现象是我们经常要面对的,因此概率统计模型是我们需要研究的重要方法之一。

本章通过对经典随机问题的呈现,给出了随机现象中的相关问题,如赌博问题、抽签问题、摸奖问题、保险问题等,都可以借助概率统计知识进行数学建模解决,具体涉及古典概型、条件概率、独立重复试验、二项分布、正态分布、中心极限定理等。

在建模的过程中,我们首先把问题进行代数语言的描述,借助假设的随机变量,进行模型假设、模型分析、模型建立、模型求解、模型检验和模型推广应用,最终让我们科学地面对生活中的各类随机现象,学会处理这类问题的方法。

2. 课题作业

某血库急需 AB 型血,要从身体合格的献血者中获得。根据经验,AB 型血是相对少的,百名身体合格者中只有几名为 AB 型。试通过建模分析:

(1) 20 名身体合格的献血者中至少一人是 AB 型血的概率。

(2) 若要以 95% 以上的把握获得一份 AB 型血,需要多少位身体合格的献血者?

参考文献 --

[1] 复旦大学编.概率论[M].北京:人民教育出版社,1979.

[2] 魏宗舒等编.概率论与数理统计教程[M].北京:高等教育出版社,2008.

[3] 茆诗松等编.概率论与数理统计教程[M].北京:高等教育出版社,2004.

[4] 房少梅.数学建模竞赛优秀案例评析[M].北京:科学出版社,2015.

[5] 韩中庚.数学建模方法及其应用[M].北京:高等教育出版社,2005.

[6] 吴桂华.揭开"免费抽奖"的面纱[J].数理统计与管理,2001(06):63—64.

[7] 杨镜华.高额奖金后面有陷阱——一项抽奖活动里的数学[J].数理统计与管理,2000(03):54—55.

[8] 王俊红,张惠源."免费抽奖"真的免费吗?——某个抽奖活动中的概率统计问题[J].数学的实践与认识,2009,39(02):199—201.

第七章　微分方程模型

本章导学

  微分方程模型是应用十分广泛的数学模型之一，除了在几何、物理、力学等方面的应用，微分方程的应用现已深入自然科学、工程技术及社会科学的众多学科之中。

  微分方程的定性理论是微分方程的重要组成部分。作为具有很强应用背景的微分方程，所描述的是物质系统的运动规律。从物理过程提出的微分方程，人们只能考虑到影响该过程的主要因素，而不得不忽略那些看起来比较次要的因素，这些次要因素即干扰因素。这种干扰因素可以瞬时地起作用，也可以持续地起作用。从数学上来看，前者引起初值条件的变化，而后者引起微分方程本身的变化。因此，研究初值条件或微分方程本身的微小变化是否只引起对应解的微小变化就具有了重要的理论和实际意义，这就是微分方程的稳定性问题。

第一节　微分方程

本节要点

　　微分方程在数学建模中的应用非常广泛,本节以经典的人口增长模型为例,通过数学建模的方式阐述了人口的增长方式,并了解了数学家对人口模型的修正完善及推广应用。建模以微分方程的相关概念理论为基础,通过人口模型完整体现了数学建模的具体方法。

学习目标

　　※ 理解微分方程的基本概念
　　※ 了解列微分方程解决常见问题的具体方法
　　※ 理解"人口增长模型"的建模过程
　　※ 理解马尔萨斯人口方程和人口增长曲线的含义

学习指导

　　本节以微分方程的基本概念和相关理论为知识基础,阐述了常见列微分方程的方法。以典型案例人口模型为例,在理解数学建模过程的同时,重点介绍了"马尔萨斯人口方程"、弗尔哈斯特修正后方程中的"生命系数""人口增长曲线"等。大家在学习过程中,可以通过查阅资料、展示分享等方式交流学习。

　　系统观念是辩证唯物主义的重要认识论和方法论,是具有基础性的思想和工作方法。党的二十大报告指出,必须坚持系统观念。万事万物是相互联系、相互依存的。只有用普遍联系的、全面系统的、发展变化的观点观察事物,才能把握事物发展规律。鉴于此,在应用数学建模解决实际问题时,应该坚持系统观念,强化系统思维,注重统筹兼顾,学会在多元选择中找到最优解。

　　在自然科学以及工程、经济、医学、体育、生物、社会等学科中的许多系统,有时很难找到该系统有关变量之间的直接关系——函数式,但却容易找到这些变量和它们的微小增量或变化率之间的关系式,往往采用微分关系式来描述该系统。为了找出这种微分关系式,常常在所研究的现象或过程中取一局部或一瞬间,然后从中找出有关变量和未知变量的微分(或差分)之间的关系式——系统的数学模型。

一、问题提出

绿水青山就是金山银山,改善生态环境就是发展生产力。良好生态本身蕴含着无穷的经济价值,能够源源不断创造综合效益,实现经济社会可持续发展。这段话出自2019年4月28日习近平主席在2019年中国北京世界园艺博览会开幕式上的讲话。我国历来重视环境保护,某地区自2011年设立自然保护区,使生态环境得到恢复和发展。据区内连续十年监测得到的数据,野兔的数量统计结果如下表:

表 7-1 　　　　　　　**某自然保护区内野兔数量监测数据** 2011—2020

年份	2011	2012	2013	2014	2015	2016	2017	2018	2019	2020
数量(万只)	2.63	3.61	4.05	4.72	5.67	6.31	7.29	8.44	9.23	10.6

通过分析上述数据,可得出野兔生长的规律,即可用一个关于时间的指数函数来表示野兔的数量。

二、微分方程的基本概念

(一) 导数

设函数 $y=f(x)$ 在点 x_0 处及其左右附近有定义,如果函数的改变量 Δy 与自变量的改变量 Δx 比的极限(当 $\Delta x \to 0$)存在,则称函数 $y=f(x)$ 在点 x_0 处可导,这个极限值叫作函数的 $y=f(x)$ 在 x_0 处的导数,记为 $f'(x_0)$,即

$$f'(x_0) = \lim_{\Delta x_0 \to 0} \frac{f(x_0 + \Delta x) - f(x_0)}{\Delta x} = \lim_{\Delta x_0 \to 0} \frac{\Delta y}{\Delta x}$$

简单说,便是函数的变化率,或者说即时变化(瞬时变化率)。

(二) 微分

设函数 $y=f(x)$ 在点 x 处有导数 $\dfrac{dy}{dx}$,则称 dy 为函数 $y=f(x)$ 在点 x 处的微分,记作 dy。

(三) 微分方程

含有自变量、自变量的未知函数及未知函数的导数(或微分)的方程称为微分方程。如果微分方程中的未知数仅含有一个自变量,这样的微分方程称为常微分方程。

要注意的是,微分方程中必须含有未知函数的导数(或微分)。微分方程中出现的

未知函数的最高阶导数的阶数称为微分方程的阶。能够满足微分方程的函数称为微分方程的解。如果微分方程的解所含任意常数相互独立，且个数与方程的阶数相同，这样的解称为微分方程的通解。不含任意常数的解称为特解。

我们用未知函数及其各阶导数在某个特定点的值作为确定通解中任意常数的条件，称为微分方程的初始条件。求微分方程满足初始条件特解的问题，称为初值问题。

（四）微分方程的建立及求解

在一些应用问题中，往往不能直接找出所需要的函数关系，但是可以根据问题所提供的线索，列出含有待定函数及其导数的关系式，称这样的关系式为微分方程模型。给出微分方程模型之后，对 t 进行研究，给出未知函数，这一过程称为解微分方程。

一般来说，利用微分方程求解一个应用问题的步骤如下：

（1）把用语言叙述的情况化为文字方程；

（2）给出问题所涉及的原理或物理定律；

（3）列出微分方程；

（4）列出该微分方程的初始条件或其他条件；

（5）求解微分方程；

（6）确定微分方程中的参数；

（7）求出问题的答案。

（五）常见的列微分方程的方法

（1）根据规律列方程，利用数学、力学、物理、化学等学科中的定理或许多经过实践或实验检验的规律和定理，如牛顿运动定律、牛顿冷却定律、物质放射性的规律、曲线的切线性质等建立问题的微分方程模型。

（2）微元分析法。自然界中也有许多现象所满足的规律是通过变量的微元之间的关系式来表达的，对于这类问题，我们不能直接列出自变量和未知函数及其变化率之间的关系式，而是通过微元分析法，利用已知的规律建立一些变量（自变量与未知函数）的微元之间的关系式，然后再通过取极限的方法得到微分方程，或等价地通过任意区域上取积分的方法来建立微分方程。

（3）模拟近似法。在生物、经济等学科的实际问题中，许多现象的规律性不很清楚，即使有所了解也是极复杂的。常常用模拟近似的方法来建立微分方程模型，建模时在不同的假设下去模拟某些实际现象，这个过程是近似的，用模拟近似法所建立的微分方程从数学上去求解或分析解的性质，再去同实际情况对比，看这个微分方程模型能否刻画、模拟、近似某些实际现象。

不论应用哪种方法，通常要根据实际情况，作出一定的假设与简化，并要把模型的理论或计算结果与实际情况进行对照验证,以修改模型使之更准确地描述实际问题并进而达到预测预报的目的。

在实际的微分方程建模过程中,往往是综合应用上述方法。不论应用哪种方法,通常要根据实际情况做出一定的假设与简化,并要把模型的理论或计算结果与实际情况进行对照验证,以修改模型使之更准确地描述实际问题并进而达到预测预报的目的。

建立了微分方程模型后,通过求解这类模型可以得到变量在动态过程每个瞬时的性态,但有些模型要了解的不是与时间有关的迁移性态,而是要研究在某种意义下与时间无关的平衡性态,或研究当时间充分大之后动态过程的变化趋势。要解决这类问题,就要用到微分方程的定性理论。

三、典型案例——人口模型

讨论人口数量的变化规律,建立人口模型,是做出较准确的预报的前提。严格地讲,讨论人口问题所建立的模型应属于离散型模型。但在人口基数很大的情况下,突然增加或减少的只是单一的个体或少数几个个体,相对于全体数量而言,这种改变量是极其微小的,因此,我们可以近似地假设人口对时间连续变化甚至是可微的。这样,我们就可以采用微分方程的工具来研究这一问题。

无论是在自然界还是在人类社会的现实生活中,有大量的现象都遵循着这样一条基本的规律:某个量随着时间的变化率正比于它自身的大小。譬如说,银行存款增加的速度就正比于本金的多少。人口问题也是这一类问题:人口的增长率正比于人口基数的大小。

1. 模型的建立

英国的经济学家马尔萨斯(1766—1834)最早研究人口问题。他根据百余年的人口资料,经过潜心研究,在 1798 年发表的《人口论》中首先提出了人口增长模型。他的基本假设是:任一单位时刻人口的增长量与当时的人口总数成正比。

于是,设 t 时刻人口总数为 $y(t)$,则单位时间内人口的增长量即为

$$\frac{y(t+\Delta t)-y(t)}{\Delta t}$$

根据基本假设,有

$$\frac{y(t+\Delta t)-y(t)}{\Delta t}=ry(t)$$

令 $\Delta t\to 0$,可得微分方程

$$\frac{\mathrm{d}y}{\mathrm{d}t}=r\cdot t$$

这就是著名的马尔萨斯人口方程。若假设 $t=t_0$ 时的人口总数为 y_0,则不难求得该方程的特解为

$$y=y_0 e^{r(t-t_0)} \tag{7.1.1}$$

即任一时刻的人口总数都遵循指数规律向上增长。人们曾用这个公式对 1700—1961 达 260 余年的世界的人口资料进行了检验,发现计算结果与人口的实际情况竟然是惊人的吻合。然而,随着人口基数的增大,这个公式所暴露的不足之处也越来越明显了。

根据公式(7.1.1)我们不难计算出世界人口大约 35 年就要翻一番。事实上,设某时刻的世界人口数为 y_0,人口增长率为 2%,且经过 T 年就要翻一番,则有

$$2y_0=y_0 e^{0.02T}$$

即

$$e^{0.02T}=2$$

解之,即得

$$T=50\ln2\approx34.6(年)$$

于是,我们以 1965 年的世界人口 33.4 亿为基数进行计算,可以得到如下的一些人口数据:

$$2515 \text{ 年 } 200 \text{ 万亿}$$
$$2625 \text{ 年 } 1800 \text{ 万亿}$$
$$2660 \text{ 年 } 3600 \text{ 万亿}$$

若按人均地球表面积计算,2625 年仅为 0.09 平方米/人,也就是说必须人挨着人站着才能挤得下,而 35 年后的 2660 年,人口又翻一番,那就要人的肩膀上再站人。而且随着时间的推移,我们有

$$\lim_{t\to+\infty} y_0 e^{r(t-t_0)}=+\infty$$

这显然不符合人口发展的实际。这说明,在人口基数不是很大的时候,马尔萨斯人口方程还能比较精确地反映人口增长的实际情况,但当人口数量变得很大时,其精确程度就大大降低了。究其根源,是随着人口的迅速膨胀,资源短缺、环境恶化等问题越来越突出,这都将限制人口的增长。如果考虑到这些因素,就必须对上述方程进行修改。

2. 模型的修改

1837 年,荷兰的数学家、生物学家弗尔哈斯特提出了一个修改方案,即将方程修改为

$$\frac{\mathrm{d}y}{\mathrm{d}t}=r\cdot y-by^2 \quad (0<b\leqslant r)$$

其中 r,b 称为"生命系数"。由于 $b\leqslant r$,因此当 y 不是太大时,$-by^2$ 这一项相对

于 ry 可以忽略不计;而当 y 很大时, $-by^2$ 这一项所起的作用就不容易忽视了,它降低了人口的增长速度。

于是,我们就有了下面的人口模型:

$$\begin{cases} \dfrac{\mathrm{d}y}{\mathrm{d}t} = ry - by^2, \\ y \mid_{t=t_0} = y_0 \end{cases} \tag{7.1.2}$$

这是一个可分离变量的一阶微分方程。解之,可得

$$y = \dfrac{ry_0}{by_0 + (r - by_0)\mathrm{e}^{-r(t-t_0)}} \tag{7.1.3}$$

这就是人口 y 随时间 t 的变化规律。

下面,我们就对(7.1.3)式做进一步的讨论,并根据它对人口的发展情况做一些预测。

3. 模型的进一步讨论及其在人口预测中的应用

首先,由于

$$\lim_{t \to +\infty} y = \lim_{t \to +\infty} \dfrac{ry_0}{by_0 + (r - by_0)\mathrm{e}^{-r(t-t_0)}} = \dfrac{r}{b}$$

即不论人口的基数如何,随着时间的推移,人口总量最终将趋于一个确定的极限值 $\dfrac{r}{b}$;

其次,由 $\dfrac{\mathrm{d}y}{\mathrm{d}t} = ry - by^2$ 可得

$$y'' = ry' - 2byy' = (r - 2by)y'$$

令 $y'' = 0$,得 $y = \dfrac{r}{2b}$,易知这正是函数(7.1.3)的图像,称为"人口增长曲线"或"S型曲线",拐点的纵坐标恰好位于人口总量极限值 $\dfrac{r}{b}$ 一半的位置(如图所示)

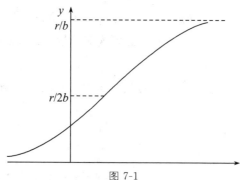

图 7-1

由于 $y<\dfrac{r}{2b}$ 时，$y''>0$，故 $\dfrac{\mathrm{d}y}{\mathrm{d}t}$ 是递增的，此时称为人口的"加速增长期"；而 $y>\dfrac{r}{2b}$ 时，$y''<0$，故 $\dfrac{\mathrm{d}y}{\mathrm{d}t}$ 是递减的，此时成为人口的"缓慢增长期"。

在利用(7.1.3)式对人口的发展情况进行预测之前，还必须确定恰当的 b 值，它可以按以下方法来计算：

由方程(7.1.3)可得

$$\frac{\dfrac{\mathrm{d}y}{\mathrm{d}t}}{y}=r-by$$

其中，$\dfrac{\mathrm{d}y}{\mathrm{d}t}$ 表示人口的理论增长率，$\dfrac{\dfrac{\mathrm{d}y}{\mathrm{d}t}}{y}$ 则表示人口的实际增长率。如果我们以 1965 年的人口数 3.34×10^9 为初值，并把某些生态学系估计的 r 的自然值 0.029 及人口的实际增长率 0.02 代入上式，有

$$0.02=0.029-b\cdot(3.34\times10^9)$$

即可求得 $b=2.695\times10^{-12}$。于是，世界人口的极限值

$$\frac{r}{b}=\frac{0.029}{2.695\times10^{-12}}\approx107.6(亿)$$

若以 1965 年的人口基数 3.34×10^9 为初值，则 2000 年的世界人口将达到

$$y\,|_{t=2\,000}=\frac{0.029\times3.34\times10^9}{0.009+0.02e^{-0.029(2\,000-1\,965)}}\approx59.6$$

59.6 亿这个结果与 2000 年世界人口非常接近了。

四、数学建模方法分析

满足微分方程的函数称为微分方程的解。

微分方程的解有两种形式：一种含有任意常数，另一种不含有任意常数。如果解中包含任意常数，且独立的任意常数的个数与方程的阶数相同，则称这样的解为微分方程的通解，不含有任意常数的解称为微分方程的特解。例如 $y=x^2+c$ 是微分方程 $y'=2x$ 的通解，而 $y=x^2+2$，$y=x^2-1$ 都是 $y'=2x$ 的特解。

用来确定通解中任意常数的条件称为初始条件。一阶微分方程的初始条件为 $y(x_0)=y_0$，其中 x_0，y_0 是两个已知数；二阶微分方程的初始条件为

$$\begin{cases}y(x_0)=y_0,\\y'(x_0)=y'_0\end{cases}$$

其中 x_0, y_0, y'_0 是三个已知数。

求微分方程满足初始条件的解的问题称为初值问题。

五、应用与推广

本例从马尔萨斯人口方程出发,完整地展现了"建立方程—求解并讨论—修改方程—再求解再讨论—直至应用"的全过程。大量的微分方程建模问题均可以采用这种方法来解决。例如本节开始提出的野兔数量问题,可以借助问题中的已知数据,求解野兔数量增长的指数模型,并预测 2021、2022 年野兔的数量。

应用案例:冻土地区施工问题

在冻土地区施工面临着一个严峻的问题:如果建筑物下面的冰融化了,那么建筑物将陷入土壤中去。根据国外在北极施工数十年的经验,解决方法是使建筑物下面的土壤顶层永久冰冻。具体措施是用某种方式使建筑物和大地隔热,以防止因冰的融化所引起的危害。

练习题

1. 简要叙述微分方程的概念。

2. 简要叙述常见的列微分方程的方法有哪些。

3. 验证所给二元方程所确定的函数是否为所给微分方程的解。

(1) $(x-2y)y'=2x-y$,$x^2-xy+y^2=C$;

(2) $(xy-x)y''+xy'^2-yy'-2y'=0$,$y=\ln(xy)$.

4. 请用微分方程来表示物理规律:某种气体的压强与温度的变化率成正比,与温度的平方成反比。

第二节　可分离变量的微分方程

本节要点

本节围绕可分离变量的微分方程的数学模型,重点介绍了污染物的降解系数模型、固定资产的折旧模型和元素衰变模型,实例丰富。

学习目标

※ 理解可分离变量的微分方程的概念

※ 理解污染物的降解系数的概念

※ 理解污染物降解模型中各变量的含义和微分方程的含义

※ 理解固定资产折旧模型和元素衰变模型的建模过程

学习指导

污染物的降解系数模型中主要提出了随着时间变量变化的系数是如何通过模型求解,应用了微分方程的相关理论。与"降解系数"相类似的还有"折旧系数""衰变系数",都是随时间变量变化的量。本节重点理解好微分方程的理论和降解系数模型,可以更好地理解折旧模型和衰变模型。

一、问题提出

（一）污染物的衰减

污染物进入河流、湖泊等水体后,在物理、化学和生物等多种作用下,浓度会发生一定的衰减,这种现象称为河流的自净。在自净过程中,污染物的衰减有些是由扩散、吸附、沉降等物理过程引起的,也会发生一定的化学、生物等形态转化。以微生物新陈代谢为主的生化作用能够减少污染物的总量,使污染物实现实质上的减少。实际上,总氮、总磷等水中污染物的浓度逐渐衰减的变化规律都符合指数函数,如何得到其函数解析式呢? 下面用常微分方程来解决这个问题。

（二）预备知识

形如

$$\frac{\mathrm{d}y}{\mathrm{d}x} = f(x)\varphi(y) \qquad\qquad (7.2.1)$$

的方程,称为变量分离方程,这里的 $f(x)$,$\varphi(y)$ 分别是 x,y 的连续函数。可分离变量方程的特点是等式右边可以分解成两个函数之积,其中一个只是 x 的函数,另一个只是 y 的函数。

现在说明方程(7.2.1)的求解方法。

如果 $\varphi(y) \neq 0$,我们可以得到(7.2.1)的求解方法。

我们可以将(7.2.1)改写成

$$\frac{\mathrm{d}y}{\varphi(y)} = f(x)\mathrm{d}x$$

这样,变量就"分离"出来了,两边积分,得到

$$\int \frac{\mathrm{d}y}{\varphi(y)} = \int f(x)\mathrm{d}x + c \qquad\qquad (7.2.2)$$

这里,我们把积分常数 c 明确写出来,而把 $\int \frac{\mathrm{d}y}{\varphi(y)}$, $\int f(x)\mathrm{d}x$ 分别理解为 $\frac{1}{\varphi(y)}$, $f(x)$ 的某一个原函数。

把(7.2.2)作为确定 y 与 x 的隐函数的关系式,于是,对于任一常数,微分(7.2.2)的两边,就知(7.2.2)所确定的隐函数 $y=y(x,c)$ 满足方程(7.2.1),因而(7.2.2)是(7.2.1)的通解。

如果存在 y_0,使 $\varphi(y_0)=0$,直接代入,可知 $y=y_0$ 也是(7.2.1)的解。

即有可分离变量常微分方程的解法步骤如下:

(1) 分离变量得 $\frac{\mathrm{d}y}{\mathrm{d}x} = f(x)g(y)$,$g(y) \neq 0$;

(2) 两边积分 $\int \frac{\mathrm{d}y}{g(y)} = \int f(x)\mathrm{d}x$;

(3) 计算上述不定积分,得通解。

例如 求解方程 $\frac{dy}{dx} = -\frac{x}{y}$。

解:将变量分离,得到

$$y\mathrm{d}y = -x\mathrm{d}x$$

两边积分,即得

$$\frac{y^2}{2} = -\frac{x^2}{2} + \frac{c}{2}$$

因而通解为

$$x^2 + y^2 = c$$

这里 c 是任意正常数。

或者解出 y，写出显函数形式的解 $y = \pm\sqrt{c - x^2}$。

微分方程的解也可用隐函数形式表示。在求解过程中，要注意对任意常数 c 的表示。至于将任意常数写成什么形式，这要看如何使解的形式更简单。

二、典型案例——污染物的降解系数

一般说来，江河自身对污染物都有一定的自然净化能力，即污染物在水环境中通过物理降解、化学降解和生物降解等，可使水中污染物的浓度逐渐降低。这种变化的规律也可以通过设立和求解微分方程来描述。

设 t 时刻河水中污染物的浓度为 $N(t)$，如果反映某江河自然净化能力的降解系数为 $k(0 < k < 1)$（即单位时间内可将污染物的浓度降低 k 倍），则经过 Δt 时刻后，污染物浓度的改变量 $\Delta N = -kN \cdot \Delta t$，从而有

$$\frac{\Delta N}{\Delta t} = -kN$$

令 $\Delta t \to 0$，即得微分方程

$$\frac{\mathrm{d}N}{\mathrm{d}t} = -kN$$

显然，这是一个典型的增长模型，易求得该方程的通解为

$$N(t) = Ce^{-kt}$$

其中的 C 与 k 是待定的两个参数。下面，我们就以长江水质变化的部分数据为例来说明这两个参数的确定方法。

通常情况下，我们可以认为长江干流的自然净化能力是近似均匀的，根据检测可知，主要污染物氨氮的降解系数通常介于 $0.1 \sim 0.5$ 之间。根据《长江年鉴》中公布的相关资料，2005 年 9 月长江中游两个观测点氨氮浓度测量数据如下：湖南岳阳城陵矶氨氮降解系数为 $0.41(\mathrm{mg/L})$，江西九江河西水厂氨氮降解系数为 $0.06(\mathrm{mg/L})$。已知从湖南岳阳城陵矶到江西九江河西水厂的长江河段全长 500 km，该河段长江水的平均流速为 0.6 m/s。如果我们把江水流经湖南岳阳城陵矶观测点的时间设定为 $t_0 = 0$，则江水到达江西九江河西水厂观测点所需要的时间为

$$t_1 = \frac{1\,000 \times 500}{0.6 \times 3\,600 \times 24} \approx 9.645\,1（天）$$

于是，我们得到了上述微分方程满足的两个定解条件

$$N(0) = 0.41 \qquad\qquad (7.2.3)$$
$$N(9.645\ 1) = 0.06 \qquad\qquad (7.2.4)$$

将条件(7.2.3)代入通解,可求得 $C = 0.41$,从而原方程满足条件(7.2.3)的特解为

$$N(t) = 0.41e^{-kt}$$

再利用条件(7.2.4),将 $t = 9.6\ 451$,$N = 0.06$ 代入上式,即可求得污染物的降解系数

$$k = \frac{1}{9.6\ 451}\ln\frac{0.41}{0.06} \approx 0.199\ 3 \approx 0.2$$

至此,我们一方面得到了近似描述长江干流污染物浓度在自然净化作用下随时间变化所遵循的规律是

$$N(t) = 0.41e^{-0.2t}$$

另一方面,我们还可以根据计算结果,初步判断该河段长江水质受污染的程度。假如长江干流氨氮降解系数的自然值为 0.3,而我们根据现有资料计算的结果只有 0.2,就说明除了上游的污水之外,该河段必存在另外的污染源,这就为进一步的治理提供了理论上的依据。

三、推广应用

(一)计算固定资产的折旧

1. 问题提出

企业在进行成本核算的时候,经常要计算固定资产的折旧。一般来说,固定资产在任一单位时刻的折旧额与当时固定资产的价值都是成正比的。根据这个规律,我们就可以利用微分方程并通过研究固定资产价值 P 与时间 t 的函数关系来计算固定资产的折旧。为确定起见,我们以一个具体的实例来说明这一点。

2. 建模求解过程

假定某固定资产五年前购买时的价格是 10 000 元,而现在的价值为 6 000 元,那么再过 10 年后该固定资产的价值是多少呢? 首先我们可以假设 t 时刻该固定资产的价值为 $P = P(t)$,则在这段时间内该固定资产单位时刻的折旧额可表示为

$$\frac{P(t + \Delta t) - P(t)}{\Delta t}$$

由题意可得

$$\frac{P(t + \Delta t) - P(t)}{\Delta t} = -kP(t)\ (k > 0)$$

令 $\Delta t \to 0$,即得

$$\frac{\mathrm{d}P}{\mathrm{d}t} = -kP$$

不难求得该方程的通解为

$$P(t) = Ce^{-kt}$$

为方便计算，记五年前的时刻为 $t = 0$，于是有初始条件

$$P(0) = 10\,000$$

代入通解，可求得

$$C = 10\,000$$

故原方程的特解为

$$P(t) = 10\,000e^{-kt}$$

为确定比例常数 k，可将另一个条件 $P(5) = 6\,000$ 代入上式，得

$$6\,000 = 10\,000e^{-5k}$$

解出 k，得

$$k = \frac{1}{5}\ln\frac{5}{3}$$

从而有

$$P(t) = 10\,000e^{-\frac{t}{5}\ln\frac{5}{3}} = 10\,000\left(\frac{5}{3}\right)^{-\frac{t}{5}}$$

这就是价值 P 与时间 t 之间的函数关系。于是，再过 10 年（即 $t = 15$）该固定资产的价值即为

$$P(15) = 10\,000\left(\frac{5}{3}\right)^{-3} = 2\,160(元)$$

（二）放射性元素衰变模型

1. 问题提出

放射性元素的质量随时间的推移而逐渐减少（负增长），这种现象称为衰变。由物理学定律知，放射性元素任一时刻的衰变速度与该时刻放射性元素的质量成正比。根据这一原理。我们也可以通过微分方程研究放射性元素衰变的规律。

2. 求解过程

设放射性元素 t 时刻的质量 $m = m(t)$，则其衰变速度就是 $\dfrac{\mathrm{d}m}{\mathrm{d}t}$，

于是，可得

$$\frac{\mathrm{d}m}{\mathrm{d}t} = -\lambda m \tag{7.2.5}$$

其中 $\lambda > 0$ 是比例常数，可由该元素的半衰期（质量变到一半所需的时间）确定，λ

前置负号表明放射性元素的质量 m 是随时刻 t 递减的。

如果在初始时刻($t=0$)放射性元素的质量 $m=m_0$,则可求得该方程的特解为

$$m(t)=m_0 e^{-\lambda t} \tag{7.2.6}$$

这说明放射性元素的质量也是随时刻按指数规律递减的。

为了能将求得的放射性元素衰变规律应用于实际,还必须确定上式中的比例常数 λ_0。这时,我们可以假设放射性元素的半衰期为 T,从而有

$$\frac{m_0}{2}=m_0 e^{-\lambda T}$$

解之,得 $\lambda=\dfrac{\ln 2}{T}$,

于是,反映放射性元素衰变规律的(7.2.5)式又可以表示为

$$m(t)=m_0 e^{-\frac{\ln 2}{T}t} \tag{7.2.7}$$

并由此可解得

$$t=\frac{T}{\ln 2}\ln\frac{m_0}{m(t)} \tag{7.2.8}$$

它所反映的是放射性元素由初始时刻的质量 m_0 衰减到 $m(t)$ 所需要的时间。

放射性元素的衰变规律常被考古、地质方面的专家用于测定文物和地质的年代,其中最常用的是 ^{14}C(碳-12 的同位素)测定法。这种方法的原理是:大气层在宇宙射线不断的轰击下所产生的中子与氮气作用生成了具有放射性的 ^{14}C 并进一步氧化为二氧化碳被植物所吸收,而动物又以植物为食物,于是放射性碳就被带到了各种植物的体内。

对于具有放射性的 ^{14}C 来说,不论是存在于空气中还是生物体内,它都在不断地蜕变。由于活着的生物通过新陈代谢不断地摄取,因而使得生物体内的与空气中的有相同的百分含量,一旦生物死亡之后,随着新陈代谢的停止,尸体内的就会不断地蜕变而逐渐减少,因此根据 ^{14}C 蜕变减少量的变化情况并利用(7.2.8)式,就可以判定生物死亡的时间。

下面,我们就来看一个运用 ^{14}C 测定年代的具体实例。

1972 年 8 月,湖南长沙出土了马王堆一号墓(注:出土时因墓中女尸历经千年而未腐曾经轰动世界)。经测定,出土的木炭标本中 ^{14}C 的平均原子蜕变速度为 29.78 次/分,而新砍伐烧成的木炭中的平均原子蜕变速度为 38.37 次/分。如果 ^{14}C 的半衰期取为 5 568 年(注: ^{14}C 的半衰期在各种资料中说法不一,分别有 5 568 年、5 580 年和 5 730 年不等),那么,怎样才能根据以上数据确定这座墓葬的大致年代呢?

在确定衰变时间的公式(7.2.8)中,由于 m_0 和 $m(t)$ 表示的分别是该墓下葬时和

出土时木炭标本中的^{14}C的含量,而测量到的是标本中^{14}C的平均原子蜕变速度,所以我们还要对(7.2.8)式作进一步的修改。

首先,我们将式(7.2.5)改写为

$$m'(t) = -\lambda m(t)$$

令$t = 0$,得

$$m'(0) = -\lambda m(0) = -\lambda m_0$$

上面两式相除,得

$$\frac{m'(0)}{m'(t)} = \frac{m_0}{m(t)}$$

代入(7.2.8)式,即得

$$t = \frac{T}{\ln 2} \ln \frac{m'(0)}{m'(t)} \qquad\qquad (7.2.9)$$

于是,衰变时间由(7.2.8)式根据^{14}C含量的变化情况确定就转化为由(7.2.9)式根据^{14}C衰变速度的变化情况来确定,这就给实际操作带来了很大的方便。

在本例中,$T = 5\,568$年,$m'(t) = 29.78$次/分,$m'(t)$虽然表示的是下葬时所烧制的木炭中^{14}C的衰变速度,但考虑到宇宙射线的强度在数千年内的变化不会很大,因而可以假设现代生物体中^{14}C的衰变速度与马王堆墓葬时代生物体中^{14}C的衰变速度相同,即可以用新砍伐烧成的木炭中^{14}C的平均原子蜕变速度38.37次/分替代$m'(0)$。

代入(7.2.9)可求得

$$t = \frac{T}{\ln 2} \ln \frac{m'(0)}{m'(t)} = \frac{5\,568}{\ln 2} \ln \frac{38.87}{29.78} \approx 2\,036(\text{年})$$

若以$T = 5\,580$年或$T = 5\,730$年计算,则可分别算得$t \approx 2\,040$年或$t \approx 2\,050$年,即马王堆一号墓大约是两千多年前我国汉代的墓葬。(注:后经进一步考证,确定墓主人为汉代长沙国丞相利仓的夫人辛追。)

四、数学建模方法分析

利用$\frac{dy}{dx} = f(x)\varphi(y)$变量分离方程解决实际问题主要是根据问题列出方程,再根据变量分离方程的求解方法进行求解。关键是要将变量进行"分离",再进行两边积分,得到$\int \frac{dy}{\varphi(y)} = \int f(x)dx + c$。如果存在$y_0$,使$\varphi(y_0) = 0$,直接代入,可知$y = y_0$也是的解。

五、竞赛试题——SARS 传播问题

本题为 2003 年中国大学生数学建模竞赛 A 题。

（一）问题提出

SARS（Severe Acute Respiratory Syndrome，严重急性呼吸系统综合征，俗称"非典型肺炎"）是 21 世纪第一个在世界范围内传播的传染病，SARS 的爆发和蔓延给部分国家和地区的经济发展和人民生活带来了很大影响，人们从中得到了许多重要的经验和教训，认识到定量地研究传染病的传播规律、为预测和控制传染病蔓延创造条件的重要性。请对 SARS 的传播建立数学模型，要求说明怎样才能建立一个真正能够预测以及能为预防和控制提供可靠、足够的信息的模型，这样做的困难在哪里？并对疫情传播所造成的影响做出估计。

（二）问题分析

实际中，SARS 的传染过程为易感人群——病毒潜伏人群——发病人群——退出者（包括死亡者和治愈者）。

通过分析各类人群之间的转化关系，可以建立微分方程模型来刻画 SARS 传染规律。

疫情主要受日接触率 $\lambda(t)$ 影响，不同的时段，$\lambda(t)$ 的影响因素不同。在 SARS 传播过程中，卫生部门的控制预防措施起着较大的作用。以采取控制措施的时刻 t_0 作为分割点，将 SARS 传播过程分为控前和控后两个阶段。

在控前阶段，SARS 按自然传播规律传播，$\lambda(t)$ 可视为常量。同时，在疫情初期，人们的防范意识比较弱，再加上 SARS 自身的传播特点，在个别地区出现了"超级传染事件"（SSE），即 SARS 病毒感染者在社会上的超级传播事件。到了中后期，随着人们防范意识的增强，SSE 发生的概率减小，因此，SSE 在 SARS 的疫情早期对疫情的发展起到了很大的影响。SSE 其特性在于在较短的时间内，可使传染者数目快速增加。故可将 SSE 对疫情的影响看作一个脉冲的瞬时行为，使用脉冲微分方程描述。

控后阶段，随着人们防范措施的增强，日传染率 $\lambda(t)$ 减小。引起人们防范措施增强的原因主要有两方面：

（1）来自应对疫情的恐慌心理，迫使人们加强自身防范；

（2）来自预防政策、法律法规的颁布等加强了防范措施。

以上两者又分别受疫情数据的影响，关系如下：

疫情严重——人们防范意识增强，社会防范措施增加——$\lambda(t)$ 减小——疫情减缓，

在做定量计算时，可以先定性分析各因素之间的函数关系，再在求解过程中利用参

数辨识方法确定其中的参数。

练习题

1. 求下列微分方程的通解。

(1) $xy' - y\ln y = 0$；　　　　(2) $3x^2 - 5y' = 0$。

2. 求下列微分方程满足初值条件的特解。

(1) $y' = e^{2x-y}$，$y|_{x=0} = 0$；　　(2) $xdy + 2ydx = 0$，$y|_{x=2} = 1$。

3. 镭元素的衰变速度与它的现存量成正比。由经验知道：1 600 年以后，镭元素的现存量只有原始量的一半。试分析并表达现存量与时间的函数关系。

4. 小船从河边某点出发，驶向对岸（假设两岸平行，河的宽度可以测量）。假设航行方向保持与岸边垂直，河水中任一点的水流速度与该点到两岸距离的乘积成正比。试求小船的航行路线。

第三节　每月还款金额的确定

本节要点

本节以信贷消费还款问题为现实背景,应用差分方程的基础理论,对信贷还款问题进行数学建模,并以资源开发与利用为例进一步说明了数学建模方法在处理此类问题上的优势。

学习目标

※　了解差分方程的概念

※　理解信贷消费模型中相关变量的含义

※　理解资源开发与利用模型的建模过程和方程的含义

学习指导

本节以消费信贷问题导入,应用差分方程的相关理论进行数学建模,以每月付款额、借助还款期限、还款月数及欠银行钱数等变量进行了差分方程的表达。通过具体数据的代入进一步说明了模型的实用性。

一、预备知识

一阶常系数差分方程的一般方程形式为

$$y_{t+1} - py_t = f(t)$$

其中 p 为非零常数,$f(t)$ 为已知函数。如果 $f(t) = 0$,则方程变为 $y_{t+1} - py_t = 0$,称为一阶常系数线性齐次差分方程,相应地,$f(t) \neq 0$ 时该方程为一阶常系数线性非齐次差分方程。

1. 一阶常系数线性齐次差分方程的通解

一阶常系数线性齐次差分方程的通解可用迭代法求得。

设 y_0 已知,将 $t = 0, 1, 2, \cdots$ 代入方程 $y_{t+1} = py_t$ 中,得 $y_1 = py_0$,$y_2 = py_1 = p^2 y_0$,$y_3 = py_2 = p^3 y_0$,$\cdots$,$y_t = py_{t-1} = p^t y_0$。

容易验证,对任意常数 A,$y_t = Ap^t$ 都是方程的解。故方程的通解为 $y_t = Ap^t$。

2. 一阶常系数线性非齐次差分方程的通解

设 $\overline{y_t}$ 为齐次方程的通解,y_t^* 为非齐次方程的一个特解,则 $y_t = \overline{y_t} + y_t^*$ 为非齐次方程的通解。

例 求差分方程 $y_{t+1} - 3y_t = -2$ 的通解。

解:由于 $p = 3$,$c = -2$,故原方程的通解为 $y_t = A3^t + 1$。

二、典型案例

(一) 信贷消费中每月还款金额的确定

1. 问题

随着市场经济的逐步深入,信贷消费已经越来越多地进入了我们的生活。一些大件消费品诸如汽车、住房等,如果自己只能支付一部分款项,那么其余的部分可以通过银行贷款来解决。经常会在各种媒体上看到这样的广告:最近某某银行推出了某年按揭业务,您只需首期付款 X 万元,然后在 M 年内每月付款 X 元,即可轻松拥有一套自己的住房(或一辆高级轿车)。

2. 建模过程

下面,我们就来看一看这里的"每月付款 X 元"究竟是怎样算出来的。

假设贷款数额为 A_0 元,月利率(一般贷款利率以复利计)为 r,每月还款 x 元,还款期限为 N 个月。若以 A_t 表示第 t 个月尚欠银行的款项,则一个月后的本息和为 $(1+r)A_t$,减去当月的还款 x 元,即可得到第 $t+1$ 月所欠银行的款数

$$A_{t+1} = (1 + rA_t) - x \tag{7.3.1}$$

这是一个以 A_t 为未知函数的一阶常系数线性非齐次差分方程,易知其对应的齐次方程的通解为

$$\overline{A}_{t+1} = C(1+t)^t$$

令方程的特解为 $A_t^* = k$,

代入(7.3.1),可得 $k = \dfrac{x}{r}$,即 $A_t^* = \dfrac{x}{r}$,

于是方程(7.3.1)的通解为

$$A_t = \overline{A}_t + A_t^* = C(1+r)^t + \frac{x}{r}$$

利用初始条件 $A(0) = A_0$,可求得

$$C = A_0 - \frac{x}{r}$$

故有

$$A_t = \left(A_0 - \frac{x}{r}\right)(1+r)^t + \frac{x}{r} \qquad (7.3.2)$$

这就是第 t 个月尚欠银行的款数 A_t 与贷款总数 A_0、月利率 r 以及每月的还款数 x 之间的函数关系。

若贷款 N 个月可以还清,即 $A_N = 0$,代入(7.3.2)式,即可求出每月的还款数 x 为

$$x = \frac{A_0 r(1+r)^N}{(1+r)^N - 1}$$

作为应用,请思考以下两个问题:

(1)某家庭贷款 60 000 元,月利率 0.01,一般情况下,这个家庭的每月收入除去基本的生活开支可有近千元的结余,则是否有偿还的能力呢?

(2)某开发商为推动商品房市场推出了两套售房方案:若一次性付款,只需付××万元;若利用银行的×年按揭分期付款,则须首付款×万元,余额待入住后每月还贷××元。试作出合理的假设,讨论哪个方案更划算,并指出比较的方法。

(二)资源的合理开发与利用

1. 问题

在人类赖以生存的资源中,有一类是可以再生的,如森林、草场、牲畜、鱼类等。因此,如何合理地开发与利用这些资源,就成为人类必须研究的课题。下面,我们就以渔业管理的简化模型来说明这个问题。

某养鱼场养有某种经济鱼类 A_0 条,这种鱼类的年平均增长率(出生率与死亡率之差)为 r,每年捕捞 x 条。此外,从第一年开始捕捞的同时,每年的年初都要投放一定数量的幼鱼,以使鱼类的生产能持续不断地进行。现在的问题是,如何控制每年的捕捞量,才能避免鱼类资源的枯竭而使该渔场获得可持续性的良性发展?

2. 建模过程

为使模型的建立简单化,我们首先做出下面的假设:

(1)以 A_0 表示初始年放养并成活的幼鱼数,以后每年投放幼鱼的工作都在年初进行,且每年的成活的幼鱼数量都是 Y;

(2)幼鱼经过一年的生长,到下一年年初才长成具有繁殖能力的成鱼,且繁殖过程在年初就一次完成;

(3)捕捞作业在每年年底一次能够完成,且可以通过控制网眼的大小做到只捕捞成鱼。

若记 y_k 为第 k 年养鱼场内存有的鱼数(包括当年投放的幼鱼和自然繁殖的幼鱼),则到了下一年,鱼场内原有的鱼数 y_k(注意:此时的 y_k 已全部表示为鱼)与以 y_k 为基

数繁殖的幼鱼之和是$(1+r)y_k$,则减去捕捞的鱼数x,再加上投放的幼鱼Y,就得到第$k+1$年鱼场内存有的总鱼数

$$y_{k+1}=(1+r)y_k-x+Y \tag{7.3.3}$$

这是一个以y_k为未知函数的一阶常系数线性非齐次差分方程,这个方程与信贷消费中每月还款金额的确定中所得到的方程基本相同。解之可得

$$y_k=\left(A_0-\frac{x-Y}{r}\right)(1+r)^k+\frac{x-Y}{r} \tag{7.3.4}$$

这就是第k年鱼场内的鱼数y_k与鱼场内原有的鱼数A_0、鱼类年平均增长率r、每年捕捞数x以及每年投放的幼鱼数Y之间的函数关系。而要避免鱼类资源的枯竭,即要使k年后鱼场内的鱼数至少应仍然保持在原有鱼数的水平上,亦即$y_k \geqslant A_0$,代入(7.3.4)式,即可求出每年的捕捞量$x \leqslant A_0 r+Y$。

上述结果表明,只要将捕捞量控制在原有鱼数A_0、每年自然繁殖的幼鱼数$A_0 r$和人工投放的幼鱼数Y之和的范围内,就能实现渔业生产的可持续性发展,这与人们对这个问题的认识是一致的。

三、数学建模方法分析

主要是利用一阶常系数差分方程的一般方程形式$y_{t+1}-py_t=f(t)$。

对于一阶常系数线性齐次差分方程的通解往往使用迭代法求得。对任意常数A,$y_t=Ap^t$都是方程的解。

四、拓展应用

1. 问题的提出——战争的预测与评估问题

目前在超级大国的全球战略的影响下,世界并不太平,国与国之间和地区之间的种族歧视、民族矛盾、利益冲突、历史遗留问题等原因造成的局部战争和地区性武装冲突时有发生,有的长期处于敌对状态,从而导致地区性的紧张局势和潜在的战争威胁。在这种情况下,必然会导致敌对双方的军备竞赛,在一定的条件下就会爆发战争。随着高科技的发展,尤其是信息技术的发展,军事装备现已成为决定战争胜负的重要因素。在这里我们所说的军事装备是指军事实力的总和,主要包括武器装备、电子信息装备、军事兵力、军事费用等。

现代条件下的战争一般都是多兵种的协同作战,所谓的多兵种就是综合使用陆、海、空、导弹、空降等兵力和相应的武器装备去完成不同的战争任务。由于每一兵种和相应的武器装备都有各自的优势和相应的适合攻击的目标,因此,现代战争的结局在很

大程度上取决于是否能够广泛合理地利用诸兵种的合成部队协同作战,在战争中争取保持一定优势,尤其是在"制空权"和"制海权"的优势,这是现代战争的一大特点。

另一方面,现代战争往往是根据不同兵种的特点,可以在不同的区域参加战斗,即一场战争可以在不同几个区域同时展开,都对战争的结果产生一定的影响。

2. 问题分析

建立数学模型讨论以下问题:

(1) 分析研究引起军备竞赛的因素,并就诸多因素之间的相互关系进行讨论;

(2) 在多兵种的作战条件下,对作战双方的战势进行评估分析。

3. 模型的假设

(1) 设敌对双方为甲方和乙方,时刻 t 的军备综合实力分别为 $x(t)$ 和 $y(t)$;

(2) 双方的军备综合实力是随着时间连续平稳变化的,即 $x(t)$ 和 $y(t)$ 是时间 t 的连续可微函数;

(3) 不考虑第三方的军备实力对甲、乙双方的影响。

练习题

1. 一对刚出生的幼兔,经过一个月可长成成兔,成兔经过一月后可以生出一对幼兔。若不计兔子的死亡数,问一年之后共有多少对兔子?

2. 各保险公司针对子女教育推出了教育基金。某家庭每年向公司缴纳 X 元,享受到的年利率为 a。该家庭预计当子女 18 岁时缴费达到 12 万元,请问该家庭每年应该向银行存入多少钱? 试通过数学建模给予解决。

第四节　其他常用的微分方程模型

本节要点

　　本节内容以恶性肿瘤的生长规律为研究对象,通过瘤细胞增长的指数模型、Ver-hulst 模型和 Gompertzlan 模型,以微分方程为基础理论依据进行了探究。

学习目标

　　※ 理解肿瘤细胞增长的指数模型

　　※ 理解 Verhulst 肿瘤细胞的建模过程

　　※ 理解 Verhulst-Pearl 阻滞方程的含义

　　※ 了解 Gompertzlan 模型

学习指导

　　指数模型的建立主要是增长速度与细胞数目成正比关系的表达,某时刻的肿瘤数目为一微分方程;Verhulst 模型是对指数模型的修正,他提出相对增长率随细胞数目的增加而建设,以此为依据建立微分方程;Gompertzlan 模型是对 Verhulst 模型的进一步完善,将增长率从线性函数变为对数函数,给出了肿瘤增长更一般的模型。

　　利用数学模型研究恶性肿瘤的生长规律是人类对抗癌症的一个方面,它有助于人类认识其生长规律,寻找控制消灭它的措施,通过临床观察,人们发现肿瘤细胞的生长有下列现象:

　　(1) 按照现有手段,肿瘤细胞数目超过 10^{11} 时,临床才可能观察到。

　　(2) 在肿瘤生长初期,每经过一定的时间,肿瘤细胞数目就增加一倍。

　　(3) 在肿瘤生长后期,由于各种生理条件的限制,肿瘤细胞数目逐步趋向某个稳定值。

一、指数模型

　　假设肿瘤细胞的增长速度与当时该细胞数目成正比,比例系数(相对增长率)为 λ,设 t 时刻肿瘤细胞数目为 $n(t)$,则

$$\frac{\mathrm{d}n}{\mathrm{d}t} = \lambda n$$

解得

$$n(t) = c\,\mathrm{e}^{\lambda t}$$

据临床观察(1),可令 $n(0) = 10^{11}$,得肿瘤细胞生长规律为

$$n(t) = n(0)c\,\mathrm{e}^{\lambda t} = 10^{11}\,\mathrm{e}^{\lambda t}$$

据临床观察(2),设细胞增加一倍所需时间为 τ,则

$$n(t+\tau) = 2n(t)$$

从而得到

$$\tau = \frac{\ln 2}{\lambda}$$

二、Verhulst 模型

考虑到临床观察(3),对指数模型进行修正。由此,荷兰生物数学家 Verhulst 提出设想:相对增长率随细胞数目 $n(t)$ 的增加而减少。若用 N 表示因生理限制肿瘤细胞数目的极限值,$f(n)$ 表示相对增长率,则 $f(n)$ 为 $n(t)$ 的减函数,为处理方便,令 $f(n)$ 为 n_n 的线性函数

$$f(n) = a + bn$$

假设当 $n(t) = N$ 时,$f(n) = 0$,当 $n(t) = n(0)$ 时,$f(n) = \lambda$,

可得相对增长率为

$$f(n) = \lambda\,\frac{N - n(t)}{N - n(0)}$$

则 $n(t)$ 满足微分方程

$$\frac{\mathrm{d}n}{\mathrm{d}t} = \lambda n(t)\,\frac{N - n(t)}{N - n(0)}$$

解得

$$n(t) = n(0)\left[\frac{n(0)}{N} + \left(1 - \frac{n(0)}{N}\right)\mathrm{e}^{-\frac{\lambda N_t}{N - n(0)}}\right]^{-1}$$

在实际应用中,常用的是上述方程的一个特殊形式

$$f(n) = \lambda\,\frac{N - n(t)}{N}$$

相应的微分方程为

$$\frac{\mathrm{d}n}{\mathrm{d}t} = \lambda\left(1 - \frac{n(t)}{N}\right)n(t)$$

该方程称为 Logistic 模型或者 Verhulst-Pearl 阻滞方程,广泛用于医学、农业、生态和商业等领域。

三、Gompertzlan 模型

由于 Verhulst 模型与某些实测数据吻合不好,考虑将相对增长率从 $n(t)$ 的线性函数修改 $n(t)$ 的对数函数,即相对增长率为

$$-\lambda \ln \frac{n}{N}$$

其中负号表示随 $n(t)$ 的增加而减少,但不是线性关系,而是与 $n(t)$ 在极限值中所占比例的对数有关,得微分方程

$$\frac{\mathrm{d}n}{\mathrm{d}t} = -\lambda n \ln \frac{n}{N}$$

其解为

$$n(t) = n(0)\exp\left[\left(\ln \frac{N}{n(0)}\right)(1-\mathrm{e}^{-\lambda t})\right] = n(0)\left[\frac{N}{n(0)}\right]^{1-\mathrm{e}^{-\lambda t}}$$

有人对肿瘤生长规律提出了更一般的模型:

$$\frac{\mathrm{d}n}{\mathrm{d}t} = \lambda_n \frac{1-\left(\frac{n}{N}\right)^{\alpha}}{\alpha}, \alpha \geqslant 0$$

其解为

$$n(t) = n(0)\left\{\left(\frac{n(0)}{N}\right)^{\alpha} + \mathrm{e}^{-\lambda t}\left[1-\left(\frac{n(0)}{N}\right)^{\alpha}\right]\right\}^{-\frac{1}{2}}$$

显然,当 $\alpha \to 1$ 且 $N \to \infty$ 时,$\frac{\mathrm{d}n}{\mathrm{d}t} \to \lambda n$,即为指数模型。

当 $\alpha \to 1$,N 为定值时,$\frac{\mathrm{d}n}{\mathrm{d}t} \to \lambda n\left(1-\frac{n}{N}\right)$,即为 Logistic 模型。

练习题

1. 已知一曲线通过原点,且它在点 (x,y) 处的切线斜率等于 $2x+y$,求曲线方程。

2. 设有一质量为 m 的质点做直线运动。从速度等于零的时刻起,质点受到一个与运动方向一致、大小与时间成正比的力的作用,还受到一个与速度成正比的阻力作用。求该质点运动的速度与时间的函数关系。

3. 通过数学建模,求物体的自由落体落地时的速度和所需时间。

本章小结

1. 知识结构

本章主要通过一些经典的微分方程模型和差分方程模型,诠释了方程理论在数学建模中的应用,比较完整地呈现了数学建模的方法。如经典的人口增长模型,污染的降解模型,固定资产的折旧模型,元素的衰变模型,信贷还款模型,肿瘤细胞增长模型等。

在建模的过程中,首先通过分析把现实问题转化为代数问题,对此过程中涉及的相关元素进行模型假设,进一步探究问题发展变化规律,通过方程的思想进行数学建模。同时,本章介绍了一些典型的模型,如马尔萨斯人口模型、Verhulst 模型、Gompertzlan 模型等,对这些模型的学习也促进了我们对微分方程模型的认识,有助于拓展我们的数学思维。

2. 课题作业

已知牛顿冷却定律:将温度为 T 的物体放入处于常温 m 的介质中,T 的变化速率与 T 和周围介质的温度差成正比。

把一个温度较高的物体放在 18 摄氏度的室内,假设该物体最初的温度是 90 摄氏度,5 分钟后降为 60 摄氏度。那么物体温度降到 30 摄氏度需要多长时间? 15 分钟后它的温度是多少? 通过数学建模给出问题的一般模型,并回答上述问题。

参考文献

[1] 韩中庚. 数学建模方法及其应用[M]. 北京:高等教育出版社,2006.

[2] 蔡锁章. 数学建模原理与方法[M]. 北京:海洋出版社,2000.

[3] 陈理荣. 数学建模导论[M]. 北京:北京邮电大学出版社,1999.

[4] 姜启源. 数学模型[M]. 北京:高等教育出版社,2003.

[5] 宋来忠,王志明. 数学建模与实验[M]. 北京:科学教育出版社,2005.

[6] 白其峥等. 数学建模案例分析[M]. 北京:海洋出版社,2000.

[7] 王树禾. 数学模型基础[M]. 合肥:中国科技大学出版社,1996.

[8] 杨启帆,方道元. 数学建模[M]. 杭州:浙江大学出版社,2005.

[9] 王连堂. 数学建模[M]. 西安:陕西师范大学出版社,2008.

[10] 乐经良. 数学实验[M]. 北京:高等教育出版社,1999.

[11] 江世宏. MATLAB 语言与数学实验[M]. 北京:科学出版社,2007.

[12] 何坚勇.最优化方法[M].北京:清华大学出版社,2007.

[13] 傅鹏等.数学实验[M].北京:科学出版社,2000.

[14] 朱道远.数学建模案例精选[M].北京:科学出版社,2003.

[15] 赵静等.数学建模与数学实验[M].北京:高等教育出版社,2008.

[16] 刘承平.数学模型方法[M].北京:高等教育出版社,2002.

第八章 评价模型

本章导学

在实际生活中,有时我们需要对一类事物进行评价其优劣或者好坏,比如报高考志愿时,你是选择 A 校还是 B 校呢? 已知今天空气中几种污染气体的浓度,如何确定空气质量等级呢?,有好几个备选目的地,如果只能选一个,该去哪里呢? 这些都是典型的评价类问题,其目的往往是按照一定的规则在许多方案中选择一个最好的方案,本质上就是对各种方案作出评价。在数学建模竞赛中,也经常应用评价类数学模型来解题,如2005 年全国 A 题长江水质的评价问题,2008 年 B 题高校学费标准评价体系问题,2015年 D 题众筹筑屋规划方案设计等。对这类问题的评价有时是非常模糊的。比如说这个方案很好,那个方案也很好,到底选择哪个方案呢? 这就需要对定性的问题采取定量的方法。

对评价类问题建模,往往需要考虑三个方面:

1. 评价的目标是什么?

2. 达成目标的方案有哪些?

3. 评价的指标/准则是什么?

例如,你放假想去旅游,那评价的目标就是最优的旅游地选择方案,备选的方案有很多,比如杭州西湖、安徽黄山、北京故宫等,而你要评价的指标也有很多,比如景色、费用、交通、住宿、饮食等。如何将这些方案和指标合理的评价,最后形成一个定量的结果,按照结果的大小来判断方案的优劣,就是评价类模型需要解决的首要问题。

第一节　综合评价建模

本节要点

本节主要学习综合评价法建模以及用 Excel 软件计算的方法和过程,旨在培养学生综合分析评价的能力和运用软件解决问题的能力。

学习目标

　　※　学会构造相对偏差矩阵
　　※　掌握选择合适的方法确定指标权重的方法
　　※　学会对数据进行一致化标准化处理

学习指导

综合评价是数学建模中的一类常见的问题,在国赛和美赛中都经常出现,例如 2005 年国赛长江水质的综合评价、2010 年国赛上海世博会影响力的定量评估问题、2014 年美赛"最好大学教练"问题、2015 年的"互联网＋"时代的出租车资源分配等,这些都属于综合评价类问题。

综合评价问题是数学建模问题中思路相对清晰的一类题目,从每学期的综合测评、旅游景点的选择到挑选手机,评价类问题在生活中也是处处存在。

在对许多事物进行客观评价时,其评价因素可能较多,不能只根据某一个指标的好坏就做出判断,往往需要根据各种因素进行综合评价。可用来综合评价数学建模的方法较多,多变量综合评价法就是一种常用方法,仅就此法的建模过程作简单的介绍。

综合评价法通过建立理想方案,构造相对偏差矩阵,确定指标权重,最后考查已知方案中哪个方案与理想方案最接近来实现。

一、问题的提出

我国是农业大国,农业的发展与国家的发展稳定息息相关,农业强国是社会主义现代化强国的根基。而对于农业而言,生产方案的优劣对于农业的发展有着重要的作用。

例 1　农业生产方案的选择

现有 5 个农业生产方案,每个方案将从投资、产量、获利、耗水量、用药量、除草剂、土地肥力等方面来评价,数据如下表所示,试评价各方案的优劣。

表 8-1   5 个农业生产方案

指标 方案	产量	投资	耗水量	用药量	获利	除草剂	肥力
A1	1 000	120	5 000	1	50	1.5	1
A2	700	60	4 000	2	40	2	2
A3	900	60	7 000	1	70	1	4
A4	800	70	8 000	1.5	40	0.5	6
A5	800	80	4 000	1	30	2	5

二、问题的解决

(一) 建立理想方案

为叙述的方便,将上表用矩阵表示为 $A=(a_{ij})_{5\times7}$。

在 7 项评价指标中,产量、获利、肥力是效益指标,而投资、耗水量、用药量、除草剂为成本型指标。理想方案应该是效益型指标的最大化和成本型指标的最小化,所以理想方案为 $u=(u_1,u_2,u_3,u_4,u_5,u_6,u_7)=(1\,000,60,4\,000,1,70,0.5,6)$。

(二) 构造相对偏差矩阵 R

$$R=\begin{bmatrix} r_{11} & r_{12} & r_{13} & r_{14} & r_{15} & r_{16} & r_{17} \\ r_{21} & r_{22} & r_{23} & r_{24} & r_{25} & r_{26} & r_{27} \\ r_{31} & r_{32} & r_{33} & r_{34} & r_{35} & r_{36} & r_{37} \\ r_{41} & r_{42} & r_{43} & r_{44} & r_{45} & r_{46} & r_{47} \\ r_{51} & r_{52} & r_{53} & r_{54} & r_{55} & r_{56} & r_{57} \end{bmatrix}$$

其中 $r_{ij}=\dfrac{|a_{ij}-u_{ij}|}{\max_j a_{ij}-\min_j u_{ij}}$, $i=1,2,3,4,5,j=1,2,3,\cdots,7$,即

$$R=\begin{bmatrix} 0 & 1 & 0.25 & 0 & 0.5 & 0.66 & 1 \\ 1 & 0 & 0 & 1 & 0.75 & 1 & 0.8 \\ 0.333 & 0 & 0.75 & 0 & 0 & 0.33 & 0.4 \\ 0.667 & 0.17 & 1 & 0.5 & 0.75 & 0 & 0 \\ 0.667 & 0.33 & 0 & 1 & 1 & 1 & 0.2 \end{bmatrix}$$

通过相对偏差矩阵 R 的构造,不仅消除了量纲,使各项指标具有可比性,同时由于在理想方案的基础上构建,使之实现了一种最优。

（三）确定指标权重

综合评价是通过多种指标来进行的，指标通常有一个权重的问题。权重的设定方法有很多，在后面的课程中，我们将会有所涉及。这里我们是这样设定权重的：如果某项指标的数值能明确区分各个被评价的对象，说明该指标在这项评价上的分辨信息丰富，因而应给该项指标以较大的权重；反之，认为权重较小。其中的区分度利用方差来体现，具体阐述如下。

假设偏差矩阵为 $R_{m \times n}$（其中 m 为方案总数，n 为评价指标总数）。

第一步：计算各指标的权重系数

$$v_i = \frac{s_i}{|\overline{x}_j|} (j = 1, 2, \cdots, n)$$

其中，第 j 项指标的平均值

$$\overline{x}_j = \frac{1}{m} \sum_{i=1}^{M} a_{ij}$$

第 j 项指标的方差

$$\overline{s_j}^2 = \frac{1}{m-1} \sum_{i=1}^{M} (a_{ij} - \overline{x}_j)^2$$

由矩阵式 R 可知

$$\overline{x}_j = \frac{0 + 1 + 0.333 + 0.667 + 0.667}{5} = 0.533\,4$$

$$s_1^2 = \frac{1}{4} \sum_{i=1}^{5} (a_{ij} - \overline{x}_j)^2 = 0.144\,5$$

$$s_1 = 0.380\,2, v_1 = 0.712\,7$$

同理，$v_2 = 1.382\,2, v_3 = 1.135\,4, v_4 = 1, v_5 = 0.631\,9, v_6 = 0.727\,2, v_7 = 0.864$。

第二步：对权重系数 v_i 进行归一化处理。为了保证数据相互比较时的公平性，权重还需进行归一化处理。

$$w_i = v_j / \sum_{j=1}^{n} v_j$$

即 $w = (0.110\,4, 0.214\,2, 0.175\,9, 0.155\,0, 0.097\,9, 0.112\,7, 0.133\,9)$

（四）方案评价—建立模型并求解

建立模型

$$F_i = \sum_{j=1}^{n} \omega_j \cdot a_{ij} (i = 1, 2, 3, 4, 5)$$

因为此方法是从成本的角度去考虑的，所以 F_i 越小，其成本越低，即方案可行性越好。通过计算可得

$$F_1 = 0.376\ 6, \quad F_2 = 0.974\ 5, \quad F_3 = 0.319\ 0, \quad F_4 = 0.478\ 3, \quad F_5 = 0.411\ 0$$

由此可见,方案三最优,方案二最劣。

三、综合评价建模的数据处理

实际对象都客观存在着一些反映其特征的相关数据信息。如何综合利用这些数据信息对实际对象的现状做出综合评价,或预测未来的发展趋势,制定科学的决策方案,这就是数据建模的综合评价、综合排序、预测与决策等问题。

(一)综合评价概述

综合评价是科学、合理决策的前提。综合评价的基础是信息的综合利用。综合评价的过程是数据建模的过程。数据建模的基础是数据的标准化处理。

1. 综合评价指标

一般情况下,在综合评价中会使用比较系统的、规范的方法对于多个指标、多个单位同时进行评价。所谓指标就是用来评价系统的参量。例如,在校学生规模、教学质量、师资结构、科研水平等,就可以作为评价高等院校综合水平的主要指标。一般说来,每一个指标都反映和刻画事物的某些特征或某个侧面。评价指标的选取对系统的综合评价起着至关重要的作用。评价指标的选取应该主要依据以下几个原则。

(1)独立性。尽量减少每一个评价指标之间的耦合关系,即每个评价指标中包含的绝大部分信息在其他评价指标中应该不存在。比如评价两地之间的交通状况,如果选择了汽车的平均行驶速度和公路距离为评价指标,就不要再选取汽车平均使用时间作为评价指标了。因为它包含的信息在其他的评价指标中能反映出来。

(2)全面性。所有评价指标包含的信息总和应该等于被评价模型的所有信息。独立性和全面性可以类比古典概型中样本点和样本空间的概念。

(3)量子性。如果一个评价指标可以使用两个或者多个评价指标表示,那么将评价指标的进一步细化有助于实现指标之间的解耦和对问题的分析。再分析清楚问题之后,在构建评价模型的时候我们可以通过合适的算法将相关的评价指标进行聚合。

(4)可测性。保证选择的评价指标能直接或者间接地测量也非常重要。

从指标值的特征看,指标可以分为定性指标和定量指标。定性指标是用定性的语言作为指标描述值,定量指标是用具体数据作为指标值。例如,学习成绩的等级评价分优秀、良好、及格、不及格等,旅游景区的质量等级划分为 5A、4A、3A、2A 和 1A 五级,这里的成绩等级、旅游景区质量等级就是定性指标。而学习成绩的分数、景区的日门票收入等就是定量指标。

2. 指标的分类

从指标值的变化对评价目的的影响来看,可以将指标分为以下四类:

（1）极大型指标（又称为效益型指标）是指标值越大越好的指标；

（2）极小型指标（又称为成本型指标）是指标值越小越好的指标；

（3）居中型指标是指标值既不是越大越好，也不是越小越好，而是适中为最好的指标；

（4）区间型指标是指标值取在某个区间内为最好的指标。

例如，在评价企业的经济效益时，利润作为指标，其值越大，经济效益就越好，这就是效益型指标；而管理费用作为指标，其值越小，经济效益就越好，所以管理费用是成本型指标。再如建筑工程招标中，投标报价既不能太高又不能太低，其值的变化范围一般是$(-10\%, +5\%) \times$标的价，超过此范围的都将被淘汰，因此投标报价为区间型指标。投标工期既不能太长又不能太短，就是居中型指标。

在实际中，不论按什么方式对指标进行分类，不同类型的指标可以通过相应的数学方法进行相互转换。

3. 综合评价的过程

完成一项综合评价，必须做好熟悉评价对象、确立评价指标体系、确定指标权重、建立评价模型、分析评价结果等系列工作。因此，综合评价的过程一般分为明确评价目的、确定被评价对象、建立评价指标体系、确定权重系数、选择或构造综合评价模型、计算各系统的综合评价值、给出综合评价结果等步骤。

（二）数据处理方法

综合评价的各指标值可能属于不同类型、不同单位或不同数量级，从而使得各指标之间存在着不可公度性，给综合评价带来了诸多不便。为了尽可能地反映实际情况，消除由于各项指标间的这些差别带来的影响，避免出现不合理的评价结果，就需要对评价指标进行一定的预处理，包括对指标的一致化处理和无量纲化处理。

1. 指标的一致化处理

所谓一致化处理就是将评价指标的类型进行统一。一般来说，在评价指标体系中，可能会同时存在极大型指标、极小型指标、居中型指标和区间型指标，它们都具有不同的特点。如产量、利润、成绩等极大型指标是希望取值越大越好，而成本、费用、缺陷等极小型指标则是希望取值越小越好，对于室内温度、空气湿度等居中型指标是既不期望取值太大，也不期望取值太小，而是居中为好。若指标体系中存在不同类型的指标，必须在综合评价之前将评价指标的类型做一致化处理。例如，将各类指标都转化为极大型指标，或极小型指标。一般的做法是将非极大型指标转化为极大型指标。但是，在不同的指标权重确定方法和评价模型中，指标一致化处理也有差异。

（1）极小型指标化为极大型指标

对极小型指标 x_j，将其转化为极大型指标时，可用倒数法，即对指标 x_j 取倒数：

$$x'_j = \frac{1}{x_j}$$

或做平移变换：

$$x'_j = M_j - x_j$$

其中 $M_j = \max\limits_{1 \leqslant i \leqslant n}\{x_{ij}\}$，即 n 个评价对象第 j 项指标值 x_{ij} 最大者。

（2）居中型指标化为极大型指标

对居中型指标 x_j，令 $M_j = \max\limits_{1 \leqslant i \leqslant n}\{x_{ij}\}$，$m_j = \min\limits_{1 \leqslant i \leqslant n}\{x_{ij}\}$，取

$$x'_j = \begin{cases} \dfrac{2(x_j - m_j)}{M_j - m_j}, m_j \leqslant x_j \leqslant \dfrac{M_j + m_j}{2}, \\ \dfrac{2(M_j - x_j)}{M_j - m_j}, \dfrac{M_j + m_j}{2} \leqslant x_j \leqslant M_j \end{cases}$$

就可以将 x_j 转化为极大型指标。

（3）区间型指标化为极大型指标

对区间型指标 x_j，x_j 是取值介于区间 $[a_j, b_j]$ 内时为最好，指标值离该区间越远就越差。令 $M_j = \max\limits_{1 \leqslant i \leqslant n}\{x_{ij}\}$，$m_j = \min\limits_{1 \leqslant i \leqslant n}\{x_{ij}\}$，$c_j = \max\{a_j - m_j, M_j - b_j\}$，取

$$x'_j = \begin{cases} 1 - \dfrac{a_j - x_j}{c_j}, x_j < a_j, \\ 1, a_j \leqslant x_j \leqslant b_j, \\ 1 - \dfrac{x_j - b_j}{c_j}, x_j > b_j \end{cases}$$

就可以将区间型指标 x_j 转化为极大型指标。

类似地，通过适当的数学变换，也可以将极大型指标、居中型指标转化为极小型指标。

2. 指标的无量纲化处理

所谓无量纲化，也称为指标的规范化，是通过数学变换来消除原始指标的单位及其数值数量级影响的过程。因此，就有指标的实际值和评价值之分。一般地，将指标无量纲化处理以后的值称为指标评价值。无量纲化过程就是将指标实际值转化为指标评价值的过程。

对于 n 个评价对象 $S_1, S_2, \cdots, S_n$，每个评价对象有 m 个指标，其观测值分别为 x_{ij}（$i = 1, 2, \cdots, n; j = 1, 2, \cdots, m$）。

（1）标准样本变换法

令

$$x_{ij}^* = \frac{x_{ij} - \overline{x}_j}{s_j} (1 \leqslant i \leqslant n, 1 \leqslant j \leqslant m),$$

其中样本均值

$$\overline{x}_j = \frac{1}{n} \sum_{i=1}^{n} x_{ij}$$

样本标准差

$$s_j = \sqrt{\frac{1}{n}\sum_{i=1}^{n}(x_{ij} - \overline{x}_j)^2}$$

x_{ij}^* 称为标准观测值。

特点:样本均值为 0,方差为 1;区间不确定,处理后各指标的最大值、最小值不相同;对于指标值恒定($s_j = 0$)的情况不适用;对于要求指标评价值 $x_{ij}^* > 0$ 的评价方法(如熵值法、几何加权平均法等)不适用。

(2) 线性比例变换法

对于极大型指标,令

$$x_{ij}^* = \frac{x_{ij}}{\max\limits_{1 \le i \le n} x_{ij}} (\max\limits_{1 \le i \le n} x_{ij} \ne 0, 1 \le i \le n, 1 \le j \le m)$$

对极小型指标,令

$$x_{ij}^* = \frac{\min\limits_{1 \le i \le n} x_{ij}}{x_{ij}} (1 \le i \le n, 1 \le j \le m)$$

或

$$x_{ij}^* = 1 - \frac{x_{ij}}{\max\limits_{1 \le i \le n} x_{ij}} (\max\limits_{1 \le i \le n} x_{ij} \ne 0, 1 \le i \le n, 1 \le j \le m)$$

该方法的优点是这些变换方式是线性的,且变化前后的属性值成比例。但对任一指标来说,变换后的 $x_{ij}^* = 1$ 和 $x_{ij}^* = 0$ 不一定同时出现。

特点:当 $x_{ij} \ge 0$ 时,$x_{ij}^* \in [0,1]$;计算简便,并保留了相对排序关系。

(3) 向量归一化法

对于极大型指标,令

$$x_{ij}^* = \frac{x_{ij}}{\sqrt{\sum\limits_{i=1}^{n} x_{ij}^2}} (1 \le i \le n, 1 \le j \le m)$$

对于极小型指标,令

$$x_{ij}^* = 1 - \frac{x_{ij}}{\sqrt{\sum\limits_{i=1}^{n} x_{ij}^2}} (1 \le i \le n, 1 \le j \le m)$$

优点:当 $x_{ij} \ge 0$ 时,$x_{ij}^* \in [0,1]$,即 $\sum\limits_{i=1}^{n}(x_{ij}^*)^2 = 1$。该方法使 $0 \le x_{ij}^* \le 1$,且变换前后正逆方向不变;缺点是它是非线性变换,变换后各指标的最大值和最小值不相同。

(4) 极差变换法

对于极大型指标,令

$$x_{ij}^* = \frac{x_{ij} - \min\limits_{1 \le i \le n} x_{ij}}{\max\limits_{1 \le i \le n} x_{ij} - \min\limits_{1 \le i \le n} x_{ij}} (1 \le i \le n, 1 \le j \le m)$$

对于极小型指标,令

$$x_{ij}^* = \frac{\max\limits_{1 \leqslant i \leqslant n} x_{ij} - x_{ij}}{\max\limits_{1 \leqslant i \leqslant n} x_{ij} - \min\limits_{1 \leqslant i \leqslant n} x_{ij}} (1 \leqslant i \leqslant m, 1 \leqslant j \leqslant n)$$

其优点为经过极差变换后,均有 $0 \leqslant x_{ij}^* \leqslant 1$,且最优指标值 $x_{ij}^* = 1$,最劣指标值 $x_{ij}^* = 0$。该方法的缺点是变换前后的各指标值不成比例,对于指标值恒定($s_j = 0$)的情况不适用。

(5) 功效系数法

令

$$x_{ij}^* = c + \frac{x_{ij} - \min\limits_{1 \leqslant i \leqslant n} x_{ij}}{\max\limits_{1 \leqslant i \leqslant n} x_{ij} - \min\limits_{1 \leqslant i \leqslant n} x_{ij}} \times d (1 \leqslant i \leqslant n, 1 \leqslant j \leqslant m)$$

其中 c, d 均为确定的常数。c 表示"平移量",表示指标实际基础值,d 表示"旋转量",即表示"放大"或"缩小"倍数,则 $x_{ij}^* \in [c, c+d]$。

通常取 $c = 60, d = 40$,即

$$x_{ij}^* = 60 + \frac{x_{ij} - \min\limits_{1 \leqslant i \leqslant n} x_{ij}}{\max\limits_{1 \leqslant i \leqslant n} x_{ij} - \min\limits_{1 \leqslant i \leqslant n} x_{ij}} \times 40 (1 \leqslant i \leqslant n, 1 \leqslant j \leqslant m)$$

则 x_{ij}^* 实际基础值为 60,最大值为 100,即 $x_{ij}^* \in [60, 100]$。

特点:该方法可以看成更普遍意义下的一种极值处理法,取值范围确定,最小值为 c,最大值为 $c + d$。

3. 定性指标的定量化

在综合评价工作中,有些评价指标是定性指标,即只给出定性的描述,例如:质量很好,性能一般,可靠性高,态度恶劣等。对于这些指标,在进行综合评价时,必须先通过适当的方式进行赋值,使其量化。一般来说,对于指标最优值可赋值 10.0,对于指标最劣值可赋值为 0.0。对极大型和极小型定性指标常按以下方式赋值。

(1) 极大型定性指标量化方法

对于极大型定性指标而言,如果指标能够分为很低、较低、一般、较高和很高等五个等级,则可以分别取量化值为 1,2,3,4,5 或 1.0,3.0,5.0,7.0,9.0,对应关系如图 8-1 所示。介于两个等级之间的可以取两个分值之间的数值作为量化值,如 1—9 标度可取 2.0,4.0,6.0,8.0 作为介于两个等级之间的量化值。

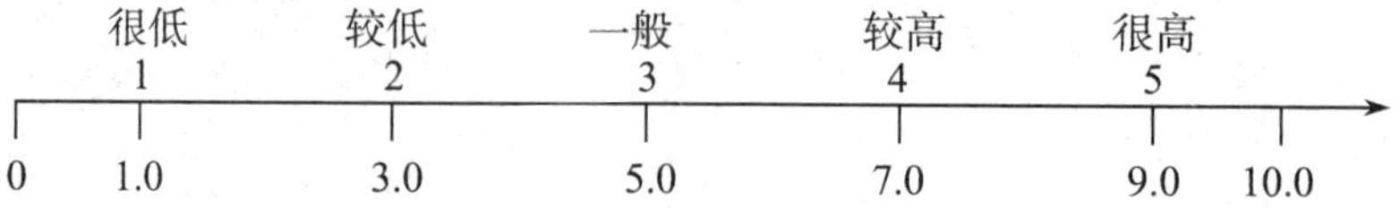

图 8-1 极大型定性指标量化方法

如果要把定性指标连续量化,常用偏大型柯西分布和对数函数作为隶属函数。

$$f(x) = \begin{cases} [1+\alpha(x-\beta)^{-2}]^{-1}, 1\leqslant x \leqslant 3, \\ a\ln x + b, 3 \leqslant x \leqslant 5 \end{cases} \qquad (8.1.1)$$

其中 α,β,a,b 为待定参数,可借助给定的隶属度计算。

如当"很高"时,隶属度为 1,即 $f(5)=1$;当"较满意"时,隶属度为 0.8,即 $f(3)=0.8$;当"很低"时,隶属度为 0.01,即 $f(1)=0.01$,计算得函数式(8.1.1)的参数

$$\alpha=0.906\ 6, \beta=1.095\ 7, a=0.391\ 5, b=0.369\ 9$$

则

$$f(x) = \begin{cases} [1+0.906\ 6(x-1.095\ 7)^{-2}]^{-1}, 1\leqslant x \leqslant 3, \\ 0.3\ 915\ln x + 0.3\ 699, 3 < x \leqslant 5 \end{cases} \qquad (8.1.2)$$

画出该隶属函数的图象:

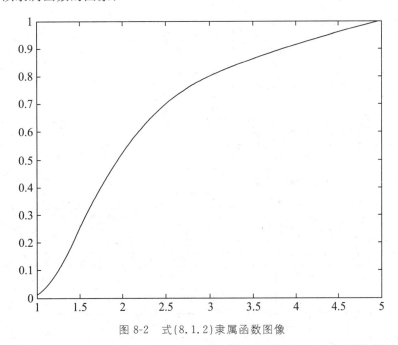

图 8-2 式(8.1.2)隶属函数图像

根据函数式(8.1.2),对于任何一个评价,都可以给出一个合理的量化值。例如 $f(4)=0.912\ 6, f(2.5)=0.699\ 3$。

(2) 极小型定性指标量化方法

对于极小型定性指标而言,如果指标能够分为很高、较高、一般、较低和很低等五个等级,则可以分别取量化值为 1,2,3,4,5 或 1,3,5,7,9,对应关系如图 8-3 所示。介于两个等级之间的可以取两个分值之间的适当数值作为量化值。

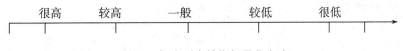

图 8-3 极小型定性指标量化方法

四、典型案例

利用综合评价模型对 2022 年全国大学生数学建模竞赛 E 题"小批量物料的生产安排"中 19 种选出 6 种重要性高的物料编码进行分析。

表 8-2   19 种物料的频数和总销售额

序号	物料编码	频数	总销售额
$A1$	6004010174	418	3 386 738.602
$A2$	6004010256	955	2 165 199.404
$A3$	6004010372	80	4 823 620.708
$A4$	6004020374	612	293 529.374 5
$A5$	6004020375	794	280 203.598 4
$A6$	6004020418	531	603 118.234 4
$A7$	6004020503	1 224	665 339.116 1
$A8$	6004020504	509	1 953 712.119
$A9$	6004020622	468	313 833.697 6
$A10$	6004020656	540	103 603.187 9
$A11$	6004020763	126	2 436 295.96
$A12$	6004020768	180	2 781 860.036
$A13$	6004020900	444	4 540 070.959
$A14$	6004020918	620	5 045 407.557
$A15$	6004021055	318	3 116 285.167
$A16$	6004021096	160	2 535 298.003
$A17$	6004021111	139	2 445 243.138
$A18$	6004021155	130	3 781 103.254
$A19$	6004100008	573	2 165 116.075

（一）理想方案

在物料编码选择中,频数和总销售额越大越好,因此理想方案取

$$u = (u_1, u_2) = (1\ 224, 5\ 045\ 407.557).$$

（二）构造偏差矩阵

$$u'_{ij} = |a_{ij} - u_j|$$

$$R_{ij} = \frac{u'_{ij}}{\max(u_j)}, i = 1,2,3\cdots19; j = 1,2$$

其中 i 为 $A1 \sim A19$，j 为频数和销售总额。

表 8-3   **19 种物料的频数和总销售额偏差值**

序号	物料编码	频数	总销售额
$A1$	6004010174	0.704 545 455	0.335 640 351
$A2$	6004010256	0.235 139 86	0.582 825 207
$A3$	6004010372	1	0.044 879 731
$A4$	6004020374	0.534 965 035	0.961 567 441
$A5$	6004020375	0.375 874 126	0.964 263 982
$A6$	6004020418	0.605 769 231	0.898 920 514
$A7$	6004020503	0	0.886 329 792
$A8$	6004020504	0.625	0.625 620 767
$A9$	6004020622	0.660 839 161	0.957 458 755
$A10$	6004020656	0.597 902 098	1
$A11$	6004020763	0.959 790 21	0.527 967 399
$A12$	6004020768	0.912 587 413	0.458 040 698
$A13$	6004020900	0.681 818 182	0.102 257 508
$A14$	6004020918	0.527 972 028	0
$A15$	6004021055	0.791 958 042	0.390 368 021
$A16$	6004021096	0.930 069 93	0.507 933 817
$A17$	6004021111	0.948 426 573	0.526 156 89
$A18$	6004021155	0.956 293 706	0.255 838 598
$A19$	6004100008	0.569 055 944	0.582 842 069

通过相对偏差矩阵 R 的构造，不仅取消量纲，同时使数据归一化，使得各指标具有可比性。

（三）计算权重系数

$$w_j = \frac{\overline{s_{ij}}}{|\overline{x_{ij}}|}, i = 1,2,\cdots,19, j = 1,2$$

其中，第 j 指标的平均值：

$$\overline{x}_j = \frac{1}{19}\sum_{i=1}^{19} R_{ij},$$

第 j 指标的方差:

$$\bar{s}_j = \frac{1}{19}\sum_{i=1}^{19}(R_{ij} - \bar{x}_j)^2$$

求得平均值 $\bar{x}_1 = 0.664\ 105\ 631$，$\bar{x}_2 = 0.558\ 363\ 765$，方差 $\bar{s}_1 = 0.266\ 555\ 977$，$\bar{s}_2 = 0.323\ 032\ 247$，权重系数为 $w_1 = 0.401\ 375\ 873$，$w_2 = 0.578\ 533\ 685$。

（四）方案评价

$$F_i = \sum_{j=1}^{2} R_{ij} \cdot w_j$$

总销售额越大，使用频数越高，说明此物料编码越重要，对 F_i 从高到低排序，前六个物料编码为 $A9, A10, A4, A6, A5, A11$，对应的 F_i 为 $0.819\ 167\ 037$，$0.818\ 517\ 162$，$0.771\ 021\ 213$，$0.763\ 196\ 951$，$0.708\ 726$，$0.690\ 683\ 558$，因此得到 19 种相对应当重点关注的物料编码为以上 6 个。

练习题

1. 将各个指标求和而获得综合评价值的方法称为_____。

A. 线性综合法　　　　　B. 几何综合法　　　　　C. 混合综合法

2. 一条公路交通不太拥挤，以至人们养成"冲过"马路的习惯，不愿意走临近的"斑马线"。相关部门不允许任意横穿马路，为方便行人，准备在一些特殊地点增设"斑马线"，以便让行人可以穿越马路。那么"选择设置斑马线的地点"这一问题应该考虑哪些因素？试至少列出 3 种。

3. 地方公安部门想知道，当紧急事故发生时，人群从一个建筑物中撤离所需要的时间（假设有足够的安全通道）。若指挥者想尽可能多且快地将人群撤离，应制定什么样的疏散计划？请就这个计划指出至少三个相关因素，并使用数学符号表示。

第二节　层次分析法建模

本节要点

本节主要学习层次分析法的建模和求解过程,旨在让学生理解层次分析法的原理,会用层次分析法建模解决问题。

学习目标

※ 学会建立层次结构图

※ 会建立比较矩阵并验证一致性

※ 掌握权向量的综合计算方法并可以分析方案的优劣

学习指导

层次分析法是指将一个复杂的多目标决策问题作为一个系统,将目标分解为多个目标或准则,进而分解为多指标(或准则、约束)的若干层次,通过定性指标模糊量化方法算出层次单排序(权数)和总排序,以作为目标(多指标)、多方案优化决策的系统方法。

层次分析法是将决策问题按总目标、各层子目标、评价准则直至具体的方案的顺序分解为不同的层次结构,然后用求解判断矩阵特征向量的办法,求得每一层次的各元素对上一层次某元素的优先权重,最后用加权和的方法递阶归并各备择方案对总目标的最终权重,此最终权重最大者即为最优方案。

层次分析法比较适合于具有分层交错评价指标的目标系统,而且目标值又难于定量描述的决策问题。

层次分析法(Analytic Hierarchy Process,AHP)是对一些较为复杂、较为模糊的问题作出决策的简易方法,它比较适合于具有分层交错评价指标的目标系统,特别是那些只有定性关系的问题而且目标值又难于定量描述的决策问题。对于难以做定量分析的问题,层次分析法提供了一个有力且有效的工具,通过对定性关系的量化,经过适当的推导,从而得到一种简便、灵活而又实用的多准则决策方法。

层次分析法在美国运筹学家 T. L. Saaty 教授于 20 世纪 70 年代正式提出来之后，由于它在处理复杂的决策问题上的实用性和有效性，很快就在世界范围内得到普遍的重视和广泛的应用。它的最大特点是将定性分析用定量的方法进行解决。层次分析法被广泛应用于决策、评价、分析和预测。近三十年来，它的应用已经遍及经济计划和管理、政策及分配、行为科学、军事指挥、运输、农业、教育、环境、人才等诸多领域。

一、问题的提出

人们在生活中经常会碰到一些决策问题，往往需要慎重考虑，反复比较，尽可能地作出满意的决策。例如某同学选择旅游目的地，一般会考虑景色、费用、餐饮、居住、旅途 5 个准则，如何根据 5 个准则对已知的出行方案杭州 P_1、黄山 P_2、千岛湖 P_3 作出选择呢？

二、建模求解

（一）建立层次结构

应用 AHP 分析决策问题时，首先要把问题条理化、层次化，构造出一个有层次的结构模型。为澄清问题，可以建立如下的层次结构模型。

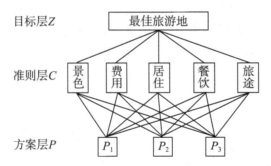

图 8-4　AHP 分析层次结构模型

这是一个递阶层次结构，它分三个层次。第一层是选择最佳旅游地，称之为目标层；第二层是旅游的倾向，称之为准则层；第三层是旅游出行方案，也就是出行地点，称之为方案层。各层之间的联系用相连的直线表示。要依据个人的喜好对这三个层次相互比较判断进行综合，在三个旅游地中确定哪一个作为最佳地点。

（二）构造成对比较矩阵

把定性评价转化为定量的数据，Saaty 等人提出通过使用 1—9 对定性关系量化，具体表示见下表：

表 8-4   1-9 标度的含义

相等	较强	强	很强	绝对强
1	3	5	7	9

具体的做法就是通过相互比较,先确定各准则对于目标的权重,再确定各方案对每一准则的权重。首先,在准则层对方案层进行赋权,认为费用应占最大的比重(因为大多数人对费用比较敏感),其次是风景(主要目的是旅游),再者是旅途,至于吃住,对吃苦耐劳的国人来说就不太重要。下面采用两两比较判断法进行赋值:

表 8-5   旅游地评价的准则层赋值

	景色	费用	饮食	居住	旅途
景色	1	1/2	5	5	3
费用	2	1	7	7	5
饮食	1/5	1/7	1	1/2	1/3
居住	1/5	1/7	2	1	1/2
旅途	1/3	1/5	3	2	1

在这张表中,$a_{12}=\dfrac{1}{2}$,它表示景色与费用对选择旅游地这个目标来说的重要之比为 1:2(景色比费用稍微不重要);而 $a_{12}=2$ 则表示费用与景色对选择旅游地这个目标来说的重要之比为 2:1(费用比景色稍微重要);$a_{13}=5$ 表示景色与餐饮对选择旅游地这个目标来说的重要之比为 5:1(景色比餐饮明显重要);而 $a_{31}=\dfrac{1}{5}$ 则表示餐饮与景色对选择旅游地这个目标来说的重要之比为 1:5(餐饮比景色明显不重要);$a_{23}=7$ 表示费用与餐饮对选择旅游地来说的重要之比是 7:1(费用比餐饮强烈重要);而 $a_{32}=\dfrac{1}{7}$ 则表示餐饮与费用对选择旅游地这个目标来说的重要之比是 1:7(餐饮比景色强烈不重要)。由此可见,在进行两两比较时,我们只需要 1+2+3+4=10 次比较即可。

由此得到比较矩阵

$$A = \begin{pmatrix} 1 & \dfrac{1}{2} & 5 & 5 & 3 \\ 2 & 1 & 7 & 7 & 5 \\ \dfrac{1}{5} & \dfrac{1}{7} & 1 & \dfrac{1}{2} & \dfrac{1}{3} \\ \dfrac{1}{5} & \dfrac{1}{7} & 2 & 1 & \dfrac{1}{2} \\ \dfrac{1}{3} & \dfrac{1}{5} & 3 & 2 & 1 \end{pmatrix}$$

称 A 为正互反矩阵。n 阶正互反矩阵 $A = (a_{ij})_{n \times n}$ 的特点是

$$a_{ij} > 0, a_{ji} = \frac{1}{a_{ij}}, a_{ii} = 1 (i, j = 1, 2, \cdots, n)。$$

（三）计算权向量

若正互反矩阵 A 满足 $a_{ik} \cdot a_{ki} = a_{ij} (i, j, k = 1, 2, \cdots, n)$，则 A 称为一致性矩阵，简称一致阵。可以证明 n 阶一致阵 A 有下列性质：

(1) A 的秩是 1，A 唯一的非零特征根是 n；

(2) 对应特征根 n 的特征向量的标准化向量，即为权向量。

实际建立的成对比较矩阵一般是非一致阵。但当非一致性较小时，仍可以借用一致阵的性质，即一个接近 n 的正特征根（实际上，该特征根一定是最大特征根）所对应的特征向量标准化后，即可作为权向量。

在 MATLAB 中输入

$A = [1, 1/2, 5, 5, 3; 2, 1, 7, 7, 5; 1/5, 1/7, 1, 1/2, 1/3; 1/5, 1/7, 2, 1, 1/2; 1/3, 1/5, 3, 2, 1]$

$[X, Q] = \text{eig}(A)$

可得最大特征值 $\lambda = 5.097\,6$，归一化的特征向量

$$W = (0.286\,3, 0.481\,0, 0.048\,5, 0.068\,5, 0.115\,7)^T$$

该问题也可以用 Python 程序求解。

```
import numpy as np
A= np.array([[1,1/2,5,5,3],[2,1,7,7,5],[1/5,1/7,1,1/2,1/3],[1/5,1/7,
2,1,1/2],[1/3,1/5,3,2,1]])
a,b = np.linalg.eig(A)
for i in range (len(a)):
    print('特征值,',a[i],'对应的特征向量',b[:,i])
Lambda_max=a[0]  # 最大特征值
feavector=b[:,0]  # 特征向量
```

feavector_＝feavector/sum(feavector)　♯ 特征向量归一化

print('最大特征值,',Lambda_max,'特征向量归一化',feavector_)

　　就是准则层对目标层的权向量。用同样的方法,给出第三层(方案层)对第二层(准则层)的每一准则比较判断矩阵,由此求出各排序向量(最大特征值所对应的特征向量并归一化)。

$$B_1(景色)=\begin{pmatrix}1 & 1/3 & 1/2\\3 & 1 & 2\\2 & 1/2 & 1\end{pmatrix},P_1=\begin{pmatrix}0.163\ 4\\0.539\ 6\\0.297\ 0\end{pmatrix}$$

$$B_2(费用)=\begin{pmatrix}1 & 3 & 2\\1/3 & 1 & 1/2\\1/2 & 2 & 1\end{pmatrix},P_2=\begin{pmatrix}0.539\ 6\\0.163\ 4\\0.297\ 0\end{pmatrix}$$

$$B_3(餐饮)=\begin{pmatrix}1 & 4 & 3\\1/4 & 1 & 2\\1/3 & 1/2 & 1\end{pmatrix},P_3=\begin{pmatrix}0.630\ 1\\0.218\ 4\\0.151\ 5\end{pmatrix}$$

$$B_4(居住)=\begin{pmatrix}1 & 3 & 2\\1/3 & 1 & 2\\1/2 & 1/2 & 1\end{pmatrix},P_4=\begin{pmatrix}0.547\ 2\\0.263\ 1\\0.189\ 7\end{pmatrix}$$

$$B_5(旅途)=\begin{pmatrix}1 & 2 & 3\\1/2 & 1 & 2\\1/3 & 1/2 & 1\end{pmatrix},P_5=\begin{pmatrix}0.539\ 6\\0.297\ 0\\0.163\ 4\end{pmatrix}$$

　　将成对比较矩阵 B_k 的最大特征根 λ_k 所对应的权向量 $w_k^{(3)}$(第3层对第2层的权向量)的计算结果列表如下:

表 8-6　　　　　　　　　　　　　　**权向量计算结果**

k	1	2	3	4	5
λ_k	3.009 2	3.009 2	3.107 8	3.315 6	3.009 2
$\omega_k^{(3)}$	0.163 4	0.539 6	0.630 1	0.547 2	0.539 6
	0.539 6	0.163 4	0.218 4	0.263 1	0.297 0
	0.297 0	0.297 0	0.151 5	0.189 7	0.163 4

(四) 组合权向量

通过权重的组合就方案 P_1,P_2,P_3 作出选择。

对方案 P_1 组合权重,可用第3层对第2层权向量 $w_k^{(3)}$ 的第1个向量与第2层对

第1层的权向量 $w^{(2)}$ 组合而成,即

$0.287\ 4\times0.163\ 4+0.480\ 5\times0.539\ 6+0.047\ 78\times0.630\ 1+0.068\ 37\times0.547\ 2$
$+0.115\ 9\times0.539\ 6=0.436\ 3$

同理,可计算出方案 P_2,方案 P_3 在目标中的组合权重分别为 0.296 5 与 0.267 2。于是组合权向量为

$$K=(0.442\ 5,0.276\ 9,0.280\ 6)^T$$

组合权向量 K 的计算可以通过矩阵来完成。

记

$$P=\begin{pmatrix} 0.163\ 4 & 0.539\ 6 & 0.630\ 1 & 0.547\ 2 & 0.539\ 6 \\ 0.539\ 6 & 0.163\ 4 & 0.218\ 4 & 0.263\ 1 & 0.297\ 0 \\ 0.297\ 0 & 0.297\ 0 & 0.151\ 5 & 0.189\ 7 & 0.163\ 4 \end{pmatrix}$$

前一步已经计算出的归一化的特征向量 W

$$W=\begin{pmatrix} 0.287\ 4 \\ 0.480\ 5 \\ 0.477\ 8 \\ 0.068\ 37 \\ 0.115\ 9 \end{pmatrix}$$

则根据矩阵的乘法,可得

$$K=\begin{pmatrix} k_1 \\ k_2 \\ k_3 \end{pmatrix}=PW=\begin{pmatrix} 0.436\ 3 \\ 0.296\ 5 \\ 0.267\ 2 \end{pmatrix}$$

结果表明,方案 P_1(苏杭)在旅游选择中所占权重为 0.436 3,远大于方案 P_2(黄山)权重 0.296 5,方案 P_3(千岛湖)权重最低,为 0.267 2,因此应该去苏杭。

(五)一致性检验

前面讨论的权向量求解的前提是非一致性较小时,那么怎样衡量所谓的较小呢?

1. 单个矩阵的一致性检验

Saaty 使用一致性指标 $CI=\dfrac{\lambda-n}{n-1}$ 来衡量,$CI=0$ 时,为一致阵,CI 越大,不一致程度越严重。为了放宽高维矩阵的判断要求,引入随机一致性指标 RI,其数值如下:

表 8-7   随机一致性指标

n	1	2	3	4	5	6	7	8	9
RI	0	0	0.58	0.90	1.12	1.24	1.32	1.41	1.45

用 RI 来修正 CI，使用一致性比率 $CR = \dfrac{CI}{RI} < 0.1$，作为一致性的衡量标准。

例如，对于矩阵 A 可计算得 $CI = \dfrac{5.163\ 9 - 5}{5 - 1} = 0.040\ 97$，查表得 $RI = 1.12$，由此 $CR = 0.070\ 64 < 0.1$，即矩阵 A 通过一致性检验。

类似地，矩阵 B_1，B_2，B_3，B_4，B_5 均能通过一致性检验。

2. 组合一致性检验

通过上面计算，各成对比较矩阵都已具有较为满意的一致性。但当综合考察时，各层次的非一致性仍有可能积累起来，引起最终分析结果较严重的非一致性。通过一致性检验加权重来解决这个问题，称为组合一致性检验。组合一致性检验考虑了各准则的权重，相比于单个的一致性检验具有更好的科学性。

以旅游方案选择为例，则有第 2 层对第 1 层的一致性比率为

$$CR = 0.070\ 64 < 0.1$$

第 3 层对第 2 层的组合一致性比率为

$$CR^{(3)} = \frac{CI^{(3)}}{RI^{(3)}} = \frac{[CI_1^{(3)}, CI_2^{(3)}, CI_3^{(3)}, CI_4^{(3)}, CI_5^{(3)}]w^{(2)}}{[RI_1^{(3)}\ RI_2^{(3)}\ RI_3^{(3)}\ RI_4^{(3)}\ RI_5^{(3)}]w^{(2)}}$$

$$\begin{aligned}
CI^{(3)} &= 0.004\ 601 \times 0.287\ 4 + 0.004\ 601 \times 0.480\ 5 + 0.053\ 92 \times 0.004\ 778 + 0.067\ 81 \\
&\quad \times 0.006\ 837 + 0.004\ 601 \times 0.115\ 9 \\
&= 0.011\ 28
\end{aligned}$$

$$RI^{(3)} = 0.58$$

$$CR^{(3)} = 0.011\ 28 < 0.1$$

$$CR^* = CR^{(2)} + CR^{(3)} = 0.070\ 64 + 0.011\ 28 < 0.1$$

可见整个层次的比较判断通过组合一致性检验。说明上述旅游地选择问题可以通过组合一致性检验，所作决策有一定的科学性。

三、层次分析法的基本过程与应用分析

（一）层次分析法的基本过程

从上面的问题求解过程来看，层次分析法建模通常通过以下几个步骤来完成，即建立层次结构、构造成对比较矩阵、计算权向量和组合权向量、进行一致性检验和组合一致性检验。其中第一步建立层次结构模型是问题求解的关键，合理的结构模型是决策、评价、分析、预测等具有实用性的前提。第二步构造成对比较阵是整个工作的数据依据，应当由经验丰富的专家或大量的调研给出。后面的几步则完全是矩阵的计算，可以借助专门的数学软件来完成。层次分析法的整个过程条理清楚，有较强的有效性和可

操作性,所以目前已被广泛地应用于军事指挥、运输、农业、人才、医疗、环境等各个领域。我国自从在 20 世纪 80 年代引入这个方法,很快在各个领域得到了广泛的应用。

(二)层次分析法的应用分析

从上述方案选择问题的讨论,可以看到问题的讨论基于层次结构模型。旅游方案选择问题的层次结构相对简单,整个分析过程也就相对得简单些。

一般的,复杂问题往往被分解为很多元素。这些元素又按其属性及关系形成若干层次,其中的准则层往往不止一层,层次数不受限制,但每一层次中各元素所支配的元素一般不要超过 9 个(从心理学的角度)。不妨假设层次结构共有 k 层,其中上一层次($p-1$ 层)的元素作为准则对下一层次(p 层)有关元素起支配作用。这些层次通常可以分为三类。

最高层(第 1 层):这一层次中只有一个元素,一般它是分析问题的预定目标或理想结果,因此也称目标层。

中间层:这一层次中包含了为实现目标所涉及的中间环节,它可以由若干个层次组成,包括所需考虑的准则、子准则,因此也称准则层。

最底层(第 k 层):这一层次包括了为实现目标可供选择的各种措施、决策方案等,因此也称为方案层。

由于第 k 层对第 1 层的组合权向量满足

$$w^{(k)}=W^{(k)}w^{(k-1)}(k=3,4,\cdots,s)$$

其中 $W^{(k)}$ 是以第 k 层对第 $k-1$ 层的权向量为列向量组成的矩阵(无支配关系的对应值可取值为 0)。显然,最下层(第 k 层)对最上层的组合权向量满足

$$w^{(k)}=W^{(k)}wW^{(k-1)}\cdots W^{(3)}w^{(2)}$$

可逐层进行组合一致性检验。若第 p 层的一致性指标为 $CI_1^{(p)},CI_2^{(p)},\cdots,CI_n^{(p)}$ [n 是第($p-1$)层因素的数目],随机一致性指标为 $RI_1^{(p)},RI_2^{(p)},\cdots,RI_n^{(p)}$。

其中

$$CI^{(p)}=[CI_1^{(p)},CI_2^{(p)},\cdots,CI_n^{(p)}]w^{(p-1)},$$
$$RI^{(p)}=[RI_1^{(p)},RI_2^{(p)},\cdots,RI_n^{(p)}]w^{(p-1)}$$

则第 p 层的组合一致性比率为

$$CR^{(p)}=\frac{CI^{(p)}}{RI^{(p)}}(p=3,4,\cdots,k)$$

定义最下层(第 k 层)对第一层的组合一致性比率为

$$Cr^*=\sum_{p=2}^{k}CR^{(p)}$$

对于重大项目,仅当 Cr^* 适当地小时,才认为整个层次的比较判断通过组合一致性

检验。

　　由于复杂问题元素较多,彼此的关系也相对比较复杂,层次分析法在细节的处理上仍有一定的技巧,后面会通过应用案例对层次分析法进一步加以说明。

四、应用案例——公务员招聘问题

　　(一)现有某市事业单位因工作需要,拟向社会公开招聘 8 名工作人员,具体的招聘办法和程序如下:

　　(1)公开考试:凡是年龄不超过 30 周岁,专科以上学历,身体健康者均可报名参加考试。笔试考试科目有综合基础知识、专业知识和行政职业能力测验三个部分,每科满分为 100 分。根据考试总分的高低排序按 1∶2 的比例(共 16 人)选择进入第二阶段的面试考核。

　　(2)面试考核:面试考核主要考核应聘人员的知识面,对问题的理解能力、应变能力、表达能力等综合素质。按照一定的标准,面试专家组对每个应聘人员的各个方面都给出一个等级评分,从高到低分成 A、B、C、D 四个等级,具体结果见下表。

表 8-8　　　　　　　　　某市事业单位笔试成绩、面试评分统计表

应聘人员	笔试成绩			面试成绩			
	基础知识	专业知识	职业能力	知识面	理解	应变	表达
1	99	96	95	A	A	B	C
2	98	96	94	A	B	A	C
3	99	95	94	B	A	D	C
4	98	94	93	A	B	B	B
5	97	93	93	B	A	B	C
6	97	94	92	B	D	A	B
7	96	93	91	A	B	C	B
8	96	92	92	B	A	A	B
9	95	93	92	B	B	A	B
10	95	92	93	D	B	A	C
11	95	91	92	D	C	B	A
12	94	91	92	A	B	C	A
13	93	91	91	B	C	D	A
14	93	92	90	D	B	A	B
15	92	92	90	A	B	C	B
16	91	92	90	B	A	B	C

由于工作需要,单位对应聘者各项能力的要求不同,具体应聘要求由专家组给出。

在充分考虑单位对各类能力的需求前提下,按择优录用原则,试帮助该单位设计一种最优的录用分配方案。

首先建立层次结构模型,如下图所示:

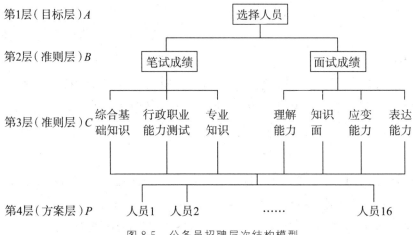

图 8-5 公务员招聘层次结构模型

由专家组对本单位的整个录用系统进行综合评价,将成对比较阵略去,得到的权向量及一致性检验的结果如下:

笔试成绩和面试评分之间的权重比较,即准则层 B(第2层)对目标层 A(第1层)的权向量 $w^{(2)} = (0.6, 0.4)$。子准则层 C(第3层)对准则层 B(第2层)的权向量分别为 $\widetilde{w_1}^{(3)} = (0.333, 0.190, 0.476)$,$\widetilde{w_2}^{(3)} = (0.336, 0.161, 0.420, 0.082)$,一致性指标分别为 $CI_1^{(3)} = 0.006\ 1$,$CI_2^{(3)} = 0.030\ 40$。

C 对 A 的权向量 $w^{(3)} = W^{(3)} w^{(2)}$,而 $W^{(3)}$ 是以 $\widetilde{w}_1^{(3)}$,$\widetilde{w}_2^{(3)}$ 为列向量的 7×2 的矩阵,其中

$$\widetilde{w}_1^{(3)} = (0.333, 0.190, 0.476, 0, 0, 0, 0),$$

$$\widetilde{w}_2^{(3)} = (0, 0, 0, 0.336, 0.161, 0.420, 0.082)$$

方案层 P 对目标层 A 的权向量 $w^{(4)} = W^{(4)} w^{(3)}$,而 $W^{(4)}$ 是以 $w_1^{(4)}, w_2^{(4)}, \cdots, w_7^{(4)}$ 为列向量的 16×7 矩阵,其中 $w_1^{(4)}, w_2^{(4)}, \cdots, w_7^{(4)}$ 见下表。

表 8-9   **方案层 P 对目标层 A 的权向量**

k	1	2	3	4	5	6	7
$w_k^{(4)}$	0.99	0.96	0.95	1	1	0.912 6	0.912 6
	0.98	0.96	0.94	1	0.912 6	1	0.8
	0.99	0.95	0.94	0.912 6	1	0.524 5	0.8
	0.98	0.94	0.93	1	0.912 6	0.912 6	0.912 6
	0.97	0.93	0.93	0.912 6	1	0.912 6	0.8
	0.97	0.94	0.92	0.912 6	0.524 5	1	0.912 6
	0.96	0.93	0.91	1	0.912 6	0.8	0.912 6
	0.96	0.92	0.92	0.912 6	1	1	0.912 6
	0.95	0.93	0.92	0.912 6	0.912 6	1	0.912 6
	0.95	0.92	0.93	0.524 5	0.912 6	1	0.8
	0.95	0.91	0.92	0.524 5	0.8	0.9126	1
	0.94	0.91	0.92	1	0.912 6	0.8	1
	0.93	0.91	0.91	0.912 6	0.8	0.524 5	1
	0.93	0.92	0.90	0.524 5	0.912 6	1	0.912 6
	0.92	0.92	0.90	1	0.912 6	0.8	0.912 6
	0.910 0	0.920 0	0.900 0	0.912 6	1	0.912 6	0.8

其中,笔试的成绩直接进行归一化处理,面试评分则假设 A、B、C、D 对应的值分别为 $5,4,3,2$,利用最大柯西隶属函数

$$f(x)=\begin{cases}[1+a(x-b)^{-2}]^{-1}(1\leqslant x\leqslant 3),\\c\ln x+d(3\leqslant x\leqslant 5)\end{cases}$$

其中 a,b,c,d 为待定系数。

设 A 对应的隶属度为 1,即 $f(5)=1$,C 对应的隶属度为 0.8,即 $f(3)=0.8$,当等级为 E 时,则认为隶属度为 0.01,即 $f(1)=0.01$。于是可以确定 $a=1.108\ 6,b=0.894\ 2,c=0.391\ 5,d=0.369\ 9$。代入上式可得隶属函数:

$$f(x)=\begin{cases}[1+1.108\ 6(x-0.894\ 2)^{-2}]^{-1}(1\leqslant x\leqslant 3),\\0.391\ 5\ln x+0.369\ 9(3\leqslant x\leqslant 5)\end{cases}$$

经过计算,$f(2)=0.524\ 5$,$f(4)=0.912\ 6$,则

$$\{A,B,C,D\}=\{1,0.912\ 6,0.8,0.524\ 5\}$$

可以计算方案层对目标层的权向量

$$w^{(4)} = (0.960\ 6, 0.961\ 1, 0.876\ 0, 0.945\ 0, 0.932\ 0, 0.918\ 1, 0.915\ 2, 0.940\ 7,$$
$$0.937\ 9, 0.883\ 8, 0.864\ 4, 0.914\ 7, 0.844\ 5, 0.874\ 9, 0.903\ 2, 0.910\ 3)^{T}$$

由计算可知,人员 1,2,4,5,6,7,8,9 共 8 名公务员最终被录用。公务员招聘问题中,在专家组对单位的整个录用系统进行综合评价时采用了正互反矩阵,从而使定量问题转化为定性问题。其实定性到定量的转化方式很多,学习者可以留意相关的各类模型。另外,定性到定量的转化有一定的主观性。

例如公务员招聘问题中面试、笔试的权重等,其计算结果也往往因不同的主观意志而有所不同,值得招聘单位和大家思考。

五、层次分析法的一般过程

第一步,根据层次结构,构造成对比较矩阵。

成对比较矩阵 $A = (a_{ij})n \times n$ 是 n 阶正互反矩阵,满足

$$a_{ij} > 0, a_{ji} = \frac{1}{a_{ij}}, a_{ii} = 1 (i, j = 1, 2, \cdots, n)。$$

第二步,成对比较矩阵一致性检验。

这一步需要检验构造出来的(正互反)判断矩阵 A 是否严重地非一致,以便确定是否接受 A。判断矩阵 A 对应于最大特征值 $\lambda_{\max}$ 的特征向量 W,经归一化后即为同一层次相应因素对于上一层次某因素相对重要性的排序权值,这一过程称为层次单排序。上述构造成对比较判断矩阵的办法虽能减少其它因素的干扰,较客观地反映出一对因子影响力的差别,但综合全部比较结果时,其中难免包含一定程度的非一致性。如果比较结果是前后完全一致的,则矩阵 A 的元素还应当满足 $a_{ij}a_{jk} = a_{ik}, \forall i, j, k = 1, 2, 3, \cdots, n$。

第三步,计算准则层对目标层的权重向量。

第四步,计算方案层对准则层每个因素的权重向量。

第五步,组合权重向量一致性检验。

练习题

1. 某物流企业需要采购一台设备,在采购设备时需要从功能、价格与可维护性三个角度进行评价,考虑应用层次分析法对 3 个不同品牌的设备进行综合分析评价和排序,从中选出能实现物流规划总目标的最优设备。请建立这个问题的层次分析结构图。

2. 你已经去过几家主要的摩托车专卖店,基本确定将从三种车型中选购一种,你选择的标准主要有:价格、耗油量大小、舒适程度和外观美观情况。经反复思考比较,构造了它们之间的成对比较判断矩阵。

$$A = \begin{bmatrix} 1 & 3 & 7 & 8 \\ 1/3 & 1 & 5 & 5 \\ 1/7 & 1/5 & 1 & 3 \\ 1/8 & 1/5 & 1/3 & 1 \end{bmatrix}$$

三种车型(记为 a, b, c)关于价格、耗油量、舒适程度和外观美观情况的成对比较判断矩阵为

（价格）

	a	b	c
a	1	2	3
b	1/2	1	2
c	1/3	1/2	1

（耗油量）

	a	b	c
a	1	1/5	1/2
b	5	1	7
c	2	1/7	1

（舒适程度）

	a	b	c
a	1	3	5
b	1/3	1	4
c	1/5	1/4	1

（外观）

	a	b	c
a	1	1/5	3
b	5	1	7
c	1/3	1/7	1

(1) 根据上述矩阵可以看出四项标准在你心目中的比重是不同的,请按由重到轻顺序将它们排出。

(2) 哪辆车最便宜、哪辆车最省油、哪辆车最舒适、哪辆车最漂亮?

(3) 用层次分析法确定你对这三种车型的喜欢程度(用百分比表示)。

本章小结

1. 知识结构

本章主要学习了解决评价问题的两种建模方法,即综合评价法建模和层次分析法建模。这两种方法在建模的过程中所针对的评价问题是不同的。综合评价模型主要针对评价指标数据量纲不一致的问题,通过一致化标准化处理建模;而层次分析法建模主要解决定性问题的评价模型,指标数据是对定性指标的定量分析,再权重组合进行评价。

2. 课题作业

已知某小学五年级 *A*、*B* 两个班的体质测试成绩,如何建立评价模型对比这两个班学生的身体素质? 写成一篇小论文我们一起交流吧!

参考文献

[1] 韩中庚.招聘公务员问题的优化模型与评述[J].工程数学学报,2004,21(07):147—154.

[2] 张成堂,毕守东.公务员招聘问题的优化模型[J].安徽大学学报(自然科学版),2006(03):24—27.

[3] 王冬琳,王妍.综合评价方法在 NBA 赛程分析中的应用[J].数学的实践与认识,2009,39(15):34—41.

[4] 王朝君,崔艳艳.层次分析下的 NBA 赛程分析与评价模型[J].周口师范学院学报,2009,26(02):43—45.

[5] 郭亚军.综合评价理论方法及应用[M].北京:科学出版社,2007.

[6] 张炳江.层次分析法及其应用案例[M].北京:电子工业出版社,2014.

第九章 数据处理与数据建模方法

本章导学

近年来，信息技术的广泛应用使数据量呈几何级数爆发式增长，也反映了大数据时代到来。针对数据量的日益膨胀，就算用超级计算机和智能信息技术来对相关信息进行提取，如果没有更加有效的方式，仍会像大海捞针一样很难抓住规律，发现其价值。而数据建模就在这种背景下应运而生，将相关的数据处理方法和数据挖掘技术渗透到数学建模之中，就能够在海量数据中去粗存精、去伪存真，构建更加优化的数学模型。

数据建模得到了很多领域的广泛应用，并明显地体现出了其较高的价值。数据建模主要应用统计分析相关的数据处理方法。如数据整理、回归分析、因子分析等，可与常用办公软件或专业数据分析软件一起学习。数据建模过程可按常用的数学建模过程来进行，也可以参考常用的数据挖掘项目流程，按照业务理解、数据理解、数据准备、建模、评估和应用反馈等步骤完成。数据挖掘与传统分析工具不同的是数据挖掘使用的是基于发现的方法，运用模式匹配和其他算法决定数据之间的重要联系。数据挖掘算法的好坏将直接影响所发现知识的好坏。它是一个反复的过程，通常包含多个相互联系的步骤：预处理、提出假设、选取算法、提取规则、评价和解释结果、应用。

数据作用于模型有多种形式：

（1）在建立数学模型的初始研究阶段，对数据的分析有助于我们寻求变量间的关系，以形成初步的想法。有些模型（如数据拟合以及经验模型）甚至可以完全建立在数据的基础上。

（2）可以利用数据来估计模型中出现的参数值，称为模型参数估计。

（3）利用数据进行模型检验。通常是对实际数据与模型运算出的相应理论值进行比较。

第一节　数据收集与整理

本节要点

数据的收集和整理是利用数据建立数学模型解决实际问题的基础工作,本节简要学习这项工作的技术和方法。

学习目标

※ 理解数据收集的意义

※ 掌握数据整理的一般方法和过程

※ 会用常用软件整理实际问题的数据

学习指导

数据意识主要是指对数据的意义和随机性的感悟。在现实生活中有许多问题应当先收集数据,感悟数据蕴含的信息。只要有足够的数据就可能从中发现规律,并且会根据问题的背景选择合适的方式表达。要深刻理解生活中的现象,就要逐步养成收集整理数据、用数据说话的习惯。

一、数据的收集

各种类型的数据为我们认识事物的内在规律、研究事物之间的关系、预测事物今后的可能发展等一系列问题,提供了丰富的材料和科学依据。当着手一个建模工作时,或许你已经有部分数据,但大多数情况下,你还需要收集更多的数据。你应当清楚如何获取数据,怎样表达数据,然后如何进行数据整理、分析。

如何获取数据?首先,因为提出问题要你解决的人未必清楚你需要什么样的数据,所以应当进行充分讨论,查阅资料,获取尽可能多的相关数据。例如,要考虑一个普通住宅的保温问题,试图建立一个室内室外的热交换模型,需要知道混凝土、玻璃一级隔热材料(石棉)的传热系数。你可以到图书馆去查一本建筑力学之类的书,就能知道你

数据处理与数据建模方法 **第九章**

249

想知道的数据。

其次,收集数据并非多多益善。你在着手工作时,就要搞清楚究竟需要哪些数据,可以减少多余的工作。另外,对别人提供的数据要学会精选。需要什么形式的数据,这与建模的目的和所选择的模型的特点有关。例如运用平均值更具有代表性,能如实反映实际情况。

最后,数学模型描述现实问题的合理性很大程度取决于数据的准确可信。特别是处理实验数据时,往往采用一些统计手段,如计算平均值、标准差和画直方图之类,观察揭示现实对象的内在规律。

二、数据的整理

在建模初期,根据问题内容对给出的原始数据或简单易得数据进行量化处理,有利于模型的分析和建立。常用的方法有应用 Excel 软件和各种数学软件等,特别是 Excel 比较适合处理原始数据。从近几年专科组赛题看,每年都有题目需要经过数据处理的。例如,2008 年全国大学生数学建模竞赛题 D 题中比赛因素分析。

2008 年全国大学生数学建模竞赛题 D 中影响各球队成绩(见表 9-1)的因素值处理,例如背靠背比赛次数的统计,可以运用 Excel 软件处理。

表 9-1   **奥兰多魔术队赛程安排表**

时间	客队	主队	时间	客队	主队
2018－10－30	老鹰	魔术	2008－11－15	魔术	小牛
2008－11－1	魔术	灰熊	2008－11－17	魔术	山猫
2008－11－2	国王	魔术	2008－11－19	猛龙	魔术
2008－11－4	公牛	魔术	⋮	⋮	⋮
2008－11－7	76人	魔术	2009－4－11	尼克斯	魔术
2008－11－9	奇才	魔术	2009－4－12	魔术	新泽西网
2008－11－11	开拓者	魔术	2009－4－14	魔术	雄鹿
2008－11－13	魔术	西雅图超音速	2009－4－16	山猫	魔术

背靠背比赛次数统计方法具体如下:

把时间数据格式修改成数值格式,然后计算出前后两场比赛的时间间隔,统计时间间隔为 1 的次数,从而确定该队背靠背比赛的场次,见表 9-2。

表 9-2   奥兰多魔术队背靠背比赛的次数统计表

时间	时间间隔	客队	主队
39751		老鹰	魔术
39753	2	魔术	灰熊
39754	1	国王	魔术
39756	2	公牛	魔术
39759	3	76 人	魔术
39761	2	奇才	魔术
39763	2	开拓者	魔术
39765	2	奥兰多魔术	西雅图超音速
39767	2	魔术	小牛
39769	2	魔术	山猫
39771	2	猛龙	魔术
⋮	⋮	⋮	⋮
39914	1	尼克斯	魔术
39915	1	魔术	新泽西网
39917	2	魔术	雄鹿
39919	2	山猫	魔术

2009 年全国大学生建模竞赛题 D 题中与会代表数量预测。

表 9-3 中列出以往会议代表回执和与会情况的有关数据。

表 9-3   以往几届会议代表回执和与会情况

	第一届	第二届	第三届	第四届
发来回执的代表数量	315	356	408	711
发来回执但未与会的代表数量	89	115	121	213
未发回执而与会的代表数量	57	69	75	104
与会代表	283	310	362	602

有 4 届同类型会议的历史数据可以利用,记

a_i:第 i 届发来回执的代表数量;

b_i:第 i 届发来回执但未与会的代表数量;

c_i:第 i 届未发回执而与会的代表数量。

其中 $i=1,2,\cdots,4$。

可以算出每一届发来回执且与会代表人数 d_i:

$$d_i = a_i - b_i + c_i$$

及 d_i 与 a_i 的比值 e_i，即发来回执且与会代表人数与发来回执的代表的比值

$$e_i = \frac{d_i}{a_i} = \frac{a_i - b_i + c_i}{a_i}$$

发来回执但未与会代表人数占回执代表人数的比值 η_i。为了避免无房间让代表入住的情况发生，同时要减少空房所带来的损失，本届的 η_0 应该取以往几届中的平均值，即

$$\eta = \frac{1}{4} \sum_{i=1}^{4} \eta_i$$

根据表 9-3 中的数据，可以算出以往几届的 e_i，如表 9-4 所示。

表 9-4 　　　　　　　　　　　　**以往几届的 e_i 数据表**

	第一届	第二届	第三届	第四届
发来回执的代表数量	315	356	408	711
实际与会代表数量	283	310	362	602
e_i	0.898 4	0.870 8	0.887 3	0.846 7

所以

$$e = 0.875\ 8$$

表 9-5 　　　　　　**本届会议的代表回执中有关住房要求的信息（单位：人）**

	合住 1	合住 2	合住 3	独住 1	独住 2	独住 3
男	154	104	32	107	68	41
女	78	48	17	59	28	19

根据题目所给附表（表 9-5）数据，求得本届回执的代表数 $x_0 = 755$，可预测本届实际与会代表的数量向上取整，有

$$y_0 = \text{roundup}(x_0 e) = \text{roundup}(755 \times e) = 662$$

注：roundup 是 Excel 向上取整函数，若 MATLAB 取整，用向上取整函数 ceil 计算。

会议代表在回执中对住房提出了各种要求，根据题目所给的附表（表 9-5）的数据，可计算出不同住房需求的人数比例。

表 9-6 　　　　　　　　**本届会议各类住房需求的实际人数估计**

性别	合住 1	合住 2	合住 3	独住 1	独住 2	独住 3	合计
男	135	91	28	94	60	36	662
女	68	42	15	52	24	17	

再由此计算本届会议需要预订哪些类型的房间及其数量,详细信息见表9-7。

表9-7　　　　　　　　**本届会议住房要求预测的信息(单位:间)**

	合住1	合住2	合住3	独住1	独住2	独住3
男	68	46	14	94	60	36
女	34	21	8	52	24	17
合计	102	67	22	146	84	53

上面就是对于本题中的各种房间预订量的预测。

练习题

1. 数学模型描述现实问题的合理性很大程度取决于数据的_____。

A. 多少　　　　B. 收集方式　　　　C. 收集工具　　　　D. 准确可信

2. 在研究摆的等时性时,两个摆每分钟摆的次数各记录5次,分别为60,59,59,58,57和58,58,58,59,58。你认为哪一组数据更真实可靠?

3. 在义务教育阶段,数学语言的主要表现有哪些?结合实际说说你的理解。

第二节　数据的拟合

本节要点

本节主要学习数据处理的基本方法和拟合、回归分析等方法。

学习目标

※ 了解数据处理的基本方法

※ 会对简单的数据进行拟合

※ 会用回归分析发现变量之间的关系

学习指导

学会用图表、曲线拟合等方法对数据进行基本的处理,能确定因变量与自变量之间的回归模型,并且根据样本观测数据估计并检验回归模型及其未知参数。

信息资源、自然资源和物质资源被称为人类生存与发展的三大资源。21 世纪的社会是信息社会,其影响会更加深刻,最终将远超 19 世纪由农业社会转向工业社会变革。

实际上,大量信息或海量信息对应着极为庞大数量的数据,从这些数据中寻求解决问题所需要的答案,就需要用到数据建模的方法。

通过分析处理现实问题或现象,过去与当前的相关数据,主要是达到两个方面的研究目的:一是分析研究对象所处的实际状态和特征,并依此给出评价和决策;二是分析预测实际对象未来的变化状况和趋势,为科学决策提供依据。为实现这两个目的,应该先对数据进行处理。下面介绍数据处理的方法。

一、数据处理的方法

常用的数据处理基本方法有列表法、作图法、最小二乘法(曲线拟合)等,对于大数据的处理,还需要辅以布卢姆过滤(BloomFilter)、哈希算法(Hashing)、位图(栅格图 bitmap)算法等。

（一）列表法

在记录和处理数据时，常常将所得数据列成表。数据列表后，可以简单明确、形式紧凑地表示出有关物理量之间的对应关系，便于随时检查结果是否合理，及时发现问题，减少和避免错误，有助于找出有关物理量之间规律性的联系，进而求出经验公式等。

数据列表一般要满足下列要求：

1. 列表要简要概括写出所列表的名称，数据简单明了，易于发现有关量之间的关系，便于处理数据。

2. 列表要标明符号所代表物理量的意义（特别是自定的符号），并写明单位。单位及量值的数量级写在该符号的标题栏中，不要重复记在各个数值上。

3. 列表的形式不限，根据具体情况，决定列出哪些项目。有些个别的或与其他项目联系不大的数据可以不列入表内。列入表中的除原始数据外，计算过程中的一些中间结果和最后结果也可以列入表中。

此外，表中所列数据是实际结果的准确有效反映。例如，表9-8列出铜丝电阻与实测温度的关系。

表 9-8　　　　　　　　　　铜丝电阻与温度关系

温度 $T/℃$	10.0	20.0	30.0	40.0	50.0	60.0	70.0
铜丝电阻 R/Ω	10.4	10.7	10.9	11.3	11.8	11.9	12.3

（二）作图法

作图法是将两列数据之间的关系用图像表示出来。用作图法处理实验数据是数据处理的常用方法之一，它能直观地显示数据之间的对应关系，揭示数量之间的联系。

为了使图像能够清楚地反映出变化规律，并能比较准确地确定有关数值之间的联系，在作图时必须满足下列要求：

1. 当决定了作图的参量以后，根据情况选用直角坐标纸、极坐标纸或其他坐标纸。

2. 标明坐标轴。对于直角坐标系，要以自变量为横轴，以因变量为纵轴。

3. 根据测量数据，画出散点图。

例如，根据表9-8中铜丝电阻与温度关系的数据，在直角坐标系中画出散点图如下。

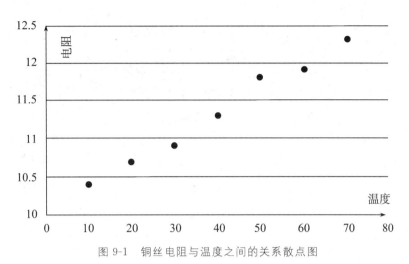

图 9-1　铜丝电阻与温度之间的关系散点图

如果要尝试根据散点图画出趋势线,就需要进行曲线拟合。

(三) 拟合

对于实际问题中的某些相互联系的变量,必定存在一定的数量关系,如河水的流量与流速的关系,物体的运动轨迹与受到的外力的关系,服药后血药浓度与时间的关系,动物数量与动物种群之间的关系等。

在各种自然或社会现象、工程设计或科学实验中所得到的数据,往往是一系列离散的数据点表,曲线拟合就是用解析式来描述它们的关系。曲线拟合(curve fitting)是指选择适当的曲线类型来拟合观测数据,并用拟合的曲线方程分析两变量间的关系。

1. 曲线拟合原理

已知一组二维数据,即平面上 n 个点(x_i, y_i),$i = 1, 2, 3, \cdots, n$,寻求一个函数(曲线)$y = f(x)$,使 $f(x)$ 在某种准则下与所有数据点最为接近,即曲线拟合得最好。

线性最小二乘法是解决曲线拟合最常用的方法。令

$$f(x) = a_1 r_1(x) + a_2 r_2(x) + \cdots + a_k r_k(x) + \cdots + a_m r_m(x)$$

其中 $a_k r_k(x)$ 是事先选定的一组函数,a_k 是待定系数,$k = 1, 2, 3, \cdots, m$,$m < n$。使 n 个点(x_i, y_i),$i = 1, 2, 3, \cdots, n$ 与曲线 $y = f(x)$ 的距离的平方和最小,称为最小二乘准则。这种拟合方法称为线性最小二乘拟合。

特别地,若令

$$f(x) = a_1 x^m + a_2 x^{m-1} + \cdots + a_m x + a_{m+1}$$

则线性最小二乘拟合称为多项式拟合。

2. 预测值计算

多项式拟合的参数值可以用命令实现。

对于多项式 $f(x) = a_1 x^m + a_2 x^{m-1} + \cdots + a_m x + a_{m+1}$ 拟合,确定多项式系数的命

令为

$$p = \text{polyfit}(x, y, m)$$

其中 $x = (x_1, x_2, \cdots, x_n), y = (y_1, y_2, \cdots, y_n)$ 是观测数据，$p = (a_1, a_2, \cdots, a_{m+1})$ 是多项式函数 $f(x)$ 的系数，m 是拟合后多项式的最高次数。

$$f(x) = a_1 x^m + a_2 x^{m-1} + \cdots + a_m x + a_{m+1}$$

预测值命令为

$$z = \text{polyval}(p, x)$$

其中，$p = (a_1, a_2, \cdots, a_{m+1})$ 是多项式的系数，$x = (x_1, x_2, \cdots, x_n)$ 是某一取值，求 polyfit 所得的回归多项式在 x 处的预测值 z。

直线拟合是最简单的多项式拟合。例如，铜丝电阻与温度之间的关系可以用直线进行拟合如下图。

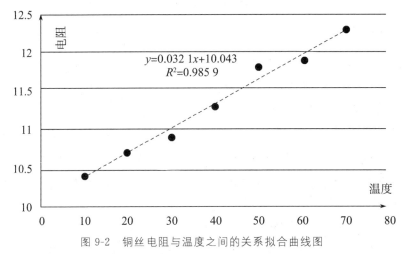

图 9-2　铜丝电阻与温度之间的关系拟合曲线图

对于比较复杂的关系，可以选择二次或三次多项式拟合。

例如，对下表数据作二次多项式拟合。

表 9-9　　　　　　　　　　　　　　**二次多项式拟合二元关系**

x_i	0	0.1	0.2	0.3	0.4	0.5	0.6	0.7	0.8	0.9	1
y_i	−0.45	1.98	3.28	6.16	7.08	7.34	7.66	9.58	9.48	9.30	11.2

下面给出多项式拟合的 MATLAB 命令，仅供参考。

$X = 0 : 0.1 : 1;$

$Y = [-0.48\ 1.98\ 3.28\ 6.16\ 7.08\ 7.34\ 7.66\ 9.56\ 9.48\ 9.30\ 11.2]$

$A = \text{polyfit}(x, y, 2)$

$z = \text{polyval}(A, x);$

$\text{plot}(x, y, 'k+', x, z, 'r')$

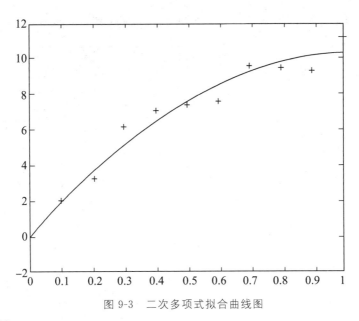

图 9-3 二次多项式拟合曲线图

计算结果

$$A = [-9.867\ 1\ 20.199\ 9\ -0.050\ 1]$$

即拟合后函数为

$$f(x) = -9.810\ 8x^2 + 20.129\ 3x + 0.03\ 17$$

二、非线性最小二乘拟合

（一）非线性最小二乘法拟合的 MATLAB 命令实现：

$$k = \text{lsqcurvefit}('fun', xo, xdata, ydata)$$

其中 fun 是一个事先建立的定义函数 $F(x, xdata)$ 的 M-文件，自变量为 x, x_0 是迭代初值，$(xdata, ydatak)$ 为已知数据点。

（二）经典问题

对于 2004 年全国大学生数学建模竞赛 C 题：对饮酒驾车的数据进行非线性拟合。

已知某人（体重 70 kg）在喝下 2 瓶啤酒后，间隔 t 小时后其血液中的酒精浓度如下表所示。

表 9-10　　　　　　　　　　血液中的酒精浓度

时间 x	0.25	0.5	0.75	1	1.5	2	2.5	3	3.5	4	4.5	5
酒精浓度 y	30	68	75	82	82	77	68	68	58	51	50	41
时间 x	6	7	8	9	10	11	12	13	14	15	16	
酒精浓度 y	38	35	28	25	18	15	12	10	7	7	4	

根据药物动力学原理绘制时间 t 和酒精浓度 y 散点图如下图所示：

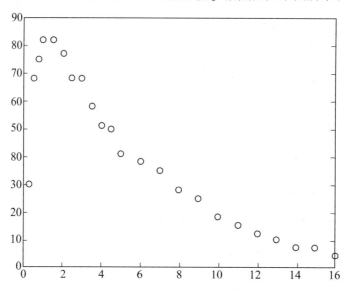

图 9-4　血液中的酒精浓度散点图

1. 给出数学模型

$$y = dk_1 \frac{e^{-k_1 t} - e^{-k_2 t}}{k_2 - k_1} + u$$

其中 u 表示人体固有酒精含量浓度，通常情况 $u=3$；d 为体重约 70 kg 的人喝下 2 瓶啤酒后血液中的即时酒精浓度，题中模型参数取 $\dfrac{21\ 760 \times 2}{460}$（其中 21 760 表示一瓶啤酒的酒精含量，460 表示一个 70 kg 人的体液），k_1，k_2 为模型参数。

2. MATLAB 命令

程序一

```
%拟合参数
%c=d*x(1)*(exp(-x(1)*t)-exp(-x(2)*t))/(x(2)-x(1))+u 模型
%其中 k(1)=x(1);k(2)=x(2);u=3
%function k=simulatebottle
d=21760*2/460;%喝两瓶啤酒后血液中的即时酒精浓度
xdata=[0.25 0.5 0.75 1 1.5 2 2.5 3 3.5 4 4.5 5 6 7 8 9 10 11 12 13 14 15 16];
ydata=[30 68 75 82 82 77 68 68 58 51 50 41 38 35 28 25 18 15 12 10 7 7 4];
k=lsqcurvefit('simulatebottle',[2,0.1],xdata,ydata);%参数拟合 k
plot(xdata,ydata,'0')
hold on
```

```
t=0:.25:20;
y=d*k(1)*(exp(-k(1)*t)-exp(-k(2)*t))/(k(2)-k(1))+3;
%"+3"表示人体固有酒精含量浓度
plot(t,y,'*');
k
```

程序二
```
function c=simulatebottle(x,t)
d=21 760*2/460;
c=d*x(1)*(exp(-x(1).*t)-exp(-x(2).*t))/(x(2)-x(1))+3;
```

3.结果显示

$k1=2.147\ 4, k2=0.182\ 0$

用 $k_1=2.147\ 4, k_2=0.182\ 0$ 代回验证,得下图

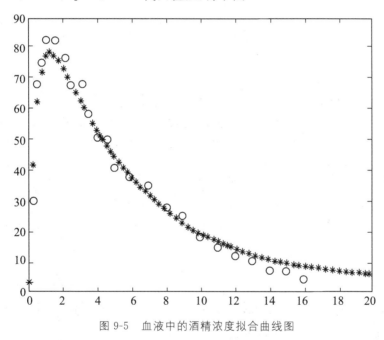

图 9-5　血液中的酒精浓度拟合曲线图

三、回归分析

(一) 回归分析拟合参数

回归分析研究的是多个变量之间的关系。它是一种预测性的建模技术,研究的是因变量(目标)和自变量(预测值)之间的关系。这种技术通常用于预测分析时间序列模型以及发现变量之间的因果关系。

回归分析能较好表明自变量和因变量之间的显著关系,能分析多个自变量对一个因变量的影响强度,可以比较那些衡量不同尺度的变量之间的相互影响,如价格变动与促销活动数量之间联系等。因此,常用回归分析这种数据处理的方式来拟合函数。

通过回归分析拟合这种方式求得函数参数,再分析数据和某个已知的函数(这个函数的参数未定)的关系,也就是为了得到最能表示这组数据特征。回归分析这种特定的数学方法,它可以较好实现数据拟合,得到函数的参数来近似表示待定的函数。

(二)典型问题

2017 年全国大学生数学建模竞赛专科组的 C 题:颜色与物质浓度辨识。

以红色、绿色、蓝色、饱和度、色调为自变量,物质浓度为因变量,用统计软件 SPSS 对其进行回归分析。

1. 线性回归分析

进行五种颜色数值与浓度的线性回归分析,依据多元线性回归模型,建立线性回归模型:

$$y=\beta_0+\beta_1 r+\beta_2 g+\beta_3 b+\beta_4 s+\beta_5 h$$

经过应用软件分析,得出线性相关回归模型为:

$$y=5\,063\,516-5.96r-26.2g+8.36b-9.905s-15.159h$$

利用线性回归模型可以求解出对应的回归浓度值,如表 9-11 所示。

表 9-11　　　　　　　　线性回归分析浓度值

浓度/$\times10^{-6}$	0	0	0	0	0	20	20	20	30
浓度值	3.20	2.41	−8.90	−8.90	−2.83	34.16	34.35	35.00	24.06
浓度/$\times10^{-6}$	30	30	30	50	50	50	80	80	80
回归浓度值	13.90	8.62	19.62	78.38	82.81	88.55	85.76	91.03	80.03
浓度/$\times10^{-6}$	100	100	100	150	150	150	150		
回归浓度值	89.35	94.43	84.26	138.78	129.39	138.32	133.88		

SPSS 软件处理的结果是五种颜色数值共同作为自变量时,R^2 为 0.900,说明二氧化硫浓度有 90% 受这几个颜色数值影响。

线性回归拟合表达式的显著性检验 F 值是 3.590,Sig. $=0.38>0.05$,显著符号是"*",则说明模型受误差因素干扰过大,不能较好地表达数量之间的关系,没有通过检验,所以线性回归拟合的效果不能接受。

2. 非线性回归分析

多元非线性回归模型(多元二次多项式函数)的形式是

$$y=\beta_0+\sum_{i=1}^{n}p_i x_i+\sum_{i=1}^{n}q_i x_i^2$$

其中 β_0 为常数项，p_i 为变量一次项系数，q_i 为变量二次项系数，n 为自变量个数。以二氧化硫的颜色数据为自变量，建立多元非线性回归模型。

$$y=\beta_0+\beta_1 r+\beta_2 r^2+\beta_3 g+\beta_4 g^2+\beta_5 b+\beta_6 b^2+\beta_7 s+\beta_8 s^2+\beta_9 h+\beta_{10} h^2$$

经过 SPSS 软件分析，得出二氧化硫多元非线性回归方程为

$$y=52\,494.396\,56+5.068\,46r-0.045\,68r^2-33.514\,44g++0.183\,22g^2+96.359\,98b-0.285\,02b^2-864.778\,07s+3.145\,12s^2+6.362\,28h-0.009\,01h^2$$

利用二氧化硫非线性回归方程，可以求解出检验数据的浓度对应的回归计算浓度值，如表 9-12 所示。

表 9-12　　　　　　　　　　　非线性回归分析浓度值

浓度/$\times10^{-6}$	0	0	0	0	0	20	20	20	30
回归浓度值	1.33	−7.01	3.41	3.41	0.35	27.07	10.00	21.59	27.96
浓度/$\times10^{-6}$	30	30	30	50	50	50	80	80	80
回归浓度值	30.73	34.41	21.41	53.24	59.82	55.71	81.12	74.02	86.00
浓度/$\times10^{-6}$	100	100	100	150	150	150	150		
回归浓度值	97.73	96.54	98.33	153.01	141.82	155.25	146.86		

从表中数据可以看出，多元非线性回归模型求解的结果，比多元线性回归模型的结果大。从平均相对误差来看，多元线性和非线性回归模型的误差分别为 34.6% 和 11%。因此，所建立的非线性回归模型要优于多元线性回归模型，可以利用多元非线性回归模型表示颜色读数和物质浓度的关系。

四、聚类分析

(一) 聚类分析

聚类是将数据分为不同的类或者簇这样的一个过程，所以同一个簇中的对象有很大的相似性，而不同簇间的对象有很大的相异性。

从统计学的观点看，聚类分析是通过数据建模简化数据的一种方法。传统的统计聚类分析方法包括系统聚类法、分解法、加入法、动态聚类法、有序样品聚类、有重叠聚类和模糊聚类等。采用 $k-$均值、$k-$中心点等算法的聚类分析工具已被加入许多著名的统计分析软件包中，如 SPSS、SAS 等。

聚类分析是一种探索性的分析，在分类的过程中，不必事先给出一个分类的标准，聚类分析能够从样本数据出发，自动进行分类。聚类分析所使用方法的不同，常常会得到不同的结论。不同研究者对同一组数据进行聚类分析，所得到的聚类数未必一致。

（二）赛题解析

2021 年全国大学生数学建模竞赛 E 题：中药材的鉴别。

根据附件 1 中几种药材的中红外光谱数据，鉴别药材的种类，用统计软件 SPSS 中 K－均值聚类方法对其进行聚类分析。

由于 K－均值聚类容易受到初值和离群点的影响，可能会造成大量个案归属同一类，而少量极端值归属同一类的情况。因此首先对数据清洗，剔除异常值，药材编号为 64,136,201 的 3 组数据明显异常，属于异常值，予以剔除。

K－均值聚类需要事先设定聚类数目，确定最佳聚类数 k 的方法为手肘法拐点的选取，手肘法的核心指标是 SSE(sum of the squared errors，误差平方和)。

$$SSE = \sum_{i=1}^{k} \sum_{p \in C_i} |p - m_i|^2。$$

其中，C_i 是第 i 个簇，p 是 C_i 中的样本点，m_i 是 C_i 的质心（C_i 中所有样本的均值），SSE 是所有样本的聚类误差，代表了聚类效果的好坏。

随着分类的类别数增加，SSE 的下降幅度会骤减，随着 k 值的继续增大而趋于平缓，手肘法即为选取那个拐点，也就是最佳聚类数。

表 9-13　　　　　　　　　　不同聚类数对应的误差平方和

聚类	2	3	4	5	6
SSE	346.304	280.817	243.016	208.155	191.741
聚类	7	8	9	10	
SSE	172.553	160.889	152.904	147.406	

通过 SPSS 处理结果，得到聚类数 3～11 时对应的 SSE，详见表 9-13。通过观察图 9-6，可得当 $k=5$ 时，斜率变小，因此选取 $k=5$ 为拐点，也就是最佳聚类数为 5，即药材分为 5 类。

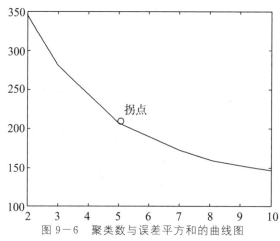

图 9－6　聚类数与误差平方和的曲线图

通过 SPSS 软件输出聚类结果,部分药材分类结果见表 9-14,第一类有 55 种药材,第二类有 134 种药材,第三类有 96 种药材,第四类有 47 种药材,第五类有 90 种药材。

表 9-14　　　　　　　　　　　药材分类结果

聚类	第一类	第一类	第一类 3	第四类	第五类
药材编号	12,4,7,9,19,23,32,35,41,46,51,55,56,57,60,71,76,83,89,92,…	6,12,14,17,21,30,31,39,40,48,53,59,73,75,77,79,80,86,93,95,…	3,8,13,15,16,26,27,28,29,34,36,37,43,44,49,52,54,58,70,72,84,…	10,20,24,42,45,50,61,67,69,78,91,94,98,117,119,120,130,178,183,184,200,220,234,…	5,11,18,22,25,33,38,47,62,63,65,66,68,74,81,82,87,90,99,104,118,126,127,129,134,…

练习题

下表是某地区人均年收入(万元)与人均居住面积(平方米)的一组数据。

人均年收入	1.4	1.7	2.1	2.6	3.5	4.3	4.8	5.4	6.3	7.7	9.5
人均居住面积	13.5	14.2	14.8	15.2	15.7	16.3	17	18.7	20.3	22.8	25

请根据上表完成以下数据处理。

1. 选择合适的图表表示这组数据。

2. 选择合适的数据处理方式,发现数据之间的关系。

3. 给出这组数据的回归模型,检验参数并说明拟合程度。

本章小结

1. 知识结构

在数学建模过程中如果遇到数据处理问题,数据处理方法非常重要,特别是大量数据需要整理、分析时,需要思考如何进行数据处理与数据建模方法。在建立模型的初始阶段,分析数据,寻求变量间的关系,形成初步建模思路;如果要建立的数学模型有大量数据可以利用,可以考虑利用数据统计的回归分析法、时序分析法等方法直接建模。

数据处理在数学建模中起着极其重要的作用,采用准确合理的数据处理方法能够完成看似复杂的实际问题,化繁为简,定性分析变为定量分析,更科学可靠。学会数据处理的基本方法,在数学建模过程中,需要计算数据的平均值、标准差、方差等。能用常用的数据处理软件进行各种数据的统计、运算、处理和绘制统计图形,这些数据处理方法是数据建模的基础,在数学建模中能发挥重大作用。

从数据中发现规律,曲线拟合是最常用的建模方法。曲线拟合就是用函数反映数据整体的变化趋势,待定函数一般分为线性和非线性。如果拟合曲线为一次表达式,就称为线性回归,否则称为非线性拟合或者非线性回归。表达式是分段函数,就称为样条拟合。最小二乘法是曲线拟合理论和方法的基础,利用数据来估计模型中出现的参数值和进行模型检验,比较模型计算出的理论值与相应实际数据的大小。

回归分析是寻找自变量和因变量之间关系的预测模型。使用软件进行数据模拟是数学建模竞赛时必用的方法。在应用数据建立数学模型的过程中,模型检验是建模的一个非常重要的步骤。模型检验需要对模型的解进行模拟并与实际的数据进行对比,数据模拟是实现模型检验的一个非常重要的方法手段。在数据建模过程中,应该认识到数据处理的重要性,掌握正确的数据处理方法和相应的数学软件,可以大大提高数学建模的效率。

2. 课题作业

2010 年上海世博会是首次在中国举办的世界博览会。从 1851 年伦敦的"万国工业博览会"开始,世博会正日益成为各国人民交流历史文化、展示科技成果、体现合作精神、展望未来发展等的重要舞台。2010 年全国大学生数学建模竞赛 B 题要求选手选择感兴趣的某个侧面,建立数学模型,利用互联网数据,定量评估 2010 年上海世博会的影响力。参赛选手的视角各异,分别从国民生产总值(GDP)、旅游业发展、大学生毕业生就业质量等不同的角度建模分析,取得非常好的结果。

我国社会主义建设取得举世瞩目的成就,在取得经济发展成就的同时,也在用文化自信传递世界文明。例如,中国国际进口博览会已在上海连续举办五届,成为我国重要的主场外交平台。请选择感兴趣的某个侧面,利用互联网数据建立数学模型,评估一项重大活动的影响力。

参考文献

[1] 王冬琳,王妍.综合评价方法在 NBA 赛程分析中的应用[J].数学的实践与认识,2009,39(15):34—41.

[2] 王积建.随机需求模型和多目标规划模型在会议筹备问题中的应用[J].数学的实践与认识,

2012,42(07):101—111.

[3] 程丽,胡英武,李代华,余素娟,吴丹萍.会议筹备的优化模型[J].北京联合大学学报(自然科学版),2010,24(01):67—72.

[4] 张珠宝.饮酒驾车[J].数学的实践与认识,2006(07):199—204.

[5] 年福耿,黄辉.基于非线性回归分析的颜色与物质浓度辨识[J].山东化工,2018,47(18):68—71.

[6] 朱晓临.数值分析[M].合肥:中国科学技术大学出版社,2014.

第十章

历年赛题分析

一、历年赛题回顾

随着全国大学生数学建模竞赛的深入开展,竞赛的规模越来越大,竞赛的水平也在不断地提高。竞赛水平的提高主要体现在赛题水平的提高,而赛题的水平主要体现在赛题的综合性、实用性、创新性、即时性,以及多种解题方法的创造性、灵活性等,特别是给参赛者留有很大的发挥创造的想象空间。2019 年,全国 33 个省/市/自治区(包括香港和澳门特区)及境外部分国家和地区共计 1 490 所院校/校区、39 293 个本科队、3 699 个专科队参加了竞赛,参与的大学生有十多万名,是历年来参赛人数最多的。

我国全国大学生数学建模竞赛始于 1992 年,最初不分本科和专科,共有 A、B 两个题目可选。1999 年,竞赛题目增加为 4 个,专科层次的学生可以从 C、D 两个题目里选择一个来完成,到 2018 年全国大学生数学建模竞赛的专科赛题历经 20 年,共 40 题。从 2019 年开始,竞赛题目增加为 5 个,专科层次的学生从 D、E 两个题目中选择一个完成。

全国大学生数学建模竞赛(专科)题目多具有深刻的社会现实与时代背景,实用性较强,如 2001 年 D 题"公交车的优化调度问题",2002 年 D 题"赛程安排",2004 年 C 题"饮酒驾车",2005 年赛 D 题"DVD 在线租赁问题",2007 年 C 题"手机套餐优惠几何",2010 年 D 题"对学生宿舍设计方案的评价",2013 年 C 题"公共自行车服务系统",2015 年 D 题"众筹筑屋规划方案设计",2018 年 C 题"大型百货商场会员画像描绘",2020 年 E 题"校园供水系统智能管理"等,应用性都非常强,且与我们的实际生活密切相关。

有些题目与当时的热点问题相结合,如 2000 年 C 题"飞越北极问题",联系当年开通北极航线;2003 年 C 题"SARS 的传播"背景是 2002 年至 2003 年传染病危机;2004 年 C 题"饮酒驾车"背景是新颁《车辆驾驶人员血液、呼气酒精含量阈值与检验》标准,D 题"公务员招聘"与我国公务员法的制定与实施及报考与招录人数大幅增长密切相关;从 2010 年到 2015 年,我国风力发电累计装机量从不足 45MW 增长到超过 145MW,年均增长超过 20%,在此背景下,有 2016 年 D 题"风电场运行状况分析及优化";2016 年 11 月,国务院办公厅印发《关于推动实体零售创新转型的意见》,新零售助推线上线下的一体化发展,2018 年 C 题"大型百货商场会员画像描绘"就是借助大数据优化实体零售创新转型。

从问题的现实背景方面分析,涉及的行业有工矿业生产、工程设计、优化管理、体育比赛、教育和社会服务等。从问题的解决方法和机理上分析,主要用到的数学建模方法有优化方法、数据拟合、概率与统计分析、模糊数学、层次分析、多目标规划、随机模拟、综合评价方法等方法。其中用得最多的方法是优化方法、概率统计和评价方法等方法。

近年来,赛题越来越与实际问题接近,很多就是实际生产或销售的问题,如 2018 年 C 题"大型百货商场会员画像描绘",2017 年 C 题"颜色与物质浓度辨识",D 题"巡检线路的排班",2016 年 C 题"电池剩余放电时间预测",D 题"风电场运行状况分析及优化",2013 年 D 题"公共自行车服务系统",2020 年 E 题"校园供水系统智能管理",2021 年 E 题"中药材的鉴别"等,这些问题的数据量很大,需要同学们花费一定的时间来消化数据,并从数据中挖掘有用信息。因此大数据量的赛题是近年来赛题的一个主要特征,需要应用软件、数据挖掘技术等来预处理数据。

历年专科赛题列表一览如下。

表 10-1 　　　　1999—2008 全国大学生数学建模竞赛(专科)题目一览表

年份	专科赛题	题目简述
1999	C 题:煤矸石堆积问题	煤矿产出废料煤矸石,用最少的开销购地堆放尽量多的煤矸石,主要涉及堆放方式和征地计划
	D 题:钻井布局	勘探部门在某地区找矿,如何利用旧井节约钻探费用
2000	C 题:飞越北极问题	中美航线飞越北极时间节约问题
	D 题:空洞探测问题	山体、隧洞、坝体等的某些内部结构可用弹性波测量来确定,来确定板内空洞的位置
2001	C 题:基金使用计划	设计基金最佳的投资方案,使奖金最大化
	D 题:公交车调度	设计便于操作的公交车调度方案,兼顾公交公司的利益和乘客满意度
2002	C 题:车灯线光源的计算	计算线光源长度,使线光源的功率最小,计算屏上直射光和反射光的亮区,在有标尺的坐标系中画出其图形
	D 题:赛程安排	5 支球队在同一块场地上进行单循环赛,如何安排赛程使对各队来说都尽量公平
2003	C 题:SARS 的传播	评价附件 1 模型的合理性和实用性;搜集 SARS 对经济某个方面影响的数据,建立相应的数学模型并进行预测
	D 题:抢渡长江	抢渡长江是一项横渡长江游泳竞赛活动,以此为背景,根据已给条件,预估参赛选手的成绩及成功完成比赛的选手需满足的条件

续表

年份	专科赛题	题目简述
2004	C题:饮酒驾车	建立饮酒后血液中酒精含量的数学模型
	D题:公务员招聘	针对某单位公开招聘公务员的招聘办法和程序,设计公务员的录用分配方案
2005	C题:雨量预报方法的评价	雨量预报方法的评估模型
	D题:DVD在线租赁	在线DVD租赁问题,解决新购DVD数量预测和分配
2006	C题:易拉罐形状和尺寸的最优设计	设计易拉罐形状和尺寸,使得材料最省
	D题:煤矿瓦斯和煤尘的监测与控制	判断矿井中瓦斯与煤尘含量是否安全
2007	C题:手机"套餐"优惠几何	对手机套餐资费标准的评价与优化
	D题:体能测试时间安排	体能测试安排问题,同一时段内完成所有测试项目,并且力求在整个测试所需时间段最少
2008	C题:地面搜索	制定搜索队伍的行进路线,对矩形目标区域中搜索问题简化处理
	D题:NBA赛程的分析与评价	对NBA赛程表进行多因素分析,分析赛程的利弊,进行评价

表 10-2   **2009—2018全国大学生数学建模竞赛(专科)题目一览表**

年份	专科赛题	题目简述
2009	C题:卫星和飞船的跟踪测控	全程跟踪测控的模型分析
	D题:会议筹备	制订宾馆、会议室、租车的合理方案
2010	C题:输油管的布置	管线建设费用最省
	D题:对学生宿舍设计方案的评价	学生宿舍的设计经济性、舒适性和安全性

续表

年份	专科赛题	题目简述
2011	C题:企业退休职工养老金制度的改革	养老金制度怎么达到最合理分配
	D题:天然肠衣搭配问题	最合理使用肠衣使尽量不浪费
2012	C题:脑卒中发病环境因素分析及干预	分析预测脑卒中发病环境因素,分析及研究如何干预
	D题:机器人避障问题	机器人行走最短路径问题
2013	C题:古塔的变形	确定古塔各层中心位置的通用方法,描述塔的变形趋势
	D题:公共自行车服务系统	统计分析每次用车时长的分布情况,及公共自行车服务系统的具体问题
2014	C题:生猪养殖场的经营管理	母猪及肉猪存栏数曲线
	D题:储药柜的设计	给出不同情况下药盒规格的解决方案
2015	C题:月上柳梢头	确定"月上柳梢头"和"人约黄昏后"发生的日期与时间,确定合理性
	D题:众筹筑屋规划方案设计	众筹筑屋项目建设规划方案
2016	C题:电池剩余放电时间预测	铅酸电池在各给定的负荷下还能供电时间
	D题:风电场运行状况分析及优化	风电场的风能资源及其利用、维护情况
2017	C题:颜色与物质浓度辨识	建立颜色读数和物质浓度的数量关系
	D题:巡检线路的排班	巡检工人的巡检线路和排班优化
2018	C题:大型百货商场会员画像描绘	百货商场会员消费数据,为会员行为习惯建立画像
	D题:汽车总装线的配置问题	汽车装配总线配置问题,根据装配要求优化装配顺序

表 10-3　　　2019—2022全国大学生数学建模竞赛(专科)题目一览表

年份	专科赛题	题目简述
2019	D 题:空气质量数据的校准	空气质量数据的校准问题,根据国控点数据对自建点数据校正
	E 题:"薄利多销"分析	采取"薄利多销"经营策略合理性分析
2020	D 题:接触式轮廓仪的自动标注	建立数学模型,探究接触式轮廓仪的自动标注问题
	E 题:校园供水系统智能管理	解决供水系统中存在的问题,合理规划维修
2021	D 题:连铸切割的在线优化	确定连铸切割方案
	E 题:中药材的鉴别	中药材的种类鉴别
2022	D 题:气象报文信息卫星通信传输	如何对通信资源和任务进行调度安排的问题
	E 题:小批量物料的生产安排	合理地安排物料生产

二、近十年赛题建模知识与方法

(一)解法速览

专科赛题的数学建模大多利用初等数学的知识即可以解决。建立模型的方法以线性规划方法居多,同时也会用到综合评价方法、概率统计方法、回归分析方法等各种方法。对于一个问题的求解,通常分为几个步骤来完成,而每一步的方法可能各不相同。近年全国大学生数学建模赛题的建模方法,可以参考下表。

表 10-4　　　2009—2022全国大学生数学建模竞赛题目(专科)解法一览表

年度	专科赛题	解法分析
2009	C 题:卫星和飞船的跟踪测控	轨道模型图,多边形个数,共面,图论,轨道模型,图论
	D 题:会议筹备	统计方法预测,0-1 规划,多目标规划,整数规划

续表

年度	专科赛题	解法分析
2010	C 题:输油管的布置	最优化模型,非线性规划
	D 题:对学生宿舍设计方案的评价	层次分析法,TOPSIS 分析法,成本估算模型,优化排列,量化数据,权重
2011	C 题:企业退休职工养老金制度的改革	二次拟合,灰色预测(GM1,1)模型,Logistic 模型,均值法
	D 题:天然肠衣搭配问题	整数线性规划,优化搭配
2012	C 题:脑卒中发病环境因素分析及干预	多元线性回归,神经网络,GIM 模型,灰色关联度分析法,显著性检验
	D 题:机器人避障问题	启发式算法,0-1 规划模型,非线性规划,最优路径,解析几何
2013	C 题:古塔的变形	平面拟合,空间曲线方程的拟合,最小二乘拟合,灰色预测,空间曲线曲率,非线性规划
	D 题:公共自行车服务系统	效用函数模型,峰值搜索算法,聚类分析,效用函数,统计分析
2014	C 题:生猪养殖场的经营管理	盈亏平衡方程,多元函数,时间序列模型
	D 题:储药柜的设计	多目标规划模型,快速最优化分割模型,等步距下降迭代模型,优化设计,多目标规划
2015	C 题:月上柳梢头	经纬度,日落时间函数,月出时间函数,线性规划,动点轨迹方程
	D 题:众筹筑屋规划方案设计	非线性规划模型,归一化处理,层次分析法
2016	C 题:电池剩余放电时间预测	非线性回归分析,平均相对误差评估
	D 题:风电场运行状况分析及优化	韦布尔分布,拟合,回归分析,整数规划
2017	C 题:颜色与物质浓度辨识	多元线性回归分析,非线性回归分析,主成分分析,误差分析
	D 题:巡检线路的排班	NP 难问题,车辆路径问题(VRP),优化模型,多旅行商问题,分枝定界法

续表

年度	专科赛题	解法分析
2018	C 题:大型百货商场会员画像描绘	马可夫链,概率模型,回归分析
	D 题:汽车总装线的配置问题	混合模式组装线,多目标线性规划,遗传算法,分层序列法
2019	D 题:空气质量数据的校准	多元线性回归,神经网络,相关性分析,线性插值
	E 题:"薄利多销"分析	相关性分析,回归分析,多项式拟合,数据预处理
2020	D 题:接触式轮廓仪的自动标注	高斯平滑滤波,稳健回归,拟合,线性回归
	E 题:校园供水系统智能管理	多元线性回归,神经网络,0－1线性规划,样条插值平滑
2021	D 题:连铸切割的在线优化	多目标优化,整数规划
	E 题:中药材的鉴别	主成分分析,聚类分析,高斯平滑滤波,支持向量机,最邻近节点算法
2022	D 题:气象报文信息卫星通信传输	哈密顿最短路径,期望,对称性原则,供求传输模型
	E 题:小批量物料的生产安排	时间序列,粒子群优化,遗传算法优化,非线性规划,综合评价,线性回归,主成分分析

(二)建模方法分类

1. 规划方法

全国大学生数学建模竞赛专科赛题的规划模型多数是线性规划方法,少部分是非线性规划。用到线性规划求解其中某一问题的有

2009 年 D 题:会议筹备

2011 年 D 题:天然肠衣搭配问题

2012 年 D 题:机器人避障问题

2014 年 D 题:储药柜的设计

2015 年 C 题:月上柳梢头

2016 年 D 题：风电场运行状况分析及优化

2018 年 D 题：汽车总装线的配置问题

用到非线性规划求解的有

2010 年 C 题：输油管的布置

2013 年 C 题：古塔的变形

2015 年 D 题：众筹筑屋规划方案设计

2021 年 D 题：连铸切割的在线优化

2022 年 E 题：小批量物料的生产安排

2.综合评价方法

与前一个十年相比,近十多年用到综合评价方法的赛题有减少的趋势。

2003 年 C 题：SARS 的传播问题

2004 年 D 题：公务员招聘问题

2005 年 C 题：雨量预报方法评价问题

2007 年 C 题：手机"套餐"优惠几何问题

2008 年 D 题：NBA 赛程的分析与评价问题

2009 年 D 题：会议筹备问题

2010 年 D 题：对学生宿舍设计方案的评价

2011 年 C 题：企业退休职工养老金制度的改革

2015 年 D 题：众筹筑屋规划方案设计

3. 回归分析方法

数学建模中常用的预测方法就是拟合,前十年专科赛题以小样本为主,后十年用到大样本的回归分析成为赛题解法的主流形式。

2003 年 C 题：SARS 的传播问题

2004 年 C 题：饮酒驾车问题

2005 年 D 题：雨量预报方法的评价

2011 年 C 题：企业退休职工养老金制度的改革

2012 年 C 题：脑卒中发病环境因素分析及干预

2016 年 C 题：电池剩余放电时间预测

2017 年 C 题：颜色与物质浓度辨识

2018 年 C 题：大型百货商场会员画像描绘

2019 年 E 题："薄利多销"分析

2020 年 E 题：校园供水系统智能管理

回归分析是拟合的方法之一,在求解时还有用到聚类分析(2013 年 D 题：公共自行车服务系统,2021 年 E 题:中药材的鉴别)、时间序列方法(2014 年 C 题:生猪养殖场的经营管理,2022 年 E 题:小批量物料的生产安排)、灰色系统预测(2011 年 C 题:企业退休职工养老金制度的改革)等预测的方法。

三、竞赛题目趋势

从近几年的竞赛题目来看,灵活性不断提高,难度适度增加,实用性在增强,特别是综合性和开放性也在增强,这是一大潮流。随着计算机技术和工具软件功能的增强,数据信息量也在逐步地增大,这也是现代应用的特点之一。

通过分析,归纳近年赛题特征如下:

(1)综合性越来越"强";

(2)数据量越来越"大";

(3)开放性越来越"广";

(4)实时性越来越"紧"。

赛题的变化也是一种导向,这些变化为数学建模教学和竞赛都提出了新的要求:应该如何开展数学建模教学、培训、竞赛,把其价值体现出来,值得我们研究和深思。

小组合作研学可以让学生查阅网络资料,学会利用网络资源来解决专业问题,培养他们的自学能力,激发他们勇于战胜困难的斗志。这样参赛学生在书籍知识有限的情况下,充分发挥研学经验,借助网络资源的优势,攻克竞赛难题。

注:全国大学生数学建模竞赛历年竞赛赛题来源于全国大学生数学建模竞赛官网,网址:http://www.mcm.edu.cn/html_cn/block/8579f5fce999cdc896f78bca5d4f8237.html